Python核心编程

从入门到开发实战

朱红庆 著

電子工業出版社
Publishing House of Electronics Industry
北京•BEIJING

内容简介

本书以学会、用好 Python 语言进行软件编程为目标，不仅讲解了基本概念、数据类型、变量、运算符、函数、程序的控制结构等 Python 语言的基础知识，还深入介绍了 Python 语言常用库、数据结构、网络编程、可视化编程及图像处理等 Python 语言的核心运用，深入浅出地讲解了 Python 语言的各项技术及实战技能。

全书共 16 章。首先讲解 Python 语言的基本概念、运算符与表达式、变量与数据类型、程序的控制结构等；然后讲解函数、组合数据类型、文件与文件系统、正则表达式、程序进程和线程、Python 操作数据库、Web 网站编程技术、Python 可视化编程；接着重点讲解基于 PyQt 5 技术的 GUI 编程等；最后详细讲解 Python 在交互式游戏开发、智能机器人、人工智能及数据可视化 4 个方面的综合应用。全书不仅融入了作者丰富的工作经验和多年的使用心得，还提供了大量来自工作现场的实例，具有较强的实战性和可操作性。

本书适合那些希望学习 Python 语言编程的初、中级程序员和希望精通 Python 语言编程的高级程序员阅读。

图书在版编目（CIP）数据

Python 核心编程从入门到开发实战 / 朱红庆著. —北京：电子工业出版社，2020.1

ISBN 978-7-121-35705-3

Ⅰ. ①P… Ⅱ. ①朱… Ⅲ. ①软件工具－程序设计 Ⅳ. ①TP311.561

中国版本图书馆 CIP 数据核字（2018）第 271147 号

责任编辑：刘　伟　　　特约编辑：田学清
印　　刷：北京盛通商印快线网络科技有限公司
装　　订：北京盛通商印快线网络科技有限公司
出版发行：电子工业出版社
　　　　　北京市海淀区万寿路 173 信箱　邮编：100036
开　　本：787×980　1/16　印张：18.75　字数：378 千字
版　　次：2020 年 1 月第 1 版
印　　次：2021 年 2 月第 3 次印刷
定　　价：79.00 元

凡所购买电子工业出版社图书有缺损问题，请向购买书店调换。若书店售缺，请与本社发行部联系，联系及邮购电话：（010）88254888，88258888。

质量投诉请发邮件至 zlts@phei.com.cn，盗版侵权举报请发邮件至 dbqq@phei.com.cn。

本书咨询联系方式：（010）51260888-819，faq@phei.com.cn。

前　言

本书针对“零基础”和“入门”级读者，用实例引导读者深入学习，满足其在基础入门、扩展学习、职业技能、项目实战 4 个方面的需求。本书深入浅出地讲解使用 Python 语言进行软件编程中的各项技术及实战技能。读者通过系统学习，可以掌握 Python 语言的基础知识，同时拥有全面的开发能力、优良的团队协同技能和丰富的项目实战经验。

本书内容

全书共 16 章。首先讲解 Python 语言的基本概念、运算符与表达式、变量与数据类型、程序的控制结构等；然后讲解函数、组合数据类型、文件与文件系统、正则表达式、程序进程和线程、Python 操作数据库、Web 网站编程技术、Python 可视化编程；接着重点讲解基于 PyQt 5 技术的 GUI 编程等；最后详细讲解 Python 在交互式游戏开发、智能机器人、人工智能及数据可视化 4 个方面的综合应用。学完本书后，读者将对 Python 在项目开发中的实际应用拥有切身的体会，为日后进行软件开发积累项目管理及实战开发经验。

全书不仅融入了作者丰富的工作经验和多年的使用心得，还提供了大量来自工作现场的实例，具有较强的实战性和可操作性。我们的目标就是让初学者、应届毕业生快速成长为一名合格的初级程序员，通过演练积累项目开发经验和团队合作技能，在未来的职场中站在高的起点，并能迅速融入软件开发团队中。

本书特色

- 结构科学，自学更易。

本书在内容组织和范例设计中都充分考虑到初学者的特点，由浅入深，循序渐进。无论读者是否接触过 Python 语言，都能从本书中找到合适的起点。

- 视频讲解，细致透彻。

为了降低学习难度，提高学习效率，本书录制了同步微视频（模拟培训班模式），读者通过视频学习，在轻松学会专业知识之余，还能获得软件开发经验，使学习变得更轻松、有趣。

- 超多、实用、专业的范例和实战项目。

本书结合实际工作中的范例，逐一讲解 Python 语言的各种知识，使读者在实战中掌握知识，轻松拥有项目经验。

超值助学资源

本书配备了超值的助学资源库，具体内容如下。

- 助学资源 1：随赠“本书配套学习”资源库，提高读者学习 Python 语言的效率。

（1）全书配有 180 多节同步教学微视频，总时长近 18 个学时。

（2）全书 4 个大型项目案例及 200 多个范例源代码。

（3）书中部分内容有 PPT 电子课件和上机实训教案。

- 助学资源 2：随赠“职业成长”资源库，突破读者职业规划与发展瓶颈。

（1）程序员职业规划手册，软件工程师技能手册。

（2）面试（笔试）资源库，包括 200 道求职常见面试（笔试）真题与解析。

（3）常见错误及解决方案，开发经验及技巧大汇总。

（4）200 套求职简历模板，200 套竞聘模板，200 套毕业答辩 PPT 模板。

- 助学资源 3：随赠“Python 语言学习”资源库，拓展学习本书的深度和广度。

（1）软件开发模块资源库。

（2）项目开发资源库。

（3）编程水平测试系统。

（4）100 套 Python 典型范例库，40 套项目案例库。

（5）电子书资源库，包括《Python 关键字速查手册》《Python 标准库查询手册》《Python 常见函数查询手册》《Python 疑难问题速查手册》，以及《Python 语法速查手册》等。

- 助学资源 4：随赠在线课程，可免费学习 Python、Java、JavaScript、C++、Oracle、iOS、Android 等 20 多类 500 余学时的软件开发在线课程。

读者对象

- 没有任何 Python 语言基础的初学者。
- 有一定的 Python 语言基础，想精通 Python 编程的人员。
- 有一定的 Python 编程基础，没有项目经验的人员。
- 正在进行毕业设计的学生。
- 大专院校及培训学校的老师和学生。

本书由朱红庆著，参与编写的还有李震、陈凡灵、马路遥、李建梅、朱涛、王吴迪、胡芬、王克军、王英辉、赵磊，在此一并表示感谢。

在本书的编写过程中，虽然作者尽可能地将最好的讲解呈现给读者，但是难免有疏漏和不妥之处，敬请批评指正。若读者在学习过程中遇到困难或有好的建议，可发邮件至 elesite@163.com。

说明：书中部分省略了大家熟知的“语言”二字，如 Python、C、Java 等，在本书中分别代表 Python 语言、C 语言和 Java 语言等。

【读者服务】

微信扫码获取

加入本书读者交流群，与作者交流互动

- 180 多节近 18 个学时的全书同步教学微视频
- 200 多个范例源代码及 4 个大型项目案例源码
- 同步 PPT 电子教学课件及 Python 上机实训案例库
- 100 套 Python 典型范例库，40 套项目案例库
- 200 道 Python 程序员面试真题解析，200 套求职简历模板
- 赠送《Python 关键字速查手册》《Python 标准库查询手册》《Python 常见函数查询手册》《Python 疑难问题速查手册》，以及《Python 语法速查手册》电子书资源库
- 随赠在线课程，可免费学习 Python、Java、Android 等 20 多类在线课程

目　　录

1

第 1 章

认识 Python 语言

当下，无论是大数据、人工智能，还是机器学习，Python 都是首选语言。本章具体讲解了程序设计语言的基础，如程序设计语言的分类，编译和解释，Python 的由来、优缺点、应用领域及发展，Python 程序开发环境配置、运行，Python 解释器和集成开发环境，以及程序运行流程，为后续学习打下坚实的基础。

本章重点知识：

- Python 基础知识。
- Python 程序开发环境的建立。
- Python 解释器与安装 PyCharm。

1.1 走进Python

Python 是目前非常热门的编程语言，崇尚优雅、明确、简单。它继承了传统编译语言的强大功能和通用性，同时借鉴了简单脚本和解释语言的易用性。

Python 是由吉多·范罗苏姆（Guido van Rossum，人称“龟叔”，见图 1-1）于 1989 年年底发明的，第一个公开发行版发行于 1991 年。像 Perl 语言一样，Python 源代码同样遵循 GPL（GNU General Public License，通用公共授权协议）标准。

图 1-1　Python 创始人像

用 Python 编写的程序具有很强的可读性，相比其他语言，它的语法结构非常有特色。

- Python 是解释性语言：这意味着在开发过程中没有编译这个环节，类似于 PHP 和 Perl 语言。
- Python 是交互式语言：这意味着可以通过一个 Python 提示符来直接互动执行应用程序。
- Python 是面向对象语言：这意味着 Python 支持面向对象的风格或代码封装在对象中的编程技术。
- Python 是初学者的语言：Python 对初级程序员而言是一种伟大的语言，它支持广泛的应用程序开发，从简单的文字处理到 WWW 浏览器，再到游戏。

1.1.1　Python 的优缺点

通过上面的介绍，可以了解到 Python 是一门动态解释性语言。那么，这门语言具有哪些优缺点呢？

1．Python 的优点

Python 具有如下优点。

1）易学

Python 的定位是“优雅”“明确”“简单”，所以 Python 程序看上去非常简单易懂。初学者学习 Python 很容易入门，而且将来深入下去，可以编写那些非常复杂的程序。

2）开发效率高

Python 拥有强大的第三方库，基本上常用的计算机能实现的功能，在 Python 官方库里都有相应的模块提供支持。直接下载调用后，在基础库的基础上再进行开发，可以大大缩短开发周期，避免重复“造轮子”。

3）高级语言

在用 Python 编写程序的时候，无须考虑诸如如何管理程序所使用的内存等底层细节。

4）可移植性

由于 Python 的开源本质，它已经被移植到许多平台上（经过改动，使它能够工作在不同的平台上）。如果能够避免使用依赖系统的特性，那么所有的 Python 程序无须修改，就可以在市场上几乎所有的系统平台上运行。

5）可扩展性

如果你需要一段关键代码运行得更快，或者希望某些算法不公开，则可以用 C 或 C++语言编写一部分程序，然后在你的 Python 程序中调用它们。

6）可嵌入性

可以把 Python 嵌入 C/C++程序中，从而向程序用户提供脚本功能。

2．Python 的缺点

Python 具有如下缺点。

1）运行速度慢

Python 的运行速度比 C 语言慢很多，跟 Java 相比也要慢一些，这是很多编程高手不屑于使用 Python 的主要原因。其实，这里所指的运行速度慢在大多数情况下用户是无法直接感知的，必须借助测试工具才能体现出来。比如，用 C 语言运行一个程序花了 0.01s，用 Python 花了 0.1s，C 语言的运行速度比 Python 的运行速度快了 10 倍，但这是无法直接通过肉眼感知的，因为这已经超过了一个正常人眼睛所能感知到的时间最小单位。其实，在大多数情况下，Python 已经完全可以满足你对程序运行速度一个的要求，除非你要写对运行速度要求极高的搜索引擎等，在这种情况下，当然还是建议你用 C 语言或其他语言工具去实现。

2）代码不能加密

因为 Python 是解释性语言，所以它的源码是以明文形式存放的。不过，我不认为这算一个缺点。如果你的项目要求源代码必须是加密的，可以通过其他辅助手段实现。

3）线程不能利用多 CPU

这是 Python 被人诟病最多的一个缺点。GIL（Global Interpreter Lock，全局解释器锁）是计算机程序设计语言解释器用于同步线程的工具，它使得任何时刻仅有一个线程在执行。Python 的线程是操作系统的原生线程，在 Linux 系统上为 Pthread，在 Windows 系统上为 Win thread，完全由操作系统调度线程的执行。在一个 Python 解释器进程内有一个主线程，以及多个用户程序的执行线程。即使在多核 CPU 平台上，由于 GIL 的存在，也禁止多线程的并行执行。

1.1.2 Python 的应用领域

Python 越来越受欢迎，用户数量每年都大幅增长，原因在于 Python 逐渐成为所有IT 技术的首选语言。目前，Python 的应用领域如图 1-2 所示。

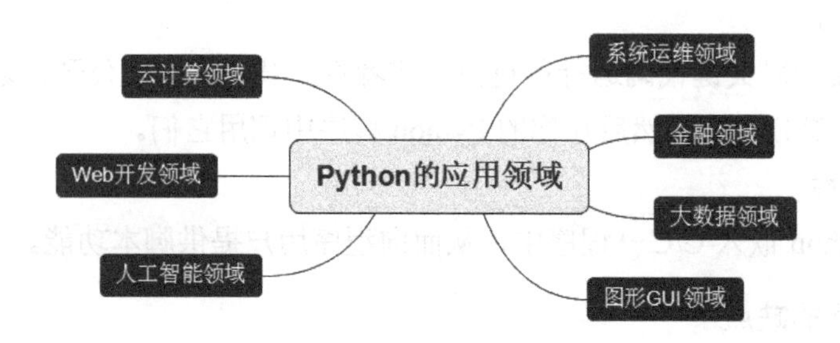

图 1-2 Python 的应用领域

Python 可以应用于数据分析、组件集成、网络服务、图像处理、数值计算、科学计算等众多领域。目前，几乎所有大、中型互联网企业都在使用 Python，如 YouTube、Dropbox、BT、Quora、豆瓣、知乎、Google、Yahoo!、Facebook、NASA、百度、腾讯、美团等。

1.2 建立Python程序开发环境

Python 具有跨平台运行的特性，可以运行在 Windows、Mac 和各种 Linux/UNIX 系统上。在 Windows 系统上编写的 Python 程序，放到 Linux 系统上也能够顺利运行。要学习 Python 编程，首先需要安装 Python。安装完成后，会得到 Python 解释器（负责运行 Python 程序）、一个命令行交互环境，以及一个简单的集成开发环境。本节将详细讲解在 Windows 系统上建立 Python 程序开发环境的方法及运行实例。

1.2.1 安装 Python

目前，Python 有两个常用版本，一个是 2.x 版本，另一个是 3.x 版本，这两个版本互不兼容。由于 3.x 版本越来越普及，并且本书大多数案例均是在 Python 3.6 环境下运行的，因此，本书内容以 Python 3.6.3 版本为基础。在学习本书内容之前，请确保自己的计算机上已经安装了 Python 3.6.3 版本，这样才能保证和本书操作的一致性。

在浏览器的地址栏中输入 Python 官网地址进入 Python 下载页面，在该页面中提供了适合不同环境的版本链接，如图 1-3 所示。

图 1-3　Python 下载页面

根据操作系统不同，可以选择对应的软件版本进行安装。本书以 Windows 系统为软件运行环境，以 Python 3.6.3 版本为例讲解 Python。具体安装过程如下。

【范例 1-1】安装 Python。

步骤 1：单击“Download Windows x86 executable installer”链接，下载 Python 环境安装包（Python 3.6.3.exe）。

步骤 2：双击下载的 Python 3.6.3.exe 文件，启动 Python 安装引导程序，在该界面中勾选“Add Python 3.6 to PATH”复选框，如图 1-4 所示。

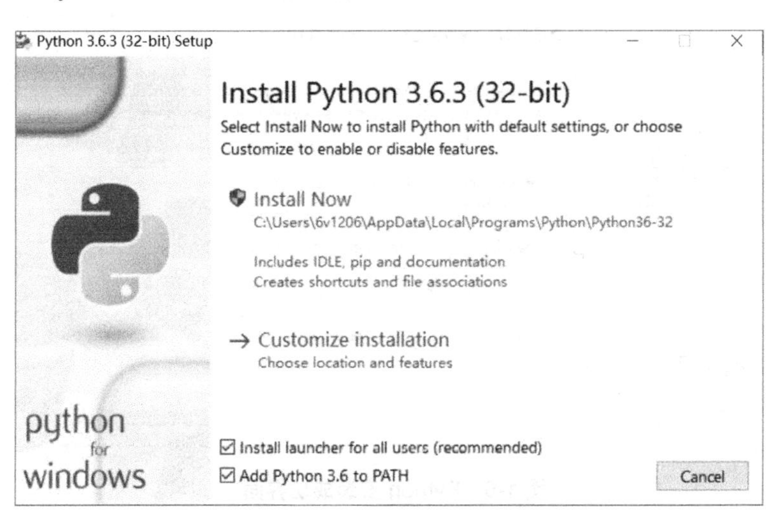

图 1-4　安装引导程序启动界面

注意

如果取消勾选“Add Python 3.6 to PATH”复选框，则在 cmd 下输入 python 会报错，提示“python”不是内部或外部命令，也不是可运行的程序。

步骤 3：单击“Install Now”按钮，开始安装 Python，如图 1-5 所示。

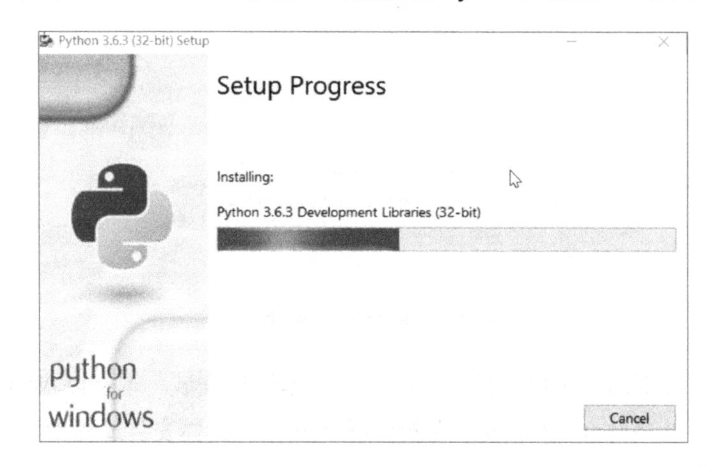

图 1-5　开始安装 Python

步骤 4：安装完成后，将显示安装成功界面，单击“Close”按钮关闭该界面，便完成了 Python 的安装，如图 1-6 所示。

图 1-6　Python 安装成功界面

步骤 5：Python 安装完成后，将在系统中安装一批与 Python 开发和运行相关的环境程序，其中最重要的两个程序是 Python 集成开发环境（IDLE）和 Python 命令行。

步骤 6：测试安装是否成功。按“Win+R”组合键，打开“运行”对话框，在“打开”文本框中输入“cmd”，如图 1-7 所示，单击“确定”按钮，进入命令行窗口。

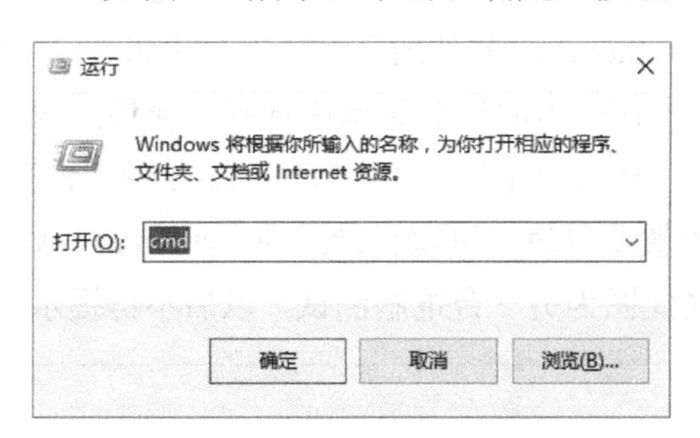

图 1-7　“运行”对话框

步骤 7：在命令提示符下输入“python”命令并按“Enter”键确认，验证 Python 是否安装成功。会出现两种情况。

情况一：进入 Python 交互式环境界面。

如果能看到如图 1-8 所示的 Python 交互式环境界面，就说明 Python 安装成功。

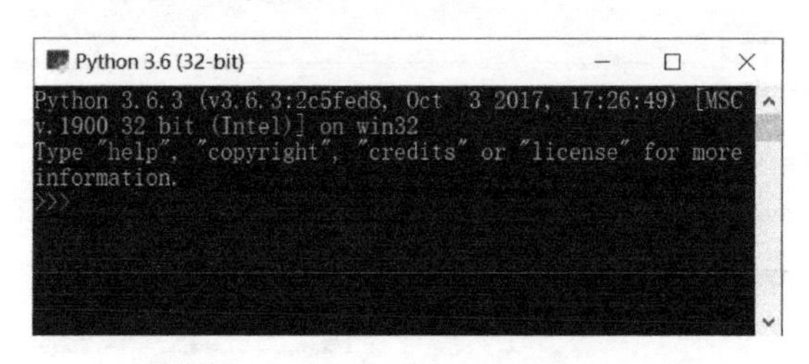

图 1-8　Python 交互式环境界面

情况二：得到一个错误提示。

看到图 1-9 所示的 Python 错误提示界面（此图为另一台电脑测试），提示“python”既不是内部或外部命令，也不是可运行的程序或批处理文件。

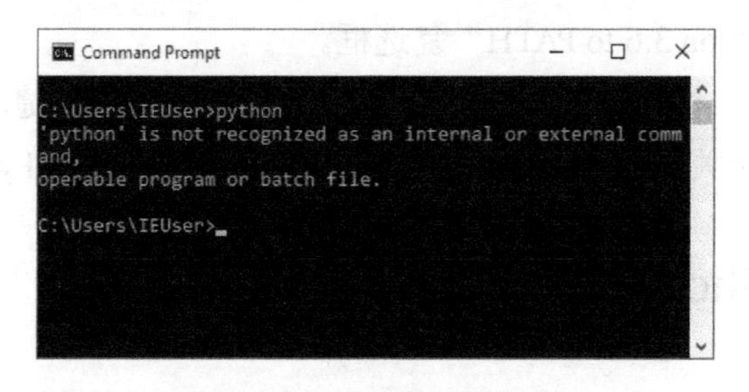

图 1-9　Python 错误提示界面

这是因为 Windows 会根据 Path 环境变量设定的路径去查找 python.exe 文件，如果没找到，就会报错。如果在安装时忘记勾选“Add Python 3.6 to PATH”复选框，就需要手动将 python.exe 文件所在的路径添加到 Path 环境变量中。

步骤 8：手动添加 python.exe 文件所在的路径到 Path 环境变量中。在计算机桌面上右击“计算机”图标，在弹出的快捷菜单中选择“属性”命令，依次选择“高级系统设置”→“高级”→“环境变量”→“Administrator 的用户变量”，单击“新建”按钮，新建 Path 变量并设置变量值（浏览目录选择 python.exe 文件），最后单击“确定”按钮，如图 1-10 所示（此图为另一台电脑测试，以后不再提示）。

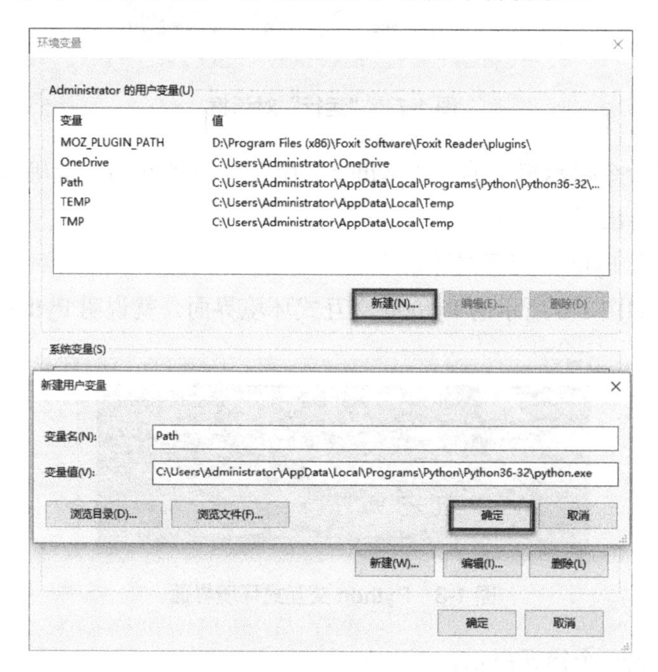

图 1-10　添加 Python 路径

如果不知道怎么配置环境变量，则建议把 Python 安装程序重新运行安装一遍，务必记得勾选“Add Python 3.6 to PATH”复选框。

步骤 9：在“>>>”命令提示符后面输入 exit()并按“Enter”键，就可以退出 Python 交互式环境界面(直接关闭命令行窗口也可以)。接下来便可踏上 Python 的编程之路了。

1.2.2　运行 Python 程序

运行 Python 程序有两种方式：交互式和文件模式。交互式是指 Python 解释器即时响应用户输入的每条指令代码，同时给出输出结果反馈。文件模式也称批量式，指用户将 Python 程序编写在一个或多个文件中，然后启动 Python 解释器运行程序，批量执行文件中的代码。交互式常用于少量代码的调试，文件模式则是最常用的编程模式。常用的编程语言仅有文件模式的执行方式。接下来以在 Windows 系统中运行“Hello World!”程序为例，介绍交互式和文件模式运行 Python 程序。

1．交互式运行 Python 程序

交互式运行 Python 程序有两种实现方式，分别是通过命令行运行 Python 程序和通过 IDLE 运行 Python 程序。

1）通过命令行运行 Python 程序

步骤 1：执行“运行”命令（按“Win+R”组合键），在“打开”文本框中输入“cmd”命令，或者启动 Windows 系统的命令行工具（<Windows 系统安装目录>\system32\cmd.exe），在命令提示符下输入“python”命令并按“Enter”键，进入 Python 交互式环境界面。

步骤 2：在“>>>”命令提示符后输入如下代码。

```
print ("Hello World!")
```

步骤 3：按“Enter”键，程序便会输出运行结果“Hello World!”，如图 1-11 所示。

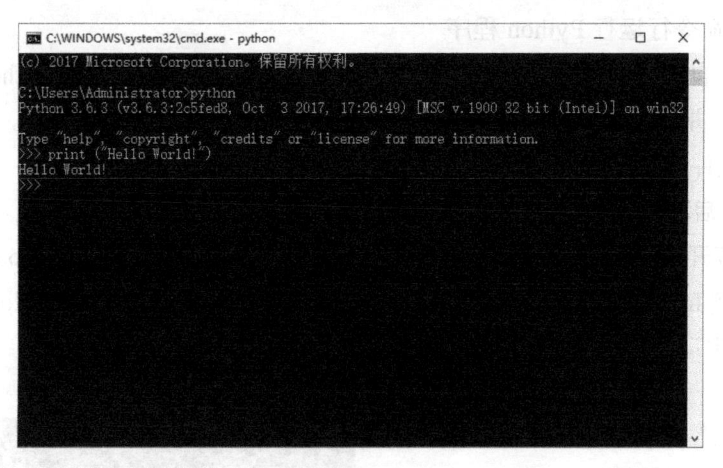

图 1-11　通过命令行运行 Python 程序

步骤 4：在“>>>”命令提示符后输入“exit()”或“quit()”，即可退出 Python 交互式环境界面。

2）通过 IDLE 运行 Python 程序

步骤 1：在 Windows 系统中执行“开始”→“程序”→“Python 3.6”→“IDLE（Python 3.6 32-bit）”菜单命令，启动 IDLE（Python 3.6 32-bit）。

步骤 2：在“>>>”命令提示符后输入如下代码。

```
print ("Hello World!")
```

步骤 3：按“Enter”键，程序便会输出运行结果“Hello World!”，如图 1-12 所示。

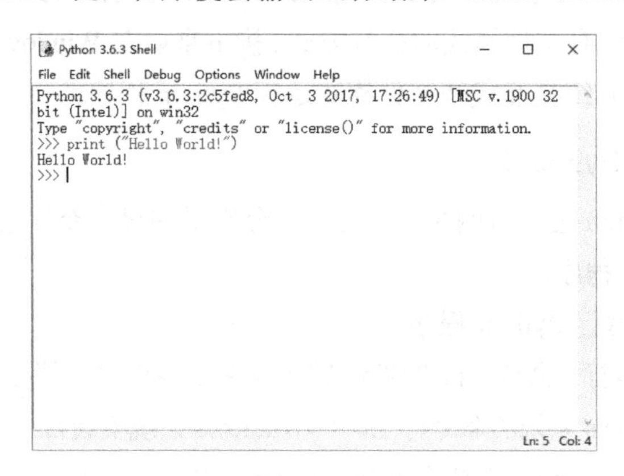

图 1-12　通过 IDLE 运行 Python 程序

2. 文件模式运行 Python 程序

文件模式也有两种运行方式，与交互式相对应。

1）通过命令行运行 Python 程序

步骤 1：自建 Python 文件。打开记事本或其他文本工具，按照 Python 的语法格式编写代码，并保存为.py 格式的文件。这里仍以“Hello World!”为例，将代码保存为 hello.py 文件，如图 1-13 所示。

步骤 2：启动 Windows 系统的命令行工具（<Windows 系统安装目录>\system32\cmd.exe），打开 Windows 的命令行窗口并执行“cd /”命令，进入 hello.py 文件所在的目录（本例 hello.py 文件位于 C 盘中），在命令行中输入“Python hello.py”命令并按“Enter”键运行程序，如图 1-14 所示。

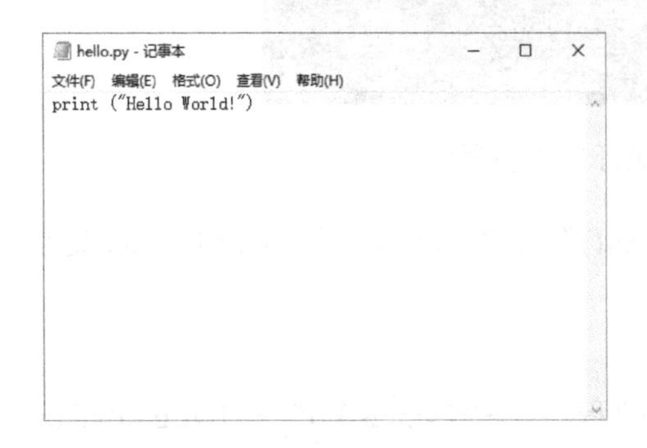

图 1-13　通过记事本创建 hello.py 文件

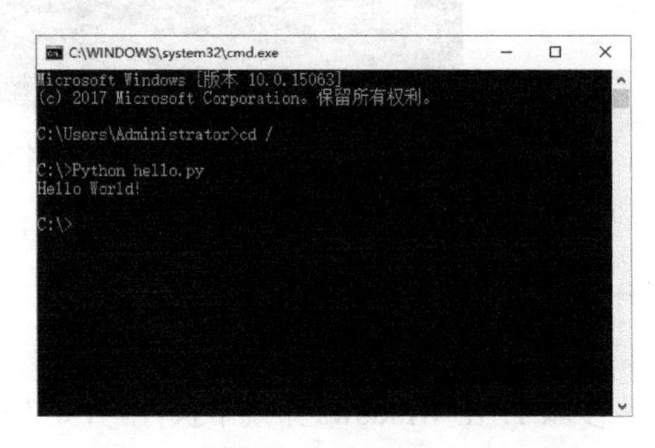

图 1-14　通过命令行运行 Python 程序

2）通过 IDLE 创建并运行 Python 程序

步骤 1：启动 IDLE，在“Python 3.6.3 Shell”窗口的菜单栏中执行“File”→“New File”命令，或者按“Ctrl + N”组合键打开新建窗口，按照 Python 的语法格式编写代码，如图 1-15 所示。

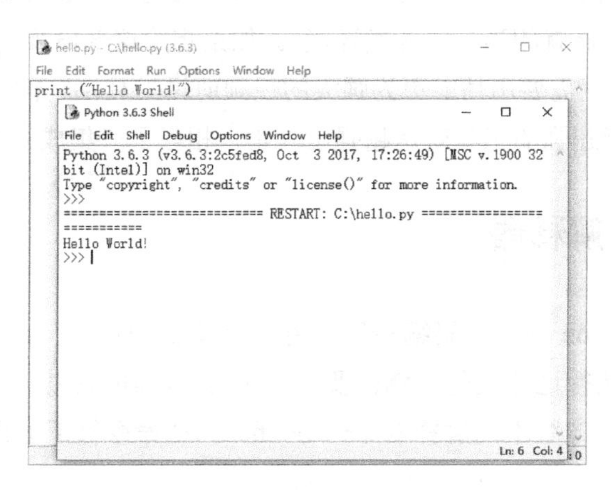

图 1-15　编写 Python 程序代码

步骤 2：保存并运行程序。将新建的程序保存到 C 盘中，文件名为 hello.py，在菜单栏中执行“Run”→“Run Module”命令，或者按“F5”键运行程序，如图 1-16 所示。

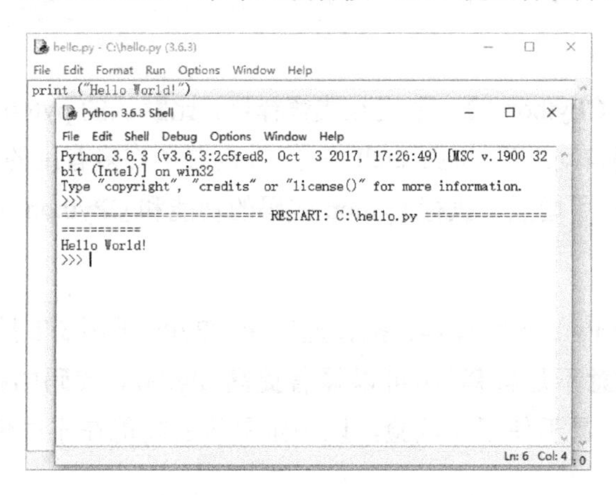

图 1-16　通过 IDLE 运行 Python 程序

1.3　Python解释器与安装PyCharm

学习 Python 编程，首先需要把 Python 软件安装到计算机中，这样 Python 解释器就具有了简单的开发环境。集成开发环境（Integrated Development Environment，IDE）是用于提供程序开发环境的应用程序，一般包括代码编辑器、编译器或解释器、调试器和图形用户界面，同时还具有对所开发程序的运行、调试、打包、发布等功能。

举一个例子，我们下载了一部电视剧，不同格式的视频需要具有对应解码器的播放器来播放，这个播放器就相当于“开发环境”。如果想给这部电视剧配上字幕、剪辑一下或再加一点特效，就需要用功能更为强大的视频剪辑工具，而不仅仅是具有播放功能的播放器。这种功能超强的工具就是超强工具集，相当于“集成开发环境”。

1.3.1 Python 解释器

当我们完成 Python 程序代码编写后，将获得以.py 为扩展名的 Python 代码文件。要让计算机读懂并运行这些代码，就需要 Python 解释器的帮助。在安装 Python 软件后，就获得了一个官方版本的解释器——CPython。在命令行下运行 Python 就是启动 CPython。

由于 Python 从规范到解释器都是开源的，所以，从理论上讲，只要水平够高，任何人都可以编写 Python 解释器来执行 Python 代码（当然难度很大）。事实上，除了 CPython，还存在多种 Python 解释器，常见的有如下几种。

1．IPython

IPython 是基于 CPython 的一个交互式解释器，比默认的 python shell 更方便，支持变量自动补全、代码自动缩进、bash shell 命令，并内置了许多有用的功能和函数。IPython 只是在交互方式上有所增强，执行 Python 代码的功能和 CPython 是完全一样的。

2．PyPy

PyPy 是另一个 Python 解释器，执行速度快。PyPy 采用 JIT 技术，对 Python 代码进行动态编译（注意不是解释），可以显著提高 Python 代码的执行速度。PyPy 比 CPython 更加灵活，易于使用和试验，以制定具体的功能在不同情况的实现方法，并且很容易实施。

虽然绝大多数 Python 代码都可以在 PyPy 下运行，但是 PyPy 和 CPython 仍有不同之处，如果要将代码放到 PyPy 下执行，就需要了解 PyPy 和 CPython 的不同之处。

3．Jython

Jython 是运行在 Java 平台上的 Python 解释器，用户可以直接把 Python 代码编译成

Java 的字节码来执行。它是 Python 在 Java 中的完全实现。Jython 也有很多从 CPython 中继承的模块库。Jython 不仅提供了 Python 的库，还提供了所有的 Java 类。

4．IronPython

IronPython 和 Jython 类似，只不过它是运行在微软.NET 平台上的 Python 解释器，可以直接把 Python 代码编译成.NET 的字节码。

虽然 Python 解释器有很多，但使用最广泛的还是 CPython。如果要与 Java 或.NET 平台交互，最好是通过网络调用来实现，以确保各程序之间的独立性。

1.3.2　安装 PyCharm

为了使读者对 IDE 有一个感性认识，在这里选择 PyCharm 进行介绍。PyCharm 是一个跨平台的 Python 集成开发环境，是 JetBrains 公司的产品。其特征包括自动代码完成、集成的 Python 调试器、括号自动匹配、代码折叠。PyCharm 支持 Windows、Mac OS 及 Linux 等系统，而且可以远程开发、调试、运行程序。安装 PyCharm 请执行如下操作。

【范例 1-2】安装 PyCharm。

步骤 1：在浏览器中打开 PyCharm 官网的下载页面，其中提供了 Professional（专业版，需购买，或免费使用 30 天）和 Community（社区版，免费）两个版本，二者在功能方面有所差异，根据自己的需求下载即可（这里以 Windows 专业版为例），如图 1-17 所示。

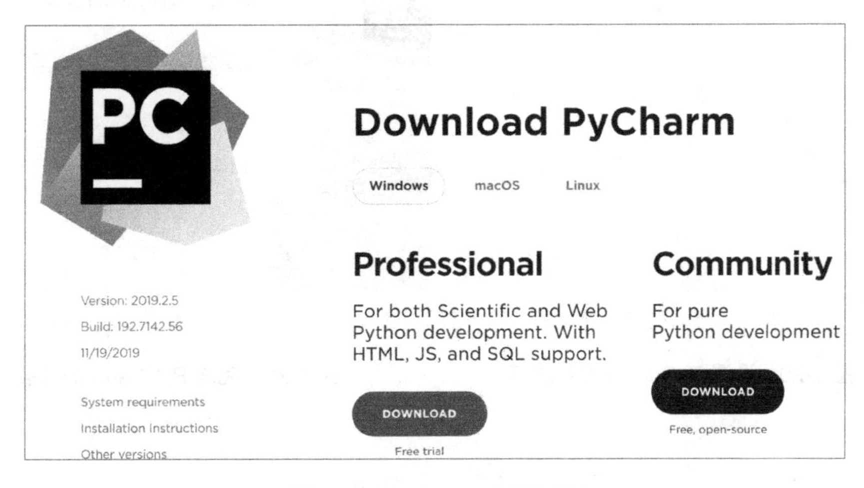

图 1-17　PyCharm 下载页面

步骤 2：直接双击下载好的 pycharm-professional-2019.2.5.exe 文件进行安装，如图 1-18 所示。

步骤 3：单击“Next”按钮，在设置软件安装路径文本框中使用默认路径或者指定新的安装路径后，单击“Next”按钮继续安装，如图 1-19 所示。

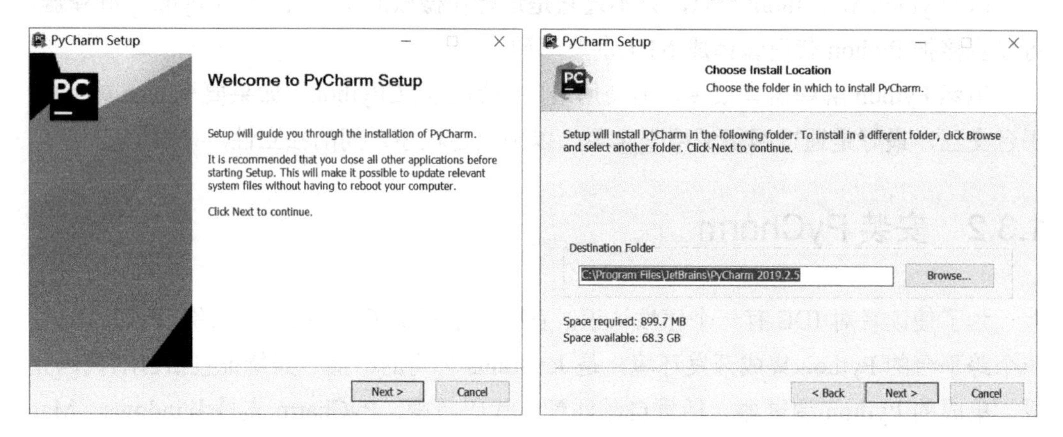

图 1-18　PyCharm 安装界面　　　　图 1-19　设置 PyCharm 安装路径

步骤 4：在新的安装界面中，选择创建桌面快捷方式的模式和设置关联文件扩展名，单击“Next”按钮继续安装，如图 1-20 所示。

步骤 5：接下来只需单击“Next”或“Install”按钮就可以完成 PyCharm 的安装，如图 1-21 所示。

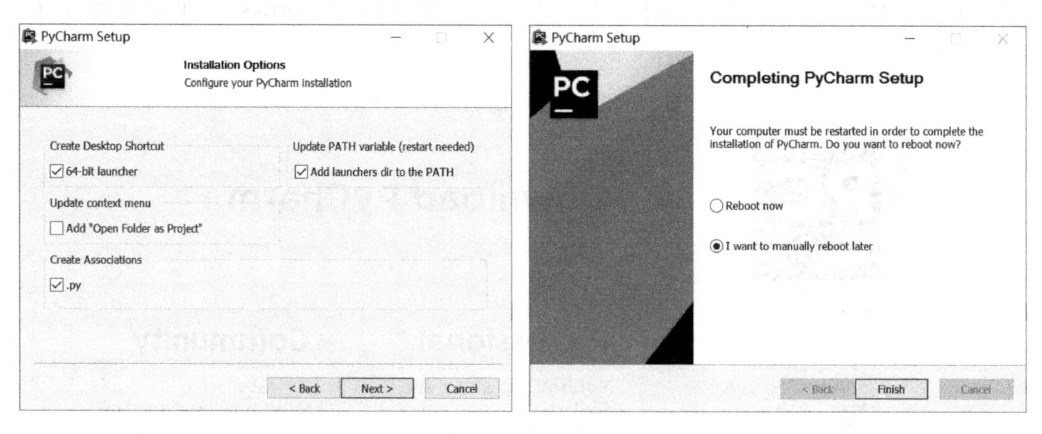

图 1-20　设置 PyCharm 安装选项　　　　图 1-21　完成 PyCharm 的安装

第2章

快速使用 Python 编程

本章重点学习 Python 中的一些语法元素和运算符。跟其他语言一样，Python 也有自己的一些语法规则。作为开发人员，只有遵循这些规则，开发程序才会更加高效。Python 采用严格的“缩进”来表明程序的框架。缩进是指每行代码前端的空白区域，用来表示代码之间的包含和层次关系。

本章重点知识：

- 编程基础知识。
- Python 基本语法元素分析。
- Python 程序中的运算符与表达式。
- 简单数据类型。
- 数字类型的操作。

2.1 编程基础知识

软件的运行过程就是模拟人类解决问题的思路、方法和手段，通过编译，以计算机能够识别的形式告诉计算机一步一步地去完成某项特定的任务。程序运行通常是数据运算的过程。数据运算包括 3 个要素：输入数据（获取数据）、处理数据和输出数据，如图 2-1 所示。

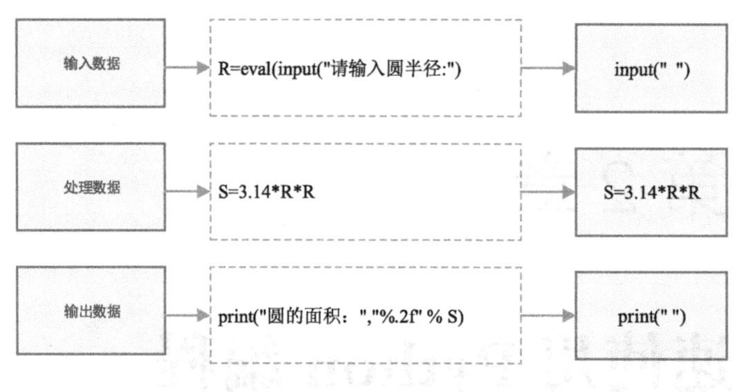

图 2-1　数据运算 3 要素

1. 输入数据

输入（Input）数据是一个程序的开始。程序要处理的数据有多种来源，形成了多种输入方式，包括文件输入、网络输入、控制台输入、交互界面输入、随机数据输入、内部参数输入等。

2. 处理数据

处理（Process）数据是程序对输入数据进行计算并产生输出结果的过程。计算问题的处理方法统称为“算法”，它是程序最重要的组成部分。可以说，算法是一个程序的“灵魂”。

3. 输出数据

输出（Output）数据是程序展示运算成果的方式。程序的输出方式包括控制台输出、图形输出、文件输出、网络输出、操作系统内部变量输出等。

下面列举一个非常简单的计算圆面积的 Python 程序。

【范例 2-1】输入圆半径求圆面积。

```
01  R=eval(input("请输入圆半径:"))    #运行程序，提示“请输入圆半径”
02  S=3.14*R*R   #将圆的半径值输入圆的面积公式中并计算
03  print("圆的面积：","%.2f" % S)    #输出圆的面积并保留两位小数
```

在程序运行流程中，比较简单的有数据存取、加减乘除、逻辑运算、向量运算等。如果将各种运算叠加起来，就可以实现复杂的运算功能。

2.2　Python基本语法元素分析

本节主要讲述 Python 中的基本语法元素，主要包括程序的层次结构、代码注释、

代码换行与并行、变量与保留字、赋值语句、数据输入与输出等。学习这些基本语法元素，有助于加快代码编写速度，增强代码的可读性。

2.2.1 程序的层次结构

习惯了 C、C++之类的程序结构，Python 初学者经常会被莫名其妙的缩进错误搞得心烦意乱，因为 Python 必须使用正确的缩进格式。在 Python 程序中，既不能使用大括号（{}）来表示语句块，也不能使用开始/结束标识符来表示语句块，而是靠缩进来表示程序的层次结构的，原来“缩进”不仅仅是为了让程序结构美观。

空白（缩进）在 Python 中是非常重要的。缩进是指每行代码前端的空白区域，用来表示代码之间的包含和层次关系。这意味着同一层次的语句必须有相同的缩进。每组这样的语句被称为一个块。借用“缩进”的方式会使程序的层次结构非常清晰，便于代码阅读。

在编写 Python 程序代码的过程中，缩进可以通过按下“Tab”键或使用多个空格（通常是 4 个空格）来实现。下面看一段 Python 程序代码。

【范例 2-2】程序的层次结构。

```
01  num=int(input("输入一个数字："))
02  if num%2==0:
03      if num%5==0:                         #单层代码缩进
04          print ("你输入的数字可以整除 2 和 5")    #多层代码缩进（缩进嵌套）
05      else:
06          print ("你输入的数字可以整除 2，但不能整除 5")
07  else:
08      if num%5==0:
09          print ("你输入的数字可以整除 5，但不能整除 2")
10      else:
11          print ("你输入的数字不能整除 2 和 5")
```

从这段代码中可以发现，除第 1、2、7 行代码外都存在缩进，不需要缩进的代码顶行编写，不留空白（缩进）。其中，第 3 行代码采用单层代码缩进，第 4 行代码用到了多层代码缩进（缩进嵌套）。通过缩进可以很清楚地区分哪个 if 与 else 是相匹配的条件判断。

值得注意的是，处于同一级别的代码缩进量和缩进的符号（“Tab”键或空格）要保持一致，这样才能保持嵌套的层次关系清晰、正确；否则，由于缩进的方式不一致，可能会导致嵌套错误，甚至会影响程序的正确运行。另外，在 Python 的代码缩进中，最好采用空格的方式，每层向右缩进 4 个空格。通常不建议采用“Tab”键的方式，更不能两种方式混合使用。

现在，有一些 Python 辅助开发工具可以自定义按一次“Tab”键生成 4 个空格的代码缩进，还有一些工具可以自动实现代码缩进，这些工具都给编写 Python 程序带来了极大的便利。

2.2.2 代码注释

在大多数编程语言中，注释是一项很有用的功能。注释是程序员在程序代码中添加的一行或多行说明信息，在编程中是很重要的部分。由于注释不是程序的组成部分，所以它是不被计算机执行的，这样一来就可以借用注释来删除或跳过一部分暂时不需要执行的代码。例如，在如下代码中，第 1 行就是一条注释，会被编译器或解释器略去，是不被计算机执行的。

【范例 2-3】代码注释。

```
01  #下面将打印出语句“Hello World!”
02  print ("Hello World!")
```

Python 有两种使用注释的方法：单行注释和多行注释。单行注释是在每行前面输入“#”，“#”后面的内容都会被 Python 解释器所忽略，如下：

```
01  #这条是注释
02  #这条还是注释
03  #这条也是注释
```

多行注释是使用 3 个单引号来添加注释的，如下：

```
01  '''
02  这条是注释
03  这条还是注释
04  这条也是注释
05  '''
```

1. 注释的意义

在程序中编写注释的目的是表明代码要做什么，以及是如何做的。在项目开发期间，程序员可能对程序的工作原理了如指掌，但过一段时间后，就有可能遗忘部分细节问题。当然，没有注释的程序是可以花费时间重新研究代码来确定各部分的工作原理的，但这势必会浪费测试员和其他人很多时间和精力。通过编写注释，以清晰自然的描述语言对程序解决方案进行阐述，可以节省他们很多时间和精力。

2. 注释的主要用途

注释在程序开发中的用途主要体现在如下几个方面。

（1）标注软件作者及版权信息。

在每个程序源代码文件的开始增加注释，标明编写代码的作者、日期、用途、版权声明等信息。根据注释内容的多少，可采用单行或多行注释。

（2）注释代码原理和用途。

在程序关键代码附近增加注释，解释关键代码的用处、原理及注意事项，增加程序的可读性。由于程序本身已经表达了设计意图，所以，为了不影响程序阅读的连贯性，程序中的注释一般采用单行注释，标记在关键行，与关键代码同行。对于一段关键代码，可以在附近添加一个多行注释，或者多个单行注释，给出代码设计原理等信息。

（3）辅助程序调试。

在调试程序时，可以通过单行或多行注释，临时去掉一行或多行与当前调试无关的代码，辅助程序员找到程序出现问题的可能位置。

2.2.3　代码换行与并行

在编写 Python 程序的过程中，有时会遇到两行代码放在同一行更易懂，或者为了显得结构清晰，过长的代码不适合放在同一行的情形。下面将探讨在 Python 中如何处理代码换行与并行的问题。

1．代码换行

在 Python 编程中，一般在一行写完所有代码，如果遇到一行写不完需要换行的情形，则也允许采用代码换行的方式将一行代码分成多行编写。有如下 4 种方法可供选择。

【范例 2-4】代码换行。

（1）在该行代码末尾加上续行符“\”。

```
01  print ("2018 年\
02        我在学习\
03        Python!")

    输出结果：2018 年 我在学习 Python!
```

（2）语句中包含()、{}、[]，分行不需要加换行符。

```
01  print ('2018 年'
02        '我在学习'
03        'Python!')

    输出结果：2018 年我在学习 Python!
```

（3）采用 3 个单引号。

```
01  print ('''2018 年'''
02       '''我在学习'''
03        '''Python!''')

    输出结果：2018 年我在学习 Python!
```

（4）采用 3 个双引号。

```
01  print ("""2018 年"""
02       """我在学习"""
03        """Python!""")

    输出结果：2018 年我在学习 Python!
```

2. 代码并行

在 Python 代码缩进语句块中，如果只有一条语句，那么，将下一行代码直接写在“:”后面也是正确的。

【范例 2-5】代码并行。

```
01  num=int(input("输入一个数字："))
02  if num%2==0:
03      if num%5==0:                                  #该行不允许并到上一行
04         print ("你输入的数字可以整除 2 和 5")         #该行允许并到上一行
05      else:
06         print ("你输入的数字可以整除 2，但不能整除 5") #该行允许并到上一行
07  else:
08      if num%5==0:                                  #该行不允许并到上一行
09          print ("你输入的数字可以整除 5，但不能整除 2")#该行允许并到上一行
10      else:
11          print  ("你输入的数字不能整除 2 和 5")        #该行允许并到上一行
```

在上述代码中，第 3、8 行代码是不允许并到上一行代码“:”后面的。这是因为这两行代码中包含一个判断语句块，不是一条独立的语句。其他代码并行后的效果如下：

```
01  num=int(input("输入一个数字："))
02  if num%2==0:
03      if num%5==0:print ("你输入的数字可以整除 2 和 5")
04      else:print ("你输入的数字可以整除 2，但不能整除 5")
05  else:
06      if num%5==0:print ("你输入的数字可以整除 5，但不能整除 2")
07      else:print  ("你输入的数字不能整除 2 和 5")
```

2.2.4　变量与保留字

在 Python 程序中，是通过变量来存储和标识具体数据值的，数据的调用和操作是通过变量的名称来实现的。这就需要给程序变量元素关联一个标识符（命名），并保证其唯一性。在 Python 程序中对变量命名时，需要遵守一些命名规则，违反这些规则将可能引发程序错误。请牢记下述有关变量命名的规则：

（1）变量名只允许包含字母（a～z，A～Z）、数字和下画线。变量名可以字母或下画线开头，但第一个字符不能是数字。例如，可将变量命名为 username 或 userName2，但不能将其命名为 2userName。

（2）变量名不允许包含空格，但可以使用下画线来分隔其中的单词。例如，将变量命名为 user_name 是可行的，但命名为 user name 是不被允许的，会引发错误。

（3）在 Python 程序中，对字母大小写是敏感的。例如，username 和 userName 表示不同的变量。

（4）变量命名既要简短，又要具有简易的描述性。例如，name 比 n 好，user_name 比 u_n 好。

（5）慎用小写字母 l 和大写字母 O，因为它们可能被错看成数字 1 和 0。另外，字母 p 的大小写也应慎用，不易区分。

（6）不要使用 Python 程序保留的用于特殊用途的 Python 关键字和函数名作为变量名，如 print、if、for 等（见表 2-1）。

表 2-1　Python 3.x 中的 33 个保留字

False	None	True	and	as
assert	break	class	continue	def
del	elif	else	except	finally
for	from	global	if	import
in	is	lambda	nonlocal	not
or	pass	raise	return	try
while	with	yield	—	—

保留字是指在高级程序语言中已经被定义过的字，不允许使用者再将这些字作为变量名或常量名使用。

注意

在编写 Python 程序的过程中，建议使用小写字母形式的变量名。在变量名中使用大写字母虽然不会导致错误，但使用小写字母更有利于程序代码的阅读。

2.2.5 赋值语句

在前面的程序中，用到了一条语句 num=int(input("输入一个数字：")), 其中的“=”在 Python 中表示“赋值”，包含“=”的语句被称为赋值语句。“=”是一个赋值符号，表示将“=”右侧的值赋给“=”左侧的变量，在这条语句中表示将“=”右侧获取到的输入数字赋给“=”左侧的 num 变量。“=”赋值符号和数学中的“=”符号的含义是不一样的。

在 Python 程序中，还有一种同步赋值语句，该语句可以同时给多个变量赋值（先运算右侧 *N* 个表达式，然后同时将表达式的运算结果赋给左侧的变量）。语法如下：

```
<变量 1>,…,<变量N>=<表达式 1>,…,<表达式N>
```

例如，交换变量 x 和 y 的值，如果采用单个赋值的方式，则需要 3 行语句，如下：

```
01  >>>z = x
02  >>>x = y
03  >>>y = z
```

在上述代码中，先通过一个临时变量 z 缓存 x 的原始值，然后将 y 值（交换）赋给 x，最后将 x 的原始值通过 z（交换）赋给 y，从而完成变量 x 和 y 值的交换操作。

如果采用同步赋值语句的方式，则不需要借用临时变量缓存数值，仅需要一行代码即可，如下：

```
01  >>>x, y = y, x
```

同步赋值语句可以让赋值过程变得更便捷，减少变量的使用，使赋值语句更简洁易懂，提高程序的可读性。

另外，在 Python 程序中，赋值语句 x = y 和 y = x 的含义是不同的。范例如下：

```
01  >>>x = 3
02  >>>y = 9
03  >>>x = y
04  >>>print ("x 的值是：",x)
05  >>>print ("y 的值是：",y)
```

注意

上述代码需要一行一行地输入和执行，否则会报语法错误。

在本例中，虽然 x 的初始值是 3（第 1 行），但在第 3 行“x=y”的赋值语句中又把 y 的值（9）赋给了 x，现在 x 的值已经由最初的 3 变成了 9。而 y 没有被重新赋值，其值保持不变。所以，程序执行输出的数值均为 9，如下：

```
01  x的值是：9
02  y的值是：9
```

2.2.6　数据输入与输出

在 Python 程序中，是通过内置的 input()和 print()函数实现数据的输入和输出的。下面将学习 Python 程序中的数据输入与输出。

1．input()函数

input()函数可以让程序暂停运行，等待用户输入数据信息。程序在获取用户输入的信息后，将其存储在一个变量中，以方便后面程序的使用。

在范例 2-2 的第 1 行就用到了 input()函数。

```
01  num=int(input("输入一个数字："))
```

input()函数接收一个参数，即要向用户显示提示或说明，让用户知道下一步该做什么。在这个范例中，当运行到第 1 行代码时，用户将看到提示“输入一个数字：”。程序将等待用户输入数字，当用户完成数字的输入并按“Enter”键后，程序才继续运行。用户所输入的数字被存储在变量 num 中。

input()函数的语法如下：

```
<变量>=input(<提示性文字>)
```

在 Python 3.x 中，input()函数获得的用户输入均以字符串形式保存在变量中，参见如下范例代码：

```
01  >>> input_string=input("请输入：")
02  请输入：我在学习 Python
03  >>> print (input_string)
04  我在学习 Python
05  >>> input_string=input("请输入：")
06  请输入：2018
07  >>> print (input_string)
08  2018
```

```
09  >>>
```

从上述代码中可以看出，无论用户输入的是数字还是字符，input()函数统一按照字符串形式输出显示。

2. print()函数

print()函数用于向用户或者屏幕上输出指定的字符信息。在print()函数的括号中加上字符串，就可以向屏幕上输出指定的文字。例如，输出“hello,world”，用代码实现如下：

```
>>> print(hello, world)
```

print()函数也可以接收多个字符串，字符串之间用逗号“,”隔开，就可以连成一串输出。示例代码如下：

```
01  >>> print("hello,world ","Python ","是一门优秀的编程语言！ ")
02  hello,world Python 是一门优秀的编程语言！
```

print()函数会依次打印输出每个字符串，遇到逗号“,”就会输出一个空格。

print()函数的语法如下：

```
print(value, ..., sep=' ', end='\n', file=sys.stdout, flush=False)
```

- 参数 sep 是实现分隔符。比如，当有多个参数输出时，想要输出中间的分隔字符。
- 参数 end 是输出结束时的字符，默认是换行符（\n）。
- 参数 file 用于定义流输出的文件，可以是标准的系统输出 sys.stdout，也可以重定义为别的文件。
- 参数 flush 用于判断是否立即把内容输出到流文件，不进行缓存。

print()函数中的 sep、end、file、flush 参数是 4 个可选参数，其中 sep、end、file 参数的具体使用方法如下。

1）sep 参数

在输出字符串之间插入指定字符串，默认是空格。范例如下：

```
01  >>> print("a","b","c",sep="$$")   #将默认空格分隔符修改为“$$”
02  a$$b$$c
```

2）end 参数

在输出语句的结尾加上指定字符串，默认是换行符（\n）。范例如下：

```
01  >>> print("a","b","c", end=";")   #将默认换行符修改为“;”
02  a b c;
```

注意

print()函数默认在输出语句后自动切换到下一行。对于 Python 3.x 版本来说，如果要实现输出不换行的功能，则可以设置 end=''（Python 2 可以在 print 语句之后加“,”实现不换行的功能)。

3）file 参数

指定文本将要发送到的文件、标准流或者其他类似文件的对象，默认是 sys.stdout。范例如下：

```
01  >>> print(1,2,3,sep='-',end=';\n',file=open('print.txt','a')) #执行
02  4 次 print()函数
03  1-2-3;
04  1-2-3;
05  1-2-3;
06  1-2-3;
```

在本例中，file=open('print.txt','a')设置了输出文件路径，'a'设置了打开文件的方式是添加模式，所以字符串会加在文件末尾，而不会重写文件。其中，sep='-'参数设置了字符写入时的分隔符（-）；end=';\n'参数设置了字符写完后的结尾符号（;）及换行（\n）。另外，执行该函数会在 Python 根目录中新建一个 print.txt 文本文件，用于写入本例指定的文本，如图 2-2 所示。

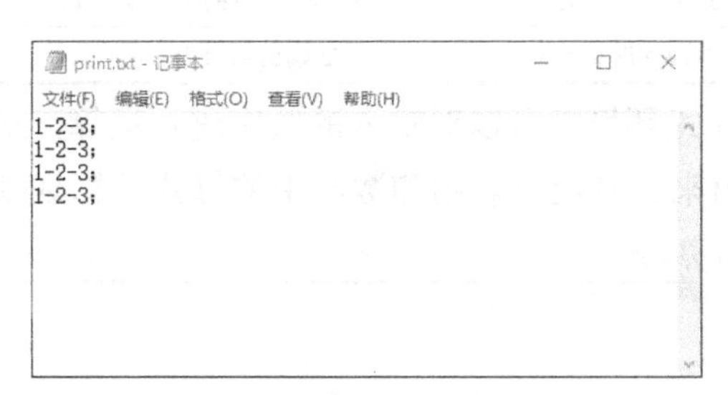

图 2-2　print.txt 文本文件

2.3　Python程序中的运算符与表达式

在 Python 程序中，需要对数据信息进行大量的运算，这就必须利用运算符来操作数据。用来表示各种不同运算的符号被称为运算符，而表达式则是由运算符和运算分量（操作数）组成的式子。正是因为有丰富的运算符和表达式，使得 Python 语言的功能十分完善和强大。

例如，3+2=5。其中，3 和 2 被称为操作数，“+”为运算符。

Python 语言所支持的运算符包括算术运算符、比较（关系）运算符、赋值运算符、逻辑运算符、按位运算符、成员运算符、身份运算符等。下面来认识一下常用的运算符。

2.3.1 算术运算符

Python 语言与其他大多数语言一样，也有+（加）、-（减）、*（乘）、/（除）、%（取余）等算术运算符，除此之外还有两个特殊的算术运算符，分别是 //（整除）和 **（幂运算，或叫乘方运算）。Python 解释器提供了 9 种算术运算符，如表 2-2 所示。

表 2-2 Python 中的算术运算符

算术运算符	运算符描述	演示范例（x：10；y：20）
+	加法运算，取两个对象相加之和	x + y 输出结果为 30
-	减法运算，取一个数与另一个数的差	x - y 输出结果为-10
*	乘法运算，取两个数相乘的积	x * y 输出结果为 200
/	除法运算，取 y 除以 x 的商	y / x 输出结果为 2
%	取模运算，返回除法的余数	y % x 输出结果为 0
-（取负）	取操作数负值运算	-x 输出结果为-10
+（取本身）	取操作数本身运算	+x 输出结果为 10
**	幂运算，返回 x 的 y 次幂	x**y 为 10 的 20 次方，输出结果为 100000000000000000000
//	整除运算，返回商的整数部分	9//2 输出结果为 4

Python 语言在交互式环境中可以对输入的数字进行运算，立即得出运算结果，并在交互式环境中显示出来。其运算规则和数学中的算式运算规则一致。

【范例 2-6】算术运算符。

```
01  >>> 4+6*5
02  34
03  >>> (7+9)*8
04  128
05  >>> (2+5)*8
06  56
07  >>> 2*(2+6)
08  16
09  >>> 3*4/2+5*2
10  16.0
11  >>> 26*(7-2)/(2+6*(4+1))
12  4.0625
```

注意

算式中的乘号（*）是不可以省略的。

另外，Python 语言中的乘法（*）运算符还可以用于字符串运算，运算结果就是字符串重复指定的次数。范例如下：

```
01  >>> print("+"*15)
02  +++++++++++++++
03  >>> print("@¥"*15)
04  @¥@¥@¥@¥@¥@¥@¥@¥@¥@¥@¥@¥@¥@¥@¥
```

2.3.2　比较运算符

比较运算符用于比较两边的值，并确定它们之间的关系，返回 False 或 True。比较运算符也被称为关系运算符。Python 解释器提供了 7 种比较运算符，如表 2-3 所示。

表 2-3　Python 中的比较运算符

比较运算符	运算符描述	演示范例（x：10；y：20）
==	等于运算符，比较对象是否相等	x == y 返回 False
!=	不等于运算符，比较两个对象是否不相等	x != y 返回 True
<>	不等于运算符，比较两个对象是否不相等	x <> y 返回 True。这个运算符类似于!=
>	大于运算符，返回 x 是否大于 y	x > y 返回 False
<	小于运算符，返回 x 是否小于 y。所有比较运算符返回 1 表示真，返回 0 表示假。这分别与特殊的变量 True 和 False 等价	x < y 返回 True
>=	大于或等于运算符，返回 x 是否大于或等于 y	x >= y 返回 False
<=	小于或等于运算符，返回 x 是否小于或等于 y	x <= y 返回 True

在比较运算符中，有两个不等于比较运算符（!=和<>），二者的功能和效果一致，建议使用!=运算符，比较清楚、易懂。<>运算符是为了保持版本兼容而存在的。

比较运算符支持多个比较项串联在一起比较，例如，a<b≤c，等同于 a<b and b≤c，其中 and 是布尔运算，表示“而且”（或“与”）。另外，像 x == y == z== w 也是允许的。

数值型的比较运算容易理解，就是比较数字大小。至于其他类型，如字符串和列表等，使用比较运算符也是可以进行比较的。字符串是按照字典顺序逐字符进行比较的，而列表则是逐元素进行比较的。

例如，'ABC' > 'AAC'的比较结果是 True，而'ABC' > 'ACC'的比较结果是 False；[1,2,3] == [1,2,3]的比较结果是 True，而[1,2,3] > [1,2,4]的比较结果是 False。

【范例 2-7】比较运算符。

```
01  >>> 'ABC' > 'AAC'
02  True
03  >>> 'ABC' > 'ACC'
04  False
05  >>> [1,2,3] == [1,2,3]
```

```
06  True
07  >>> [1,2,3] > [1,2,4]
08  False
```

2.3.3 赋值运算符

在 Python 中，变量是不需要声明的，只要变量的标识符合法，就可以直接定义并赋值。而且 Python 也允许同时为多个变量赋值（包括为多个变量赋不同类型的值）。

【范例 2-8】赋值运算符。

```
01  >>> a = b = c = 20  #为 3 个变量赋同样的值
02  >>> print(a,b,c)
03  20 20 20
04  >>> d, e, f = -2, 3.14, 'hello'  #为 3 个变量赋不同类型的值
05  >>> print(d,e,f)
06  -2 3.14 hello
```

在 Python 中，除“=”赋值运算符外，还有其他几种赋值运算符，如表 2-4 所示。

表 2-4　Python 中的赋值运算符

赋值运算符	运算符描述	演示范例
=	简单的赋值运算符	c = a + b 表示将 a + b 的运算结果赋给 c
+=	加法赋值运算符	c += a 等同于 c = c + a
-=	减法赋值运算符	c -= a 等同于 c = c - a
*=	乘法赋值运算符	c *= a 等同于 c = c * a
/=	除法赋值运算符	c /= a 等同于 c = c / a
%=	取模赋值运算符	c %= a 等同于 c = c % a
**=	幂赋值运算符	c **= a 等同于 c = c ** a

来看一段实例代码和运行结果，以帮助理解赋值运算符。范例如下：

```
01  >>>x, y = 3, 10
02  >>>y-= 4
03  >>>print(y)
04  6
05  >>>y/=x
06  >>>print(y)
07  2.0
08  >>>y**=x
09  >>>print(y)
10  8
```

在上例的语句 2 中，运算 y=y−4，由于 y 在前面被赋值为 10，运算后 y 的新值为 6，所以语句 3 输出 y 的值为 6；在语句 5 中，对 y 值再运算 y=y/x，在该语句之前 y 的值已为 6，此时 y 的新值为 2.0，所以语句 6 输出 y 的值为 2.0；在语句 8 中，对 y 值再运算 y=y**x，在该语句之前 y 的值为 2.0，此时 y 的新值为 2.0 的 3 次方，所以语句 9 输出 y 的值为 8。

2.3.4 逻辑运算符

在程序设计中，经常会用到逻辑运算。在生活中，也经常要求进行逻辑判断。比如，某个招聘岗位的招聘条件是“计算机专业专科或者本科学历”，就是要求应聘者只要满足计算机专业的任何学历或者非计算机专业的本科学历两者之一即可，这就是逻辑运算中的“或”运算，在 Python 中用 or 来表达。如果招聘条件是“计算机专业本科学历”，那么，计算机专业和本科学历二者都要满足，这就是逻辑运算中的“与”运算，在 Python 中用 and 来表达。Python 解释器提供了 3 种逻辑运算符，如表 2-5 所示。

表 2-5 Python 中的逻辑运算符

逻辑运算符	运算符描述	演示范例
and（与）	布尔“与”。如果 x 为 False，则 x and y 返回 False；否则返回 y 的计算值	x and y 返回 True
or（或）	布尔“或”。如果 x 是 True，则返回 True；否则返回 y 的计算值	x or y 返回 True
not（非）	布尔“非”。如果 x 为 True，则返回 False；如果 x 为 False，则返回 True	not（x and y）返回 False

【范例 2-9】逻辑运算符。

```
01  >>> print(True and False)          #需要两个都正确才行
02  False
03  >>> print(True and True)           #需要两个都正确才行
04  True
05  >>> print(False or True)           #只要一个正确就行
06  True
07  >>> print(True or False)           #只要一个正确就行
08  True
09  >>> print(not False or True)       #取反值后再进行或运算
10  True
11  >>> print(not False and True)      #取反值后再进行与运算
12  True
13  >>> print(not False and False)     #取反值后再进行与运算
14  False
```

2.3.5 按位运算符

简单来说，按位运算就是把数字转换为机器语言——二进制的数字来进行运算的一种运算形式。在 Python 中，按位运算符有按位与运算符（&）、按位或运算符（|）、按位异或运算符（^）、按位取反运算符（~）、左移运算符（<<）、右移运算符（>>），如表 2-6 所示。在这些运算符中，只有按位取反运算符是单目运算符，其他都是双目运算符。

表 2-6 Python 中的按位运算符

<table>
<tr><th>按位运算符</th><th>运算符描述</th><th>演示范例（x：10；y：20）</th></tr>
<tr><td>&</td><td>按位与运算符：参与运算的两个值，如果两个相应位都为 1，则该位的结果为 1；否则为 0</td><td>x & y 输出结果为 12，二进制解释：0000 1100</td></tr>
<tr><td>|</td><td>按位或运算符：只要对应的两个二进制位有一个为 1，结果位就为 1</td><td>x | y 输出结果为 61，二进制解释：0011 1101</td></tr>
<tr><td>^</td><td>按位异或运算符：当两个对应的二进制位相异时，结果为 1</td><td>x ^ y 输出结果为 49，二进制解释：0011 0001</td></tr>
<tr><td>~</td><td>按位取反运算符：对数据的每个二进制位取反，即把 1 变为 0，把 0 变为 1。~x 类似于-x-1</td><td>~x 输出结果为–61，二进制解释：1100 0011</td></tr>
<tr><td><<</td><td>左移运算符：把运算数的各二进制位全部左移若干位，<<右边的数字指定了移动的位数，高位丢弃，低位补 0</td><td>x << 2 输出结果为 240，二进制解释：1111 0000</td></tr>
<tr><td>>></td><td>右移运算符：把运算数的各二进制位全部右移若干位，>>右边的数字指定了移动的位数</td><td>x >> 2 输出结果为 15，二进制解释：0000 1111</td></tr>
</table>

1. 按位与（&）运算符

参与运算的两个值，如果两个相应位都为 1，则该位的结果为 1；否则为 0。

范例：3&5

解法：3 的二进制补码是 011，5 的二进制补码是 101，3&5 也就是 011&101。先看百位（其实不是百位，这样说只是便于理解），一个是 0，一个是 1，根据 1&1=1、1&0=0、0&0=0、0&1=0，可知百位应该是 0，同样，十位上的数字 1&0=0，个位上的数字 1&1=1，因此，最后的结果是 1。

2. 按位或（|）运算符

只要对应的两个二进制位有一个为 1，结果位就为 1。

范例：4|7

解法：按位或的运算规律和按位与的运算规律很相似，只不过换了逻辑运算符，或的规律是：1|1=1，1|0=1，0|0=0。4|7 转换为二进制就是 100|111=111，二进制数 111 即十进制数 7。

技巧：利用按位或可以将任意二进制数的最后一位变为 1，也就是 X|1。

3．按位异或（^）运算符

当两个对应的二进制位相异时，结果为 1。特别要注意的是不进位。

范例：2^5

解法：10^101=111，二进制数 111 即十进制数 7。

4．按位取反（~）运算符

将二进制数+1 之后乘以-1，x 的按位取反是-x-1。注意，按位取反运算符是单目运算符。-9、1+~4 是正确的，5~3 是错误的。

这是更快捷的按位取反算法，也可以按部就班地每位按位取反（包括符号位），最后如果是负数再转换为原码。

范例：~3

解法：十进制数 3 对应的二进制数是 11，-(11+1)=-100。

5．按位左移（<<）运算符

X<<N 表示将一个数字 *X* 所对应的二进制数向左移动 *N* 位。

范例：3<<2

解法：二进制数 11 向左移动两位变为 1100，即十进制数 12。

6．按位右移动（>>）运算符

X>>N 表示将一个数字 *X* 所对应的二进制数向右移动 *N* 位。

范例：3>>2

解法：二进制数 11 向右移动两位变为二进制数 0。

2.3.6　成员运算符

在 Python 中提供了成员运算符，可以判断一个元素是否在某个序列中。比如，可以判断一个字符是否属于某个字符串，也可以判断某个对象是否在某个列表中等。Python 中的成员运算符如表 2-7 所示。

表 2-7　Python 中的成员运算符

成员运算符	运算符描述	演示范例
in（有）	如果在指定的序列中找到值则返回 True，否则返回 False	x 在 y 序列中：如果 x 在 y 序列中则返回 True
not in（没有）	如果在指定的序列中没有找到值则返回 True，否则返回 False	x 不在 y 序列中：如果 x 不在 y 序列中则返回 True

【范例 2-10】成员运算符。

```
01  a= zebra
02  b= bull
03  list = [lion,leopard,panda,tiger,wolf]
04  if ( a in list ):
05      print (a "在指定列表 list 中")
06  else:
07      print (a "不在指定列表 list 中")
08  if ( b not in list ):
09      print (b "不在指定列表 list 中")
10  else:
11      print (b "在指定列表 list 中")
12  a = panda       # 修改变量 a 的值为列表中存在的值
13  if ( a in list ):
14      print (a "在指定列表中 list 中")
15  else:
16      print (a "不在指定列表中 list 中")
```

输出结果如下：

```
01  zebra 不在指定列表 list 中
02  bull 不在指定列表 list 中
03  panda 在指定列表 list 中
```

在上述范例中，由语句 1～3 可知，变量 a、b 的值均不在指定列表 list 中。程序首先执行语句 4，判断条件不成立，所以输出语句 7 的结果；接着执行语句 8，判断 list 列表中没有 b 变量，语句 8 成立，所以输出语句 9 的结果；最后在语句 12 中对变量 a 重新赋值，语句 13 成立，所以输出语句 14 的结果。

2.4　Python中的数据类型

在 Python 中，数据类型有整数类型、浮点数类型、复数类型及布尔类型。其中，整数类型、浮点数类型、复数类型分别对应数学中的整数、实数和复数。

2.4.1　整数类型

整数类型和数学中的整数概念一样，Python 可以处理任意大小的正整数和负整数。整数类型在程序中的表示方法和在数学中的写法一模一样，例如，1、300、-2018、0 等。

从 Python 3.x 版本后，整数类型为 int，不再区分整数（int）与长整数（long）。整数类型有十进制、二进制、八进制和十六进制 4 种进制。在默认情况下，整数采用十进制。若要编写二进制数字，则需要在数字前置 0b 或 0B；若要编写八进制数字，则需要在数字前置 0o 或 0O，之后接 1～7；若要编写十六进制数字，则以 0x 或 0X 开头，之后接 1～9 及 A～F，如表 2-8 所示。

表 2-8　进制说明

进制类别	前置符号	进制说明
十进制	无	默认情况，例如，30，-80，0
二进制	0b 或 0B	由字符 0 和 1 组成，例如，0b1010，0B1101
八进制	0o 或 0O	由字符 1～7 组成，例如，0o 1010，0O 1101
十六进制	0x 或 0X	由字符 1～9 及 A～F 组成，例如，0xA，0XABC

【范例 2-11】下面几种进制表示方式均相当于十进制整数 10。

```
01  >>> 10
02  10
03  >>> 0b1010
04  10
05  >>>0o12
06  10
07  >>> 0xA
08  10
```

在 Python 中，可以使用 int()函数由字符串、浮点数、布尔等类型产生整数。在转换过程中，浮点数的小数部分将被略去；布尔类型中的 True 会返回 1，False 会返回 0。

【范例 2-12】整数转换程序。

```
01  >>> int('10')
02  10
03  >>> int(3.14)
04  3
```

2.4.2　浮点数类型

Python 将带有小数点部分的数字统称为浮点数，如 0.0、3.14、-0.0016、20.18、3.5e-3、

2.5E+5 等。其中，3.5e-3 的值为 0.0035，2.5E+5 的值为 250000.0。需要注意的是，浮点数 0.0 和整数 0 的数值是相等的，但它们在计算机内部的表示却不相同。

【范例 2-13】浮点数类型计算。

```
01  >>> id(0)
02  1447679776
03  >>> id(0.0)
04  55713248
```

1．浮点数运算

大多数编程语言都使用了浮点数这个术语，它指出了这样一个事实：小数点可以出现在数字的任何位置。每种编程语言都必须精心设计，以妥善地处理浮点数，确保不管小数点出现在什么位置，数字的行为都是正常的。

从很大程度上来说，在使用浮点数时无须考虑其行为。只需输入要使用的数字，Python 通常会按照期望的方式处理它们。

【范例 2-14】浮点数运算。

```
01  >>> 0.1 + 0.1
02  0.2
03  >>> 3 * 0.5
04  1.5
```

2．浮点数精度缺陷

同其他软件一样，Python 中的浮点数也存在缺乏精确性的问题。这是由于底层 CPU 和 IEEE 754 标准通过自己的浮点单位去执行算术运算时的特征导致的。看似有穷的小数，在计算机的二进制表示里却是无穷的，这是实数的无限精度与计算机的有限内存之间的矛盾。所以，浮点类型数值的运算结果包含的小数位数可能是不确定的。

【范例 2-15】浮点数精度运算 1。

```
01  >>> 1.2+1.2+1.2-3.6
02  -4.440892098500626e-16
03  >>> 3*0.2
04  0.6000000000000001
05  >>> 0.55+0.3
06  0.8500000000000001
```

在通常情况下，这一点点小误差是允许的。但是，如果是基数巨大的领域，如金融证券行业，这样的误差就是不能容忍的，此时就要考虑通过一些途径来解决这个问题。

【范例 2-16】浮点数精度运算 2。

```
01  >>> a =0.55
```

```
02  >>> b = 0.3
03  >>> a + b
04  0.8500000000000001
```

解决这个问题可以采用 Python 中的 Decimal 库模块，先将浮点数转换为一个字符串，使调用者能够准确地处理值的位数。

【范例 2-17】使用 Decimal 库模块。

```
01  >>> from decimal import* #调用 Decimal 库模块
02  >>> a=Decimal('0.55')+Decimal('0.3')
03  >>> print(a)
04  0.85
```

使用字符串来表示数字，尽管代码看起来比较奇怪，但是 Decimal 库模块支持所有常见的数学运算。Decimal 库模块允许控制计算的每个方面，包括数字位数和四舍五入等。

2.4.3　复数类型

复数类型用 complex 表示类别，它由实数部分和虚数部分组成。复数可以看作(*x*,*y*)两部分，一般表示形式为 *x*+*y*j，其中，*x* 是复数的实数部分，*y* 是复数的虚数部分，这里的 *x* 和 *y* 都是实数。在 Python 中，复数的虚数部分通过后缀（J）或（j）来识别，并且可以直接对复数进行数值运算。

【范例 2-18】复数类型程序。

```
01  >>> x=5+2j
02  >>> y=3+5j
03  >>> x+y
04  (8+7j)
```

注意

在 Python 中，虚数部分的字母 j 大小写都可以，如 5.2+2.5j 和 5.2+2.5J 是等价的。

【范例 2-19】代码如下：

```
01  >>> 5.2+2.5j
02  (5.2+2.5j)
03  >>> 5.2+2.5J
04  (5.2+2.5j)
```

2.4.4　布尔类型

布尔类型用 bool 表示类别。布尔类型只有 True 和 False 两个值。布尔类型常见的运算有以下几种。

1．与运算

只有当两个布尔值都为 True 时，运算结果才为 True。【范例 2-20】代码如下：

```
01  >>> True and True
02  True
03  >>> True and False
04  False
```

2．或运算

只要有一个布尔值为 True，运算结果就是 True。【范例 2-21】代码如下：

```
01  >>> True or True
02  True
03  >>> True or False
04  True
```

3．非运算

把 True 变为 False，或者把 False 变为 True。【范例 2-22】代码如下：

```
01  >>> not True
02  False
03  >>> not False
04  True
```

4．布尔值（0和1）

Python 中的布尔值是可以转换为数值的，True 表示 1，而 False 表示 0。【范例 2-23】代码如下：

```
01  >>> True == 1
02  True
03  >>> False == 0
04  True
05  >>> True + False + 30
06  31
```

2.5 Python内置的运算函数

本节主要介绍 Python 内置的运算函数，包括数值运算函数和字符串处理函数。

2.5.1　内置的数值运算函数

Python 解释器提供了一些内置运算函数，使用这些函数可以在编程时提升更大的灵活性。在这些内置运算函数中，有 6 个函数与数值运算相关，如表 2-9 所示。

表 2-9　常用的内置数值运算函数

数值运算函数	函数描述	演示范例
abs(x)	取 x 的绝对值	abs(−10)返回 10
divmod(x, y)	(x//y, x%y)，返回由两个数的商和余数组成的元组	divmod(5,2)返回 2,1
pow(x, y[, z])	(x**y)%z，[..]表示该参数可以省略，即 pow(x,y)，它与 x**y 相同，返回的是一个数字。当有两个参数 x,y 时，会返回 x**y（x 的 y 次方）	pow(2,3)返回 8； pow(2,3,4)返回 0
round(x[, ndigits])	对 x 四舍五入，保留 ndigits 位小数。round(x)返回四舍五入的整数值	round(3.1415,3)返回 3.142； round(3.1413,3)返回 3.141
max(x1, x2,…, xn)	x1, x2,…,xn 的最大值，n 没有限定	max(1,2,3,4,5)返回 5
min(x1, x2,…, xn)	x1, x2,…,xn 的最小值，n 没有限定	min(1,2,3,4,5)返回 1

1．绝对值函数 abs()

abs()函数返回给定参数的绝对值。其参数可以是实数（整数、浮点数等）或复数，如果参数是复数，则返回复数的模。【范例 2-24】代码如下：

```
01  >>> abs(100)      #正整数的绝对值
02  100
03  >>> abs(-150)     #负整数的绝对值
04  150
05  >>> abs(0)         #0 的绝对值
06  0
```

2．fabs()和 abs()函数的区别

在 Python 中，fabs(x)函数返回 x 的绝对值。虽然 fabs()函数类似于 abs()函数，但是这两个函数存在以下差异：

- abs()是一个内置函数，而 fabs()函数是在 math 模块中定义的。
- fabs()函数只适用于浮点数和整数类型，而 abs()函数还适用于复数类型。

以下是 fabs()函数的语法：

```
01  >>> import math      #调用 math 模块
02  >>> math.fabs(x)     #在 math 模块中调用 fabs(x)函数
```

注意

不能直接访问 fabs()函数，需要先调用 math 模块，然后使用 math 静态对象调用此函数。

【范例 2-25】代码如下：

```
01  >>> import math
02  >>> a = -3.1415
03  >>> b = a
04  >>> print("a 的绝对值是:",abs(a))
05  a 的绝对值是: 3.1415
06  >>> print("b 的绝对值是:",math.fabs(b))
07  b 的绝对值是: 3.1415
```

3．divmod(x,y)函数

divmod(x,y)函数用于实现 x 除以 y，然后返回由商和余数组成的元组。如果两个参数 x、y 都是整数，那么会采用整数除法，运算结果相当于(x//y, x % y)。如果 x 或 y 是浮点数，则运算结果相当于(math.floor(x/y), x%y)。【范例 2-26】代码如下：

```
01  >>> divmod(2, 6)
02  (0, 2)
03  >>> divmod(28, 7)
04  (4, 0)
05  >>> divmod(27, 9)
06  (3, 0)
07  >>> divmod(25.6, 2)
08  (12.0, 1.6000000000000014)
09  >>> divmod(2, 0.2)
10  (9.0, 0.19999999999999999)
```

4．pow(x, y[, z])函数

pow(x, y[, z])函数用于计算 x 的 y 次方，如果 z 存在，则再对运算结果进行取模，等效于 pow(x,y)%z。其中，pow(x, y)与 x**y 等效。采用一起计算的方式是为了提高计算的效率，但要求 3 个参数必须为数值类型。

【范例 2-27】代码如下：

```
01  >>> print(pow(2, 3), 2**3)
02  8 8
03  >>> print(pow(2, 8), 2**8)
04  256 256
05  >>> print(pow(2, 8, 2), 2**8 % 2)
```

```
06  0 0
07  >>> print(pow(2, -8))
08  0.00390625
```

5．四舍五入函数 round(x,ndigits)

round(x,ndigits)函数返回浮点数 x 的四舍五入值，ndigits 值代表舍入到小数点后的位数。【范例 2-28】代码如下：

```
01  >>> round(3.1415926,2)
02  3.14
03  >>> round(3.1415926)    #ndigits 值默认为 0
04  3
05  >>> round(3.1415926,-2)
06  0.0
07  >>> round(3.1415926,-1)
08  0.0
09  >>> round(314.15926,-1)
10  310.0
```

2.5.2　内置的字符串处理函数

字符串拥有多种内置函数，掌握常见的字符串处理函数的使用方法是很有必要的。

1．获取字符串长度函数 len(str)

len(str)函数用来返回对象（字符串、列表、元组等）的长度或项目个数。其中，str 为获取对象。【范例 2-29】代码如下：

```
01  #返回字符串的长度
02  >>> str = "Hello World"
03  >>> len(str)
04  11
05  #返回列表的元素个数
06  >>> list = [1,4,3]
07  >>> len(list)
08  3
09  #返回元组的成员个数
10  >>> tuple = (1,8,0,3)
11  >>> len(tuple)
12  4
```

此函数不仅可以获取字符串的长度，也可以获取其他数据类型的相关信息，如列表的元素个数和元组的成员个数。

2．字符串的大小写转换

在字符串的日常使用中，通常对字母的大小写有着严格的要求。下面简单介绍几个字符串大小写转换的相关函数。

如果需要将字符串进行大小写转换，那么可以使用 str.upper()和 str.lower()函数。【范例 2-30】代码如下：

```
01  >>> str = "Hello World"
02  #str.upper()函数，将字符串内容转换为大写形式
03  >>> str.upper()
04  'HELLO WORLD'
05  #str.lower()函数，将字符串内容转换为小写形式
06  >>> str.lower()
07  'hello world'
```

如果需要进行大小写互换，则可以使用 str.swapcase()函数。【范例 2-31】代码如下：

```
01  #str.swapcase()函数，将字符串内容进行大小写互换
02  >>> str.swapcase()
03  'hELLO wORLD'
```

在英文书写中，有时需要将句子的第一个字母大写，此时可以使用 str.capitalize()和 str.title()函数。

```
01  >>> str = "hEllo wOrld"
02  #str.capitalize()函数，将字符串的第一个字符转换为大写形式，其余字符均小写
03  >>> str.capitalize()
04  'Hello world'
05  #str.title()函数，返回“标题化”的字符串，即所有单词首字母大写，其余字母均小写
06  >>> str.title()
07  'Hello World'
```

3．字符串的查找

搜索相关字符串是程序中必不可少的功能。下面列举几个基础的字符串查找函数。

str.find(sub[,start[,end]])函数是基础的字符串查找函数，其使用方式也很灵活。

如果在字符串中未查找到指定字符，会返回-1；否则返回指定字符第一次出现位置的序列。第一个字符序列为 0。

如果此时仅指定查找字符，其他参数默认，则函数默认从字符串左侧开始查找，直至字符串结束。代码如下：

```
01  >>> str = "Microsoft Corporation"
02  >>> str.find('p')
```

```
03  13
04  >>> str.find('o')
05  4
06  >>> str.find('z')
07  -1
```

也可以指定查找开始和结束的字符位置，使查找更加灵活。格式为：str.find(需要查找的字符,开始位置,结束位置)。【范例 2-32】代码如下：

```
01  >>> str = "Microsoft Corporation"
02  >>> str.find('o',5)
03  6
04  #在此范例中，str.find('o',5)的含义为从本字符串的第 5 个字符's'开始向右查找，
05  直至字符串结束
```

若同时指定查找开始和结束的字符位置，则只包含开始的序列，不包含结束的序列。

```
01  >>> str.find('o',5,6)
02  -1
03  >>> str.find('o',5,7)
04  6
05  #在此范例中,str.find('o',5,7)的含义为从本字符串的第 5 个字符's'开始向右查找，
06  到第 7 个字符'f'结束
```

还可以使用 str.rfind(sub[, start[, end]])函数从字符串右侧开始查找。此时，返回值仍为第一次查找到的字符序列。总体用法和 str.find(sub[, start[, end]])函数的用法相同。

```
01  >>> str = "Microsoft Corporation"
02  >>> str.rfind('t')
03  17
04  >>> str.find('t')
05  8
```

此外，还有 count()函数，用于统计字符串中指定字符出现的次数。

```
01  >>> str = "Microsoft Corporation"
02  >>> str.count('t')
03  2
04  >>> str.count('o')
05  5
```

4．字符串的替换

字符串的替换功能可以方便用户进行字符串的管理和编辑。下面列举几个简单的字符串替换函数。

str.replace()函数是一个灵活的替换函数，可以指定替换的对象和替换的次数。

在下面的代码中，第 2 行指定了用'*'替换字符串中的字符'i'；在第 4 行中添加了参

数 1，表示仅进行一次替换。默认从字符串左侧开始进行替换。

```
01  >>> str = "This is an example"
02  >>> str.replace('i','*')
03  'Th*s *s an example'
04  >>> str.replace('i','*',1)
05  'Th*s is an example'
```

strip()函数用于移除字符串头尾指定的字符，默认移除空格。下述代码第 2 行表示移除字符串中的'cmowz. '字符。

```
01  >>> str = "www.example.com"
02  >>> str.strip('cmowz.')
03  'example'
04  #下面的例子为默认移除空格
05  >>> str = "  example  "
06  >>> str.strip()
07  'example'
```

strip()函数还可用于移除空格，默认移除字符串两侧的空格。还可以指定方向，如lstrip()表示移除字符串左侧的空格，rstrip()表示移除字符串右侧的空格。

```
01  >>> str = "  example  "
02  >>> str.strip()
03  'example'
04  >>> str.lstrip()
05  'example  '
06  >>> str.rstrip()
07  '  example'
```

第 3 章

3

控制程序执行流程

在 Python 编程中，对程序执行流程的控制主要是通过条件判断语句、循环控制语句及 continue、break 来完成的。其中，条件判断语句按预先设定的条件执行程序，包括 if 语句、if 嵌套语句等；而循环控制语句则可以重复完成任务，包括 while 语句和 for 语句。本章将重点学习 Python 中分支结构控制语句和循环控制语句的使用方法与技巧。

本章重点知识：

- Python 程序的结构和流程图。
- 分支结构的使用方法。
- if 语句的分支结构。
- 循环控制语句的结构。
- 使用 for 语句和 while 语句实现循环结构控制。
- 使用循环辅助语句完成程序的跳转。

3.1 结构化程序设计

我们常常看到现实生活中的流程是多种多样的，如汽车在道路上行驶，要顺序地沿道路前进，碰到交叉路口时，驾驶员就需要判断是转弯还是直行，在环行路上是继续前进还是需要从一个出口出去等。

在编程世界中遇到这些状况时，可以改变程序的执行流程，这就需要用到流程控制语句。

语句是构成程序最基本的单位，程序的执行过程就是执行程序语句的过程。程序语句执行的顺序称为流程控制（或控制流程）。

3.1.1 结构化流程图

程序的执行顺序是通过执行流程控制语句实现的。在开发程序前，通常需要绘制流程图，通过流程图可以清晰地查看程序的执行流程。

流程图采用一系列图形、流程线和文字说明等方式，描述程序的基本操作和控制流程。流程图是进行程序分析和过程描述的最基本方式。

1. 流程图常用的8种基本元素

在绘制流程图的过程中，常用的元素包括起止框、判断框、处理框、输入/输出框、子程序框、注释框、流向线及连接点等，如表 3-1 所示。合理、规范地使用流程图的基本元素能够增强流程图的易读性和流通性。

表 3-1 流程图常用的 8 种基本元素

元素样式	元素名称	元素介绍
	起止框	程序的开始或结束都以此元素样式为准
	判断框	在遇到不同处理结果的情况下，采用此符号连接分支流程
	处理框	标识程序的一组处理过程、一个程序操作，也称之为一个程序节点
	输入/输出框	标识数据的输入或者程序结果的输出
	子程序框	将流程中一部分有逻辑关系的节点合成一个子流程，方便主流程频繁调用
注释框	注释框	在流程图中增加对语句、程序段的注释，使流程图更易懂
	流向线	用带箭头的直线或者曲线形式，标识程序的执行路径
	连接点	用来将任意节点或多个流程图连接起来，构成一个大的流程图。常用于将大流程图分解为多个小流程图的连接工作

2. 综合流程图

在流程图中，不仅可以采用连接点将流程图分解为两部分，还可以将执行相同功能的程序语句块以子程序的形式调用。如图 3-1 所示为综合流程图。

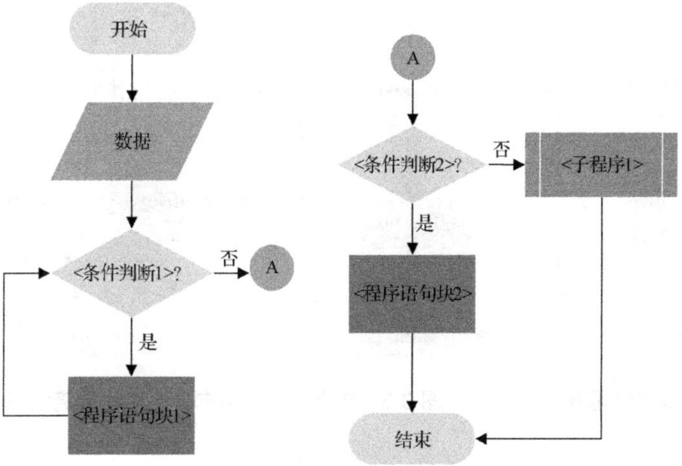

图 3-1　综合流程图

3.1.2　程序运行的基本结构

程序的运行可以理解为执行一条一条的程序语句。但是，任何事情都会有不同的情况出现，就像去学校上课，如果走直线，那么不一定所有的同学都能到达学校，此时需要选择不同的路径才能到达目的地。在 Python 中，顺序结构是程序的基础，但是，单一地按照顺序结构执行程序不能解决所有问题，这就需要引入程序控制结构来引导程序按照需要的顺序执行。基本的处理流程包含 3 种结构，即顺序结构、分支结构和循环结构。为了便于理解和展示程序结构，下面分别采用流程图方式展示。

1．顺序结构

顺序结构是程序按照线性顺序依次执行程序语句的一种运行方式。顺序结构是 Python 程序中最基本和最简单的运行程序的结构，其流程图如图 3-2 所示。它按照语句出现的先后顺序依次执行，首先执行程序语句块 1，然后执行程序语句块 2，依次类推。

2．分支结构

分支结构是程序根据给定的逻辑条件进行判断，进而选择不同路径执行的一种运行方式，常见的有单向分支和双向分支。当然，单、双向分支结构也可以组合成多分支结构，但程序在执行过程中只执行其中的一条分支。单向分支和双向分支结构的流程图如图 3-3 所示。

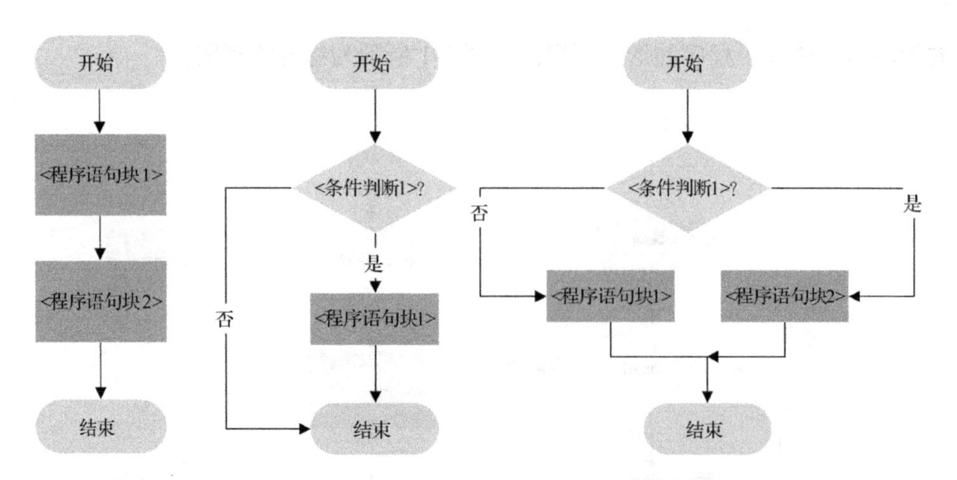

图 3-2　顺序结构的流程图　　　　图 3-3　单向分支和双向分支结构的流程图

3. 循环结构

循环结构是程序根据逻辑条件来判断是否重复执行某段程序的一种运行方式。若逻辑条件为真，则进入循环，重复执行某段程序；若逻辑条件为假，则结束循环，转而执行后面的程序语句。循环结构分为条件循环和计数（遍历）循环，其流程图如图 3-4 所示。

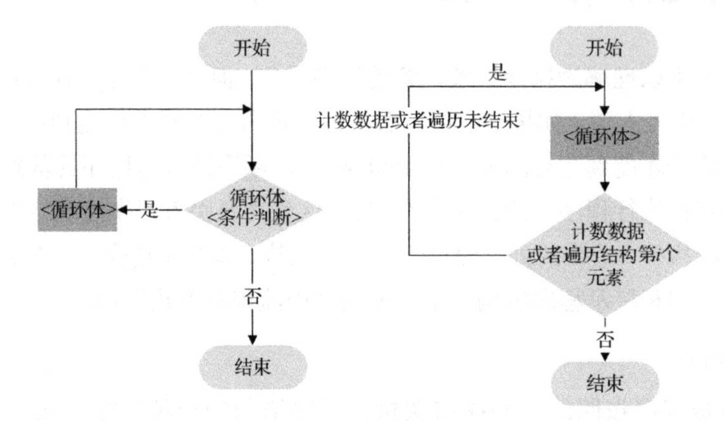

图 3-4　循环结构的流程图

3.2　顺序结构

顺序结构的程序是指，在程序执行过程中按照程序中所有语句的顺序逐一执行的程序。需要注意的是，只有顺序结构的程序，其功能有限。下面是一个只有顺序结构的程序范例。

3.2.1　计算圆的面积 S 和周长 L

【范例 3-1】（源代码 3.1.py）

本范例根据用户输入的圆的半径值，通过执行圆面积公式（$S=\pi\times R\times R$）和圆周长公式（$L=2\times\pi\times R$），计算并输出圆的面积 S 和周长 L，并对计算结果保留两位小数（注：此范例中 π 的值取 3.14）。

【范例源码与注释】

```
01  R=eval(input("请输入圆半径:"))
    #运行程序，提示“请输入圆半径:”
02  S=3.14*R*R
    #将圆的半径值输入圆的面积公式中并计算
03  L=2*3.14*R
    #将圆的半径值输入圆的周长公式中并计算
04  print("圆的面积：","%.2f" % S)
    #输出圆的面积并保留两位小数
05  print("圆的周长：","%.2f" % L)
    #输出圆的周长并保留两位小数
```

【程序运行】

保存并打开（3.1.py）程序，按下“F5”键运行程序。在提示光标处输入圆的半径 8，通过程序计算可分别得到圆的面积为 201.06，周长为 50.26，如图 3-5 所示。

```
===========
01  请输入圆半径:8
02  圆的面积：201.06
03  圆的周长：50.26
  >>>
```

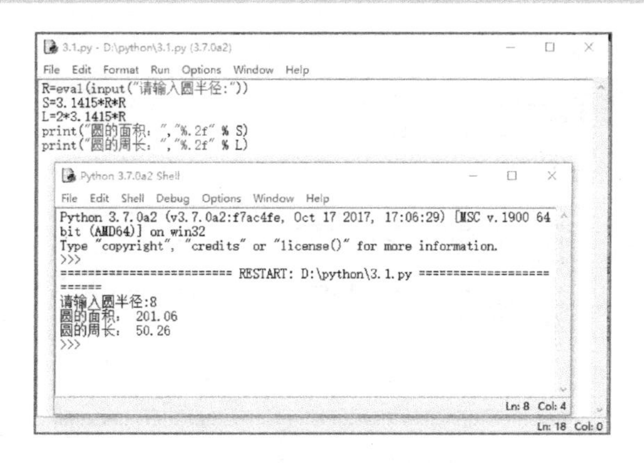

图 3-5　圆面积与周长计算结果

【范例分析】

该程序是一个顺序结构的程序，程序的执行过程是按照书写语句，一步一步地按顺序执行，直至程序结束。在程序运行时，首先获取用户输入的圆半径 *R* 的值，然后执行圆面积和周长的计算，最后将计算结果输出。

3.2.2 计算正方形的面积 *S*

【范例 3-2】（源代码 3.2.py）

本范例根据用户输入的正方形的边长，通过执行正方形面积公式（$S=a\times a$），计算并输出正方形的面积 *S*。

【范例源码与注释】

```
01  a=eval(input("请输入正方形的边长:"))
    #运行程序，提示“请输入正方形的边长:”
02  S=a*a
    #将正方形的边长值输入正方形的面积公式中并计算
03  print("正方形的面积: ",S)
    #输出正方形的面积
```

【程序运行】

保存并打开（3.2.py）程序，按下“F5”键运行程序。在提示光标处输入正方形的边长 6，通过程序计算可得到正方形的面积为 36，如图 3-6 所示。

```
===========
01  请输入正方形的边长:6
02  正方形的面积: 36
  >>>
```

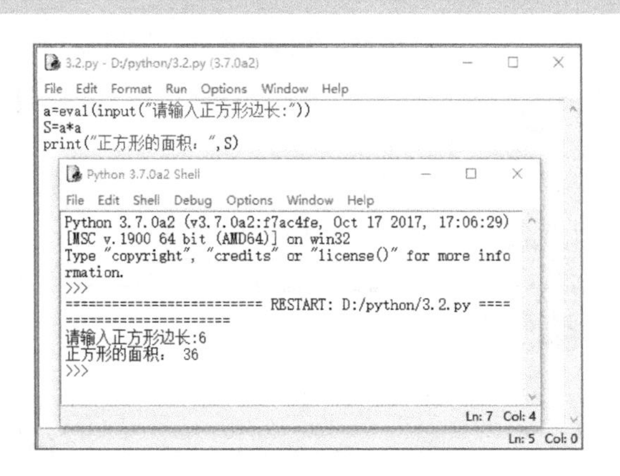

图 3-6　正方形面积计算结果

【范例分析】

该程序是一个非常简单的顺序结构的程序。在程序运行时，首先获取用户输入的正方形边长 *a* 的值，然后执行正方形面积的计算，最后将计算结果输出。

3.3　分支结构

计算机要处理的问题往往是复杂多变的，仅采用顺序结构是不够的，还需要利用分支结构来解决实际应用中的各种问题。在 Python 中，可以通过 if、elif、else 等条件判断语句来实现单分支、双分支和多分支结构。

3.3.1　单分支结构

单分支结构主要由 3 部分组成：关键字 if、用于判断结构真假的条件表达式，以及当条件表达式为真时执行的语句块。if 语句就是通过对语句中不同条件的值进行判断，进而根据不同的条件执行不同的分支语句的。

在 Python 中，if 语句的语法格式如下：

```
if  <条件表达式>:
    <语句块>
```

注意以下问题：

（1）在每个条件后面要使用冒号（:），表示接下来是满足条件后要执行的语句块。

（2）使用缩进来划分语句块，多条具有相同缩进数的语句组成一个语句块。

（3）在单分支结构中，也可以并列使用多条 if 语句实现对不同条件的判断。

（4）在 Python 中没有 switch-case 语句。

if 语句的语句块只有在条件表达式为真时才执行，否则将跳过该语句块执行后面的语句。其流程图如图 3-7 所示。

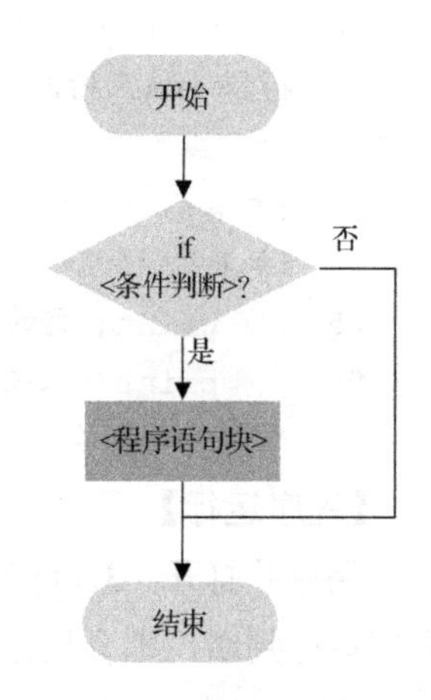

图 3-7　if 语句的流程图

if 语句中的<条件表达式>部分可以使用任何能够产生 True 或 False 值的语句。形成判断条件最常见的方式是采用关系操作符。在 Python 中有 6 个关系操作符，如表 3-2 所示。

表 3-2　Python 中的关系操作符

关系操作符	数学符号	含　义
<	<	小于
<=	≤	小于或等于
>	>	大于
>=	≥	大于或等于
==	=	等于，比较对象是否相等
!=	≠	不等于

注意

在 Python 中使用单等号“=”表示赋值，使用双等号“==”表示等于，要注意区分。

【范例 3-3】通过年龄判断所在年龄段。

【范例描述】（源代码 3.3.py）

本范例根据用户输入的年龄值，判断是否是成（未）年人，然后输出年龄和年龄段的判断结果。

【范例源码与注释】

```
01  age = eval(input("请输入您的年龄:"))
    #获取用户年龄值，并将值赋予变量 age
02  if age >= 18:
    #判断年龄是否大于或等于 18 岁，如果“是”则执行下面的语句
03      print("您的年龄是", age)
04      print("成年人")
    #判断为真则输出年龄和年龄段

04  if age < 18:
    #如果第一个条件判断为假，则执行这条判断语句，该语句为真则执行下面的语句
05      print("您的年龄是", age)
06      print("未成年")
    #判断为真则输出年龄和年龄段
```

【程序运行】

保存并打开（3.3.py）程序，按下“F5”键运行程序。在提示光标处输入 16，通过程序运行判断，则会执行第二条判断和语句的输出，如图 3-8 所示。

```
===========
01  请输入您的年龄:16
02  您的年龄是 16
```

```
03  未成年
  >>>
```

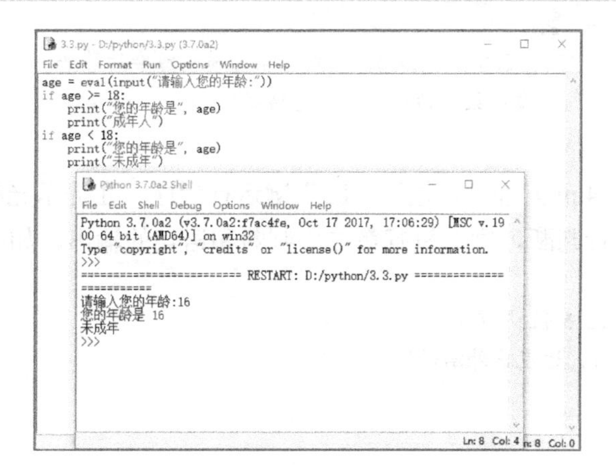

图 3-8　判断年龄所在年龄段运行结果

【范例分析】

该程序是一个二段式的 if 单分支结构的程序，在执行过程中会按照输入年龄值的大小而选择不同的语句执行。感兴趣的读者也可对年龄段再进行细分，如儿童、少年、青年及老年等。

注意

该程序是单次运行的，如果需要重新输入别的年龄值，则需要再次运行程序。

【范例 3-4】单分支结构实现 PM2.5 空气质量提醒。

【范例描述】（源代码 3.4.py）

本范例根据用户输入的 PM2.5 数值，判断空气质量并给出提醒。根据《环境空气质量指数（AQI）技术规定（试行）》（HJ 633—2012），空气污染指数可划分为 0～50、51～100、101～150、151～200、201～300 和大于 300 共 6 档，对应于空气质量的 6 个级别，指数越大，级别越高，说明污染越严重，对人体健康的影响也越明显。作为案例，在此仅选择三级 PM2.5 值模式：0～50 为优，50～100 为良，100 以上为污染。

【范例源码与注释】

```
01  PM  =  eval(input("请输入 PM2.5 数值:  "))
02  if  0<=  PM  <  50:
    #判断，如果 PM2.5 数值 < 50，则输出空气质量优，建议户外运动的提醒
03     print("空气质量优，愉快地去户外玩耍吧！")
04  if  50  <=  PM  <100:
```

```
    #判断，如果 50 ≤ PM2.5 数值 < 100，则打印空气质量良好的提醒
05    print("空气质量良好，适度户外活动！")
06 if  100  <=  PM:
    #判断，如果 PM2.5 数值 ≥ 100，则打印空气质量污染的警告
07    print("空气质量污染，请小心，注意防护！")
```

【程序运行】

保存并打开（3.4.py）程序，按下“F5”键运行程序。在提示光标处输入 PM2.5 数值 60，通过程序运行判断，则会执行第二条判断和语句的输出，如图 3-9 所示。

```
===========
01  请输入 PM2.5 数值： 60
02  空气质量良好，适度户外活动！
 >>>
```

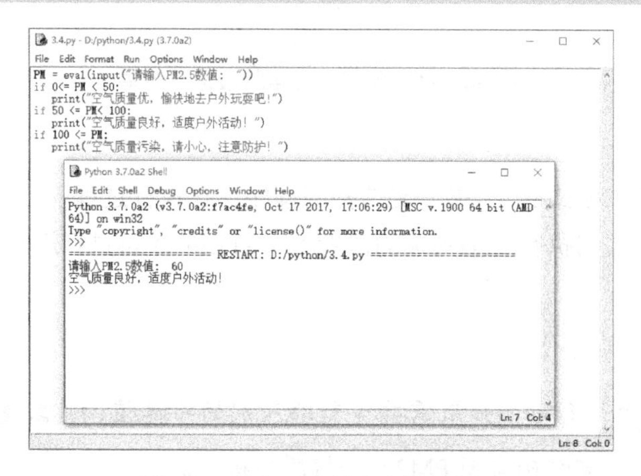

图 3-9　空气质量单分支结构提醒

【范例分析】

该程序是一个三段式的 if 单分支结构的程序，当 PM2.5 数值≥100 时，输出空气质量污染的提醒；当 50≤PM2.5 数值<100 时，输出空气质量良好的提醒；当 PM2.5 数值<50 时，输出空气质量优的提醒。

3.3.2　双分支结构

双分支结构有两个分支，如果条件成立，则执行分支 1 语句；否则执行分支 2 语句。分支 1 语句和分支 2 语句可以由一条或多条语句构成。在 Python 中，if-else 语句用来构成双分支结构，其语法格式如下：

```
if  <条件表达式>:
```

```
    <语句块 1>
else:
    <语句块 2>
```

注意以下问题：

（1）<语句块 1>是在 if 条件满足后执行的一个或多个语句序列。

（2）<语句块 2>是在 if 条件不满足后执行的语句序列。

（3）两条分支语句用于区分条件的两种可能，即 True 或 False，分别形成执行路径。

if-else 语句的作用是：当条件表达式的值为真时，执行语句块 1；否则执行 else 后面的语句块 2。其流程图如图 3-10 所示。

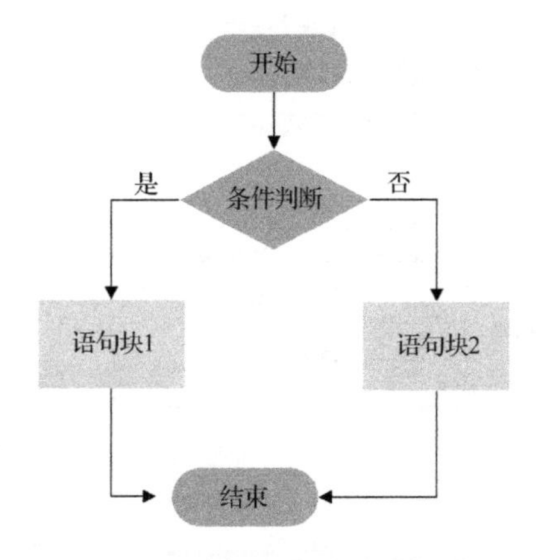

图 3-10　if-else 语句的流程图

【范例 3-5】驾驶证理论考试合格通过判定。

【范例描述】（源代码 3.5.py）

本范例根据用户输入的驾驶证理论考试成绩，给出是否合格通过的提醒。如果输入的成绩不低于 90 分，则给出合格通过的提醒；否则给出未通过的提醒。

【范例源码与注释】

```
01  score = eval(input("请输入您驾驶证理论考试成绩:"))
  #获取用户考试成绩，并将值赋予变量 score
02  if score >= 90:
  #判断考试成绩是否大于或等于 90 分，如果是则执行下面的语句
03      print("您的驾驶证理论考试成绩是",score)
04      print("恭喜您，您已经通过了驾驶证的理论考试")
05  else:
  #如果条件判断为假，则执行下面的语句
06      print("您的驾驶证理论考试成绩是",score)
```

```
07        print("继续努力，您未通过驾驶证的理论考试")
```

【程序运行】

保存并打开（3.5.py）程序，按下“F5”键运行程序。在提示光标处输入 92，通过程序运行判断，则会执行 if 后语句的输出，如图 3-11 所示。

```
===========
01  您的驾驶证理论考试成绩是 92
02  恭喜您，您已经通过了驾驶证的理论考试
>>>
```

图 3-11　驾驶证理论考试成绩判断结果

【范例分析】

该程序是一个 if-else 语句的双分支结构的程序，在执行过程中会根据用户输入的考试成绩而选择不同的分支语句执行。

3.3.3　多分支结构

双分支结构只能根据条件表达式的值为真或假决定执行两个分支中的一个。当实际处理的问题有多个条件时，需要用到多分支结构。在 Python 中，用 if-elif-else 描述多分支结构，其语法格式如下：

```
if  <条件表达式 1>:
     语句块 1
elif<条件表达式 2>:
     语句块 2
```

```
elif<条件表达式 3>:
    语句块 3
  ...
  else:
    <语句块 N+1>
```

注意以下问题：

（1）无论有多少个分支，程序在执行了一个分支后，其余分支不再执行。

（2）elif 不能写成 elseif。

（3）当多分支中有多个条件表达式同时满足时，只执行第一个与之匹配的语句块。因此，要注意多分支中条件表达式的书写次序，防止某些值被过滤。

多分支结构是双分支结构的扩展，这种形式通常用于设置同一个判断条件的多条执行路径。Python 测试条件的顺序为条件表达式 1、条件表达式 2……一旦遇到某个条件表达式的值为真的情况，则执行该条件下的语句块，然后跳出分支结构。如果没有条件表达式的值为真，则执行 else 后的语句块。if-elif-else 语句的作用是根据条件表达式的值确定执行哪个语句块。其流程图如图 3-12 所示。

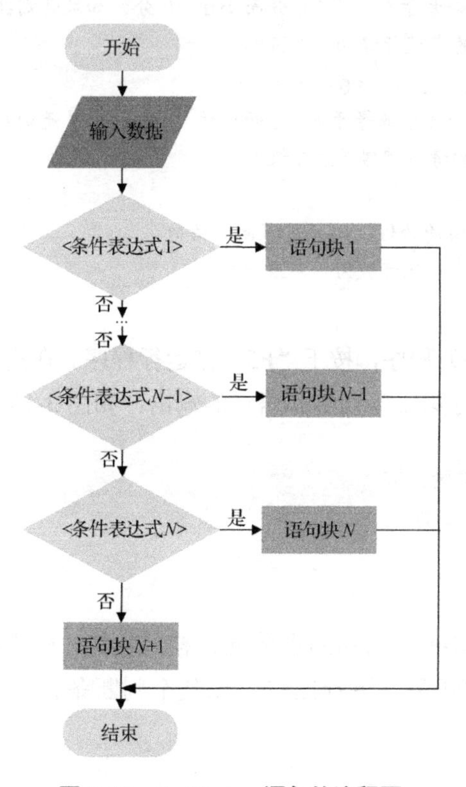

图 3-12　if-elif-else 语句的流程图

【范例 3-6】简单多分支学生成绩评定。

【范例描述】（源代码 3.6.py）

本范例根据用户输入的成绩（score）值，判断成绩所在的等级并输出考试评级（A、B、C、D）。这里的评级标准是：90 分以上为 A 级，80～90 分为 B 级，70～80 分为 C 级，60～70 分为 D 级，低于 60 分为“不及格”。

【范例源码与注释】

```
01  score = eval(input("请输入您的考试成绩:"))
    #获取用户考试成绩，并将值赋予变量 score
02  if score >= 90:
    #判断考试成绩是否大于或等于 90 分，如果是则执行下面的语句
03      print("您的考试评级为：A 级")
04  elif  90 > score >= 80:
    #判断考试成绩是否大于或等于 80 分而小于 90 分，如果是则执行下面的语句
05      print("您的考试评级为：B 级")
06  elif  80 > score >= 70:
    #判断考试成绩是否大于或等于 70 分而小于 80 分，如果是则执行下面的语句
07      print("您的考试评级为：C 级")
08  elif  70 > score >= 60:
    #判断考试成绩是否大于或等于 60 分而小于 70 分，如果是则执行下面的语句
09      print("您的考试评级为：D 级")
10  else:
    #如果上述条件判断均为假，则执行下面的语句
11      print("您的考试评级为：不及格")
```

【程序运行】

保存并打开（3.6.py）程序，按下“F5”键运行程序。在提示光标处输入 80，通过程序运行判断，则会执行第二条判断和语句的输出，如图 3-13 所示。

```
===========
01  请输入您的考试成绩：80
02  您的考试评级为：B 级
>>>
```

【范例分析】

该程序是一个 if-elif-else 语句的多分支结构的程序，在执行过程中会根据用户输入的考试成绩依次和判断条件进行比较，当某个判断条件成立时，执行该判断条件下的语句块。

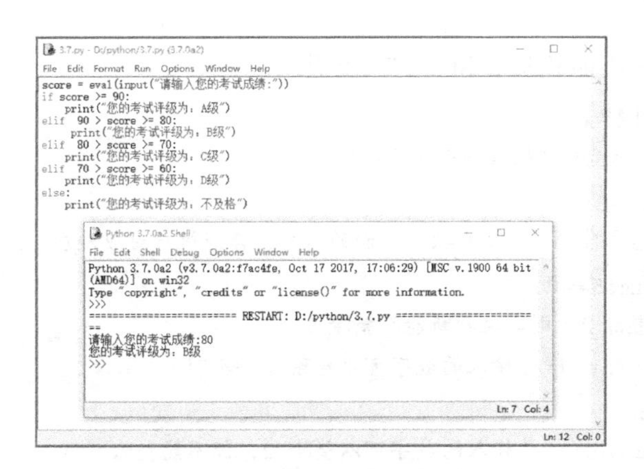

图 3-13 考试成绩评级结果

3.3.4 if 语句嵌套结构

在嵌套 if 语句中，可以把 if-elif-else 结构放在另一个 if-elif-else 结构中。语法格式如下：

```
if  <条件表达式 1>:
    语句块 1
    if <条件表达式 2>:
    语句块 2
    elif <条件表达式 3>:
     语句块 3
    else
     语句块 4
elif <条件表达式 4>:
    语句块 5
else:
    语句块 6
```

if 语句嵌套结构和多分支结构相似，是对上一级 if 判断语句为真值情况的二次判断。

【范例 3-7】if 语句嵌套结构。

【范例描述】（源代码 3.7.py）

本范例对输入的数字进行能否整除 2 或 5 的判断，并给出运算结果。程序首先判断输入的数字能否整除 2，如果能整除，则再判断是否能整除 5，如二次判断均成立，则给出该数字能同时整除 2 和 5 的输出提示；否则仅给出能整除 2 的输出提示。当第一个判断整除 2 不成立时，判断是否能整除 5，如果判断成立，则说明能整除 5 但不能整除

2；否则给出该数字不能整除 2 和 5 的输出提示。

【范例源码与注释】

```
01  num=int(input("输入一个数字："))
02  if num%2==0:
#判断该数字能否整除 2，成立则执行下面的语句，否则执行对应外层 else 后的语句
03      if num%5==0:
#如果该数字能整除 2，则二次判断能否整除 5
04          print ("你输入的数字可以整除 2 和 5")
05      else:
06          print ("你输入的数字可以整除 2，但不能整除 5")
07  else:
08      if num%5==0:
#如果该数字不能整除 2，则判断能否整除 5，成立则执行下面的语句，否则执行 else 后的语句
09          print ("你输入的数字可以整除 5，但不能整除 2")
10      else:
11          print ("你输入的数字不能整除 2 和 5")
```

【程序运行】

保存并打开（3.7.py）程序，按下“F5”键运行程序。在提示光标处输入 20，通过程序运行判断，则会执行第二条判断和语句的输出，如图 3-14 所示。

```
============
01  输入一个数字：20
02  你输入的数字可以整除 2 和 5
 >>>
```

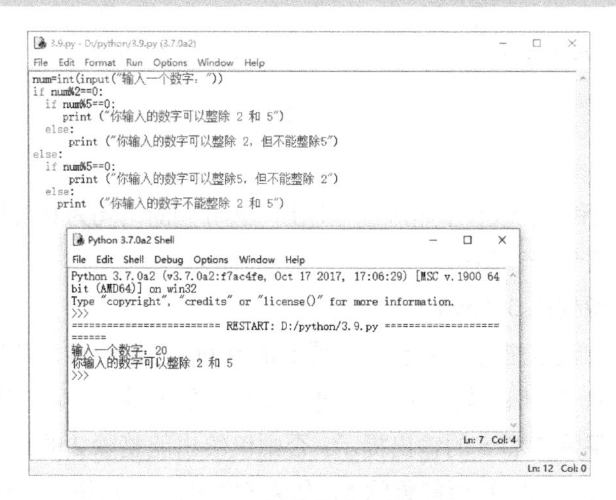

图 3-14　数字整除运行测试

【范例分析】

该程序是两个 if-elif-else 语句嵌套的多分支结构的程序，在执行过程中对第一条成立的判断语句进行二次判断，当某个判断条件成立时，执行该判断条件下的语句块。

3.3.5　多重条件判断

在 Python 编程中，经常会遇到多重条件判断的情况。在进行多重条件判断时，需要用到 and 或 or 运算符。

注意以下问题：

（1）and——A and B：表示 A 和 B 两个条件必须同时满足才可以执行。

（2）or——A or B：表示 A 和 B 两个条件只要满足其中的一个就可以执行。

【范例 3-8】多重条件判断范例。

【范例描述】（源代码 3.8.py）

本范例将实现一个根据年龄段来收费的游乐园程序。游乐园的免票政策是对 4 岁及以下，以及 60 岁以上人群免费。当用户输入一个年龄值时，首先判断是否是有效年龄，然后判断该年龄是否可以享受免票政策。

【范例源码与注释】

```
01  age=int(input("请输入您的年龄（1~100之间的整数）："))
02  if age >=1 and age <=100:
03        print("您输入的是有效年龄！")
04  if age >=60 or age<=4:
05       print ("您享受免票政策，可以免票入园游玩")
06  else:
07       print("您不符合免票政策，需要购买门票才能入园游玩")
```

【程序运行】

保存并打开（3.8.py）程序，按下“F5”键运行程序。在提示光标处输入 65，通过程序运行判断，则会执行第二条判断和语句的输出，如图 3-15 所示。

```
===========
01  请输入您的年龄（1~100之间的整数）：65
02  您输入的是有效年龄！
03  您享受免票政策，可以免票入园游玩
  >>>
```

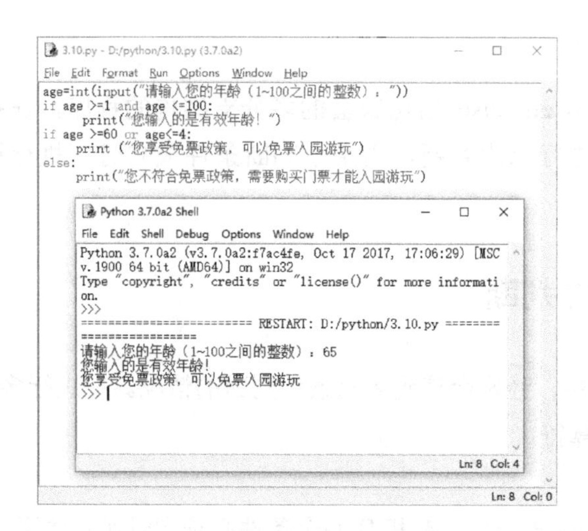

图 3-15　判断是否享受免票政策

【范例分析】

这里输入的是 65，首先符合 age >=1 and age <=100 的条件，接着只要符合 age >=60 or age<=4 的条件，就会输出“您享受免票政策，可以免票入园游玩”。

3.4　循环结构

循环结构就是在满足条件的情况下反复执行某项操作。根据循环执行次数的确定性，循环可以分为确定次数循环和非确定次数循环。确定次数循环指循环体对循环次数有明确的定义。循环次数限制采用遍历结构中的元素个数来体现，也称有限循环，在 Python 中称之为遍历循环，用 for 语句实现。非确定次数循环被称为无限循环，在 Python 中用 while 语句实现。

3.4.1　遍历循环（有限循环）：for 语句

for 语句通常由两部分组成，分别是条件控制部分和循环部分。for 语句的语法格式如下：

```
for <循环变量> in <遍历结构>:
    语句块 1
else:
    语句块 2
```

其中，“循环变量”是一个变量名称，“遍历结构”则是一个列表。在 Python 中，for 语句之所以被称为“遍历循环”，是因为 for 语句执行的次数是由“遍历结构”中元素的个数决定的。遍历循环就是依次从“遍历结构”中取出元素，置入“循环变量”中，并执行对应的语句块。“遍历结构”可以是字符串、文件、组合数据类型或 range()函数。else 语句只在循环正常执行并结束后才执行。else 语句通常是被省略的。

【范例 3-9】遍历循环范例。

本范例逐个输出 n 字符串内所有的字符（源代码 3.9.py）。

```
01  for n in "12345":
02      print ("循环未完成：" + n)
03  else:
04      n = "遍历结构输出完成，循环正常结束"
05  print (n)
```

执行结果如下：

```
==========
循环未完成：1
循环未完成：2
循环未完成：3
循环未完成：4
循环未完成：5
遍历结构输出完成，循环正常结束
>>>
```

如图 3-16 所示。

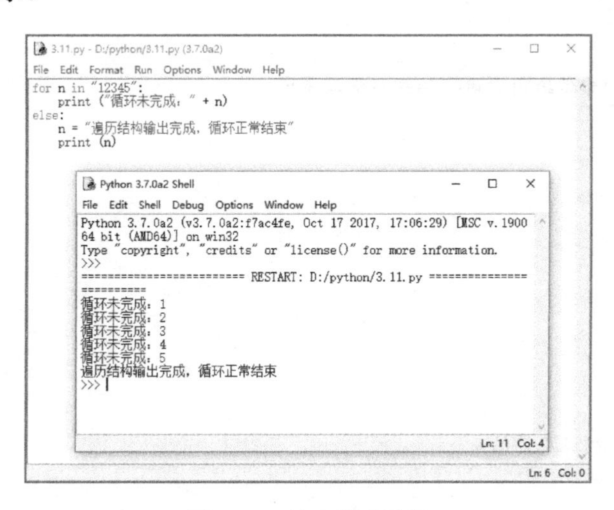

图 3-16　遍历循环结果

3.4.2 无限循环（条件循环）：while 语句

无限循环一直保持循环操作直到特定循环条件不被满足才结束，不需要提前知道循环次数。Python 通过保留字 while 实现无限循环，使用方法如下：

```
while  <循环条件>:
<语句块>
```

while 语句的条件判断与 if 语句的条件判断一样，判断结果为 True 或 False。while 语句的条件判断比较简单，当条件判断为 True 时，循环体就会去重复执行语句块中的语句；当条件判断为 False 时，则中止循环语句的执行，同时执行与 while 同级别的后续语句。while 语句和 for 语句一样，也可以和 else 一同使用，使用方法如下：

```
while  <循环条件>:
<语句块 1>
else:
<语句块 2>
```

在 3.4.1 节的范例中，通过 for 循环将字符串中的字符逐个输出。同样可以通过 while 循环来实现这种功能。

【范例 3-10】条件循环范例。

本范例通过 while 循环逐个输出 n 字符串内所有的字符（源代码 3.10.py）。

```
01  n,t="12345",0
02  while t < len(n):
03      print ("循环未完成: " + n[t])
04      t +=1
05  else:
06      n = "字符输出完成，循环正常结束"
07  print (n)
```

执行结果如下：

```
==========
循环未完成: 1
循环未完成: 2
循环未完成: 3
循环未完成: 4
循环未完成: 5
字符输出完成，循环正常结束
>>>
```

如图 3-17 所示。

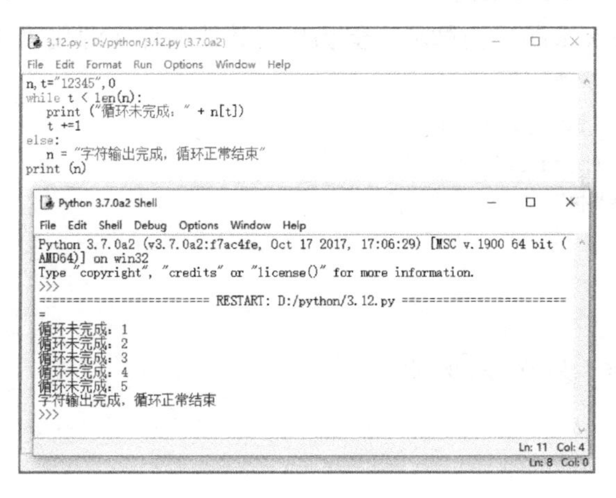

图 3-17　条件循环结果

注意

如果在这里遗漏代码行 t+=1，则程序会陷入无限循环之中。因为 t 变量的初始值为 0，且不会发生变化，则 t<len(n)即 0<5 始终为 True，将导致 while 循环不会停止。

要避免无限循环的问题，就务必对每个 while 循环进行测试，确保它按预期那样结束。如果希望程序在用户输入特定值时结束，则可运行程序并输入这样的值；如果在这种情况下程序没有结束，那么，请检查程序处理这个值的方式，确认程序至少有一个这样的地方能让循环条件为 False，或者让 break 语句得以执行。

3.4.3　循环辅助语句：break 和 continue

在程序运行过程中，根据程序的目的，有时需要在满足另一个特定条件时跳出本次循环，或者跳出本次循环去执行另外的循环。在 Python 中要实现循环的自由转场，就要用到两个辅助保留字：break 和 continue，它们用来辅助控制循环。

break 语句可以在循环过程中直接退出循环；而 continue 语句可以提前结束本轮循环，并直接开始下一轮循环。这两个语句必须配合 if 语句使用。

要特别注意，不要滥用 break 和 continue 语句，因为 break 和 continue 语句会造成代码执行逻辑分叉过多，容易出错。大多数循环并不需要用到 break 和 continue 语句。在一般情况下，可以通过改写循环条件或者修改循环逻辑，去掉 break 和 continue 语句。

有时候，如果代码写得有问题，则会让程序陷入死循环，也就是永远循环下去。这时可以按“Ctrl+C”组合键退出程序，或者强制结束 Python 进程。

【范例 3-11】break 跳转范例。

本范例通过 break 来跳出内循环，但仍执行其他循环（源代码 3.11.py）。

```
01 for n in "多和少":
02   for I in range (5):
03     print (n,end=" ")
04     if n=="和"
05    break
```

执行结果如下：

```
===========
多 多 多 多 多 和 少 少 少 少 少
>>>
```

如图 3-18 所示。

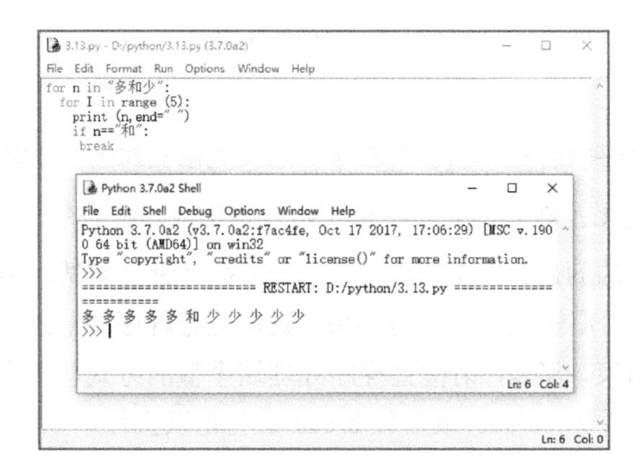

图 3-18 break 跳转结果

在本范例中，通过 break 来限定只有当循环到“和”字符时，才跳出内循环。但是，当条件不成立时，继续执行该内循环。

【范例 3-12】continue 跳转范例。

本范例通过 continue 来跳出循环，但仍执行其他循环（源代码 3.12.py）。

```
01 for n in "多和少":
02   if n=="和":
03    continue
04   print (n,end=" ")
```

执行结果如下：

```
===========
多 少
>>>
```

如图 3-19 所示。

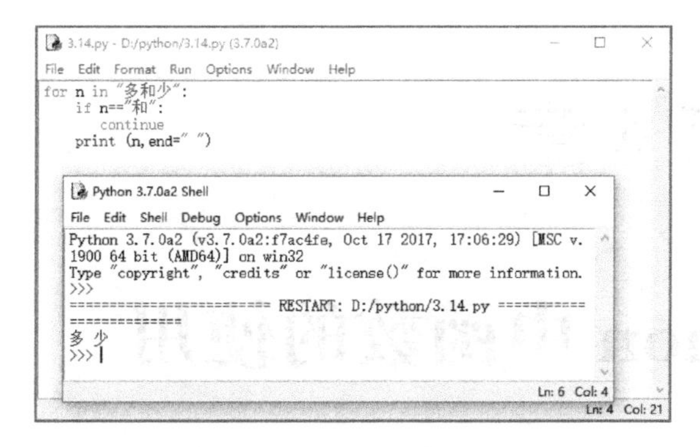

图 3-19　continue 跳转结果

continue 用来结束当前当次循环，即跳出循环体中尚未执行的语句，但不跳出当前循环。

【范例 3-13】break 退出循环范例。

本范例通过 break 来退出循环，不再执行其他循环（源代码 3.13.py）。

```
01 for n in "多和少":
02   if n=="和":
03    break
04   print (n,end=" ")
```

执行结果如下：

```
===========
多
>>>
```

如图 3-20 所示。

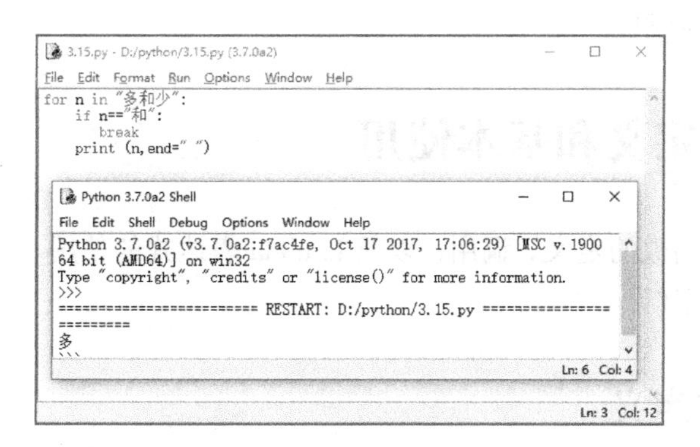

图 3-20　break 退出循环结果

第 4 章

4

Python 中函数的使用

在本章中，我们将学习编写函数。函数是带名字的代码块，用于完成具体的工作。前面的章节编写的代码大多是从上到下依次执行的，但是，如果某段代码需要多次使用，就要将该段代码复制多次，这种做法会使程序变得臃肿，而且影响开发效率，在实际项目开发中是不可取的。为了解决这个问题，在 Python 中可以把实现某一功能的代码定义为一个函数，在需要使用时调用该函数即可，十分方便。

本章重点知识：

- 函数的定义。
- 函数的基本使用。
- 函数的参数传递与变量作用域的使用。
- 函数的递归。
- 函数模块的使用。

4.1 函数的定义和基本使用

本节通过讲解函数的定义、调用，以及 lambda 表达式的使用，使读者对 Python 中的函数有进一步的了解。

4.1.1 函数的定义

定义函数也被称为创建函数，可以理解为创建一个具有某种用途的工具。定义函数使用关键字 def 来实现，具体的语法格式如下：

```
01  def functionname([parameterlist])
02  ["""comments"""]
03  [functionbody]
```

在以上语法格式中，def 是定义函数的关键字；functionname 是函数的名称，在调用函数时使用；comments 是可选参数，表示为该函数指定的注释，注释的内容通常用于说明该函数的功能、传递的参数的作用等，方便阅读与使用；functionbody 是可选参数，用于指定函数体，编写的内容是执行功能的代码。如果函数有返回值，则可以使用 return 语句返回执行结果。另外，可以使用关键字 pass 表示函数体为空。

下面定义一个打印问候语的简单函数，名为 greet_world，代码如下：

```
01  def greet_world():              #定义函数
02      """显示问候语"""
03      print("Hello World!")       #打印字符串“Hello World! ”
```

运行以上代码，并不会显示任何内容，也不会抛出异常，因为 greet_world()函数只是定义好了，并没有被调用。

4.1.2　函数的调用

调用函数其实就是执行该函数。如果把定义函数理解为创建一个具有某种用途的工具，那么调用函数就相当于使用该工具。调用函数的基本语法格式如下：

```
01  functionname([parametersvalue])
```

在以上语法格式中，functionname 是函数名称，要调用的函数名称必须是已经存在的，也就是该函数名称对应的函数已经被定义了；parametersvalue 是可选参数，用于指定各个参数的值。如果需要传递多个参数，则各参数之间使用逗号“,”分隔。如果该函数没有参数，则直接写一对小括号。

例如，调用 4.1.1 节创建的 greet_world()函数，可以使用下面的代码：

```
01  greet_world()     #调用 greet_world()函数
```

运行程序，输出结果如下：

```
01  Hello World!
```

4.1.3　lambda 表达式的使用

lambda 就是匿名函数，即没有名字的函数，应用在需要一个函数，但是又不想费神去命名这个函数的场合。在通常情况下，这样的函数只使用一次。在 Python 中，使用 lambda 表达式创建匿名函数，其语法格式如下：

```
01  result = lambda [arg1 [,arg2,…,argn]] : expression
```

在以上语法格式中，result 用于调用 lambda 表达式；[arg1 [,arg2,…,argn]]是可选参数，用于指定要传递的参数列表，各参数之间使用逗号“,”分隔；expression 是必选参数，用于指定一个实现具体功能的表达式。如果有参数，那么在该表达式中将应用这些参数。需要注意的是，在使用 lambda 表达式时，参数可以有多个，用逗号分隔；但是，表达式只能有一个，即只能返回一个值，而且不能出现其他非表达式语句，如 for 或 while 语句。

【范例 4-1】定义一个计算圆面积的函数，常规的代码如下：

```
01  import math                          #导入 math 模块
02  def circle_area(r):                  #计算圆面积的函数
03      result = math.pi*r*r             #计算圆面积
04      return result                    #返回圆的面积
05
06  r = 20                               #设置圆的半径为 20
07  print('半径为%s 的圆的面积为:%.2f' %(r,circle_area(r)))
08  #输出圆的半径和面积（保留两位小数）
```

运行程序，输出结果如下：

```
01  半径为 20 的圆的面积为:1256.64
```

【范例 4-2】使用 lambda 表达式的代码如下：

```
01  import math                          #导入 math 模块
02  r = 20                               #半径为 20
03  result = lambda r:math.pi*r*r        #计算圆面积的 lambda 表达式
04  print('半径为%s 的圆的面积为:%.2f'%(r,result(r)))
05  #输出圆的半径和面积（保留两位小数）
```

运行程序，输出结果如下：

```
01  半径为 20 的圆的面积为:1256.64
```

从上面的范例中可以看出，使用 lambda 表达式可以省去定义函数的过程。而且，对于一些抽象的、不会在别的地方复用的函数，当不想为函数命名时，使用 lambda 表达式是一个很好的选择。

4.2　参数传递

在调用函数时，在大多数情况下，主调函数和被调函数之间有数据传递关系，这就是有参数的函数形式。函数参数的作用是传递数据给函数使用，函数利用接收到的数据进行具体的操作处理。

4.2.1　理解形式参数和实际参数

在使用函数时，经常会用到形式参数（以下简称“形参”）和实际参数（以下简称“实参”）。虽然两者都叫作参数，但它们还是有很大区别的。比如，形参是在定义函数时，函数名后面括号里的参数；而实参是在调用函数时，函数名后面括号里的参数，也就是将函数的调用者提供给函数的参数称为实际参数。可以通过图 4-1 更好地理解形式参数和实际参数。

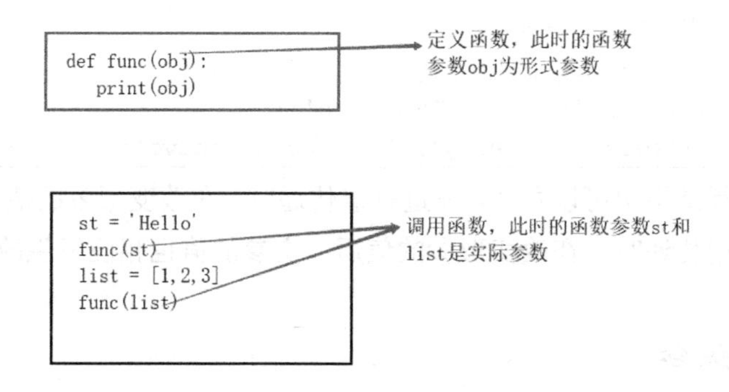

图 4-1　形式参数与实际参数

根据实参的类型不同，可以分为将实参的值传递给形参和将实参的引用传递给形参两种情况。其中，当实参为不可变对象时，进行值传递；当实参为可变对象时，进行引用传递。实际上，值传递和引用传递的基本区别就是，在进行值传递后，改变形参的值，实参的值不变；而在进行引用传递后，改变形参的值，实参的值也一同改变。

【范例 4-3】定义一个名为 parameter_test 的函数。

先为该函数传递一个字符串类型的变量作为参数（值传递），再为该函数传递一个列表类型的变量作为参数（引用传递），对比两者的区别。代码如下：

```
01  #定义函数
02  def parameter_test(para):
03      print('原值：',para)
04      para += para
05  #调用函数
06  print('=========值传递=========')
07  pa = 'Jack adivol'
```

```
08  print('函数调用前：',pa)
09  parameter_test(pa)              #实参为字符串，是不可变对象
10  print('函数调用后：',pa)
11  print('=========引用传递=========')
12  list = ['adivol','merry','jackson']
13  print('函数调用前：',list)
14  parameter_test(list)            #实参为列表，是可变对象
15  print('函数调用后：',list)
```

运行程序，输出结果如下：

```
01  =========值传递=========
02  函数调用前： Jack adivol
03  原值： Jack adivol
04  函数调用后： Jack adivol
05  =========引用传递=========
06  函数调用前： ['adivol', 'merry', 'jackson']
07  原值： ['adivol', 'merry', 'jackson']
08  函数调用后： ['adivol', 'merry', 'jackson', 'adivol', 'merry', 'jackson']
```

从上面的运行结果中可以发现，在进行值传递时，在改变形参的值后，实参的值不改变；在进行引用传递时，在改变形参的值后，实参的值也相应发生改变。

4.2.2 位置实参

在调用函数时，Python 必须将函数调用中的每个实参都关联到函数定义中的一个形参上。因此，最简单的关联方式就是基于实参的顺序，这种关联方式被称为位置实参。

【范例 4-4】为了明白其中的工作原理，下面定义一个显示宠物信息的函数。该函数指出一只宠物属于哪种动物和它叫什么名字。代码如下：

```
01  #定义函数
02  def pet_information(animal_type,pet_name):
03      #打印该动物类型
04      print("It's a "+animal_type+'.')
05      #打印该动物的名字，title()函数使字符串的所有单词以大写开始
06      print('The '+animal_type+"'s name is "+pet_name.title()+'.')
07  #调用函数
08  pet_information('pig','marry')
```

以上这个函数的定义表明，第二行的函数形参说明它需要按顺序提供一种动物类型和一个名字的实参传入函数。例如，在前面的函数调用中，实参'pig'存储在形参 animal_type 中，而实参'marry'存储在形参 pet_name 中。

运行程序，输出结果如下：

```
01  It's a pig.
02  The pig's name is Marry.
```

1．调用函数多次

【范例 4-5】可以根据需要调用函数任意次。如果需要再描述另一只宠物，则只需再次调用 pet_information()函数即可。代码如下：

```
01  #定义函数
02  def pet_information(animal_type,pet_name):
03      #打印该动物类型
04      print("It's a "+animal_type+'.')
05      #打印该动物的名字，title()函数使字符串的所有单词以大写开始
06      print('The '+animal_type+"'s name is "+pet_name.title()+'.')
07  #调用函数
08  pet_information('pig','marry')
09  #再次调用函数
10  pet_information ('cat','jackson')
```

当第二次调用该函数时，向它传递了实参'cat'和'jackson'。与第一次调用时一样，Python 将按照顺序将实参关联到相应的形参上。

运行程序，输出结果如下：

```
01  It's a pig.
02  The pig's name is Marry.
03  It's a cat.
04  The cat's name is Jackson.
```

调用函数多次是一种效率极高的工作方式。只需将需要实现的功能在函数中用代码实现一次，以后只要实现该功能时调用一次代码即可，方便、简捷。在函数中，可根据需要使用任意数量的位置实参，Python 将按顺序将函数调用中的实参关联到函数定义中相应的形参上。

2．位置实参的顺序

【范例 4-6】在使用位置实参来调用函数时，如果位置实参的顺序不正确，那么结果可能会出乎意料。代码如下：

```
01  #定义函数
02  def pet_information (animal_type,pet_name):
03      #打印该动物类型
04      print("It's a "+animal_type+'.')
05      #打印该动物的名字，title()函数使字符串的所有单词以大写开始
```

```
06        print('The '+animal_type+"'s name is "+pet_name.title()+'.')
07    #调用函数
08    pet_information ('marry','pig')
```

在这个函数调用中，定义的函数的形参顺序是先动物类型后动物名字，而在传入实参时先指定动物名字，再指定动物类型，位置实参的顺序颠倒了，运行结果会是一个名为 Pig 的 marry，结果出乎意料。

运行程序，输出结果如下：

```
01    It's a marry.
02    The marry's name is Pig.
```

通过以上的运行结果来看，在调用函数时，要确保函数调用中实参的顺序与函数定义中形参的顺序一致。

4.2.3 关键字实参

关键字实参是指使用形参的名字来确定输入的参数值，在调用函数时传递给函数的是名称-值对，这样通过该方式指定实参时，不再需要与形参的位置完全一致，只要确保写入的形参正确即可。这样就可以避免用户需要牢记参数位置的麻烦，无须考虑函数调用中实参的顺序，不仅可以使得函数的调用和参数的传递更加灵活，而且清楚地指出了函数调用中各个值的用途。

【范例 4-7】调用 pet_information()函数，在进行参数传递时使用关键字实参来调用该函数。代码如下：

```
01    #定义函数
02    def pet_information(animal_type,pet_name):
03        #打印该动物类型
04        print("It's a "+animal_type+'.')
05        #打印该动物的名字，title()函数使字符串的所有单词以大写开始
06        print('The '+animal_type+"'s name is "+pet_name.title()+'.')
07    #使用关键字实参调用函数
08    pet_information(pet_name='marry',animal_type='pig')
09    pet_information(animal_type='pig',pet_name='marry')
```

运行程序，输出结果如下：

```
01    It's a pig.
02    The pig's name is Marry.
03    It's a pig.
04    The pig's name is Marry.
```

使用关键字实参调用函数，实参的顺序已经无关紧要了，只要准确地指定函数定义中的形参名，Python 就知道将实参的各个值存储到哪个形参中。上面代码第 8、9 行的函数调用是等效的。

4.2.4　默认值

在编写函数时，可以给每个形参指定默认值。这样一来，在调用函数时，如果没有给某个形参传入实参，那么 Python 将使用指定的默认值，而不会抛出异常。如果在调用函数时给形参提供了实参，那么 Python 将使用指定的实参值，而不使用形参的默认值。

【范例 4-8】定义一个公布学生成绩的函数 describe_grade()，它有两个形参，分别是该学生的姓名及成绩。代码如下：

```
01  #定义函数
02  def describe_grade(name,grade='80'):
03      '''显示学生的成绩信息'''
04      print(name.title()+"'s score is "+grade+".")
05  #使用默认值的方式调用函数
06  describe_grade('adivol')
07  #调用函数，并为所有形参提供实参
08  describe_grade('Jack','100')
```

在使用默认值的方式调用函数时，要注意在形参列表中必须先列出没有默认值的形参，再列出有默认值的形参，也就是要把指定默认值的形参放在所有参数的后面，否则会产生语法错误。

运行程序，输出结果如下：

```
01  Adivol's score is 80.
02  Jack's score is 100.
```

4.3　变量的作用域

变量的作用域是指程序代码能够访问该变量的区域。如果超出该变量的作用域，那么在访问该变量时，程序就会出现错误。在程序中，一般根据变量的有效作用范围将其分为局部变量和全局变量。

4.3.1　局部变量

局部变量是在函数体内定义的变量，因此，它只在函数体内有效，只能在函数体内

使用。如果在函数体外使用了局部变量，那么程序会抛出异常。

【范例 4-9】定义一个名为 fun 的函数，首先在该函数体内定义一个变量 x（局部变量）并为其赋值，然后输出该变量的值，最后在函数体外再次输出该变量的值。代码如下：

```
01  def fun():
02      x = 10                        #定义局部变量 x 并为其赋值
03      print('局部变量 x =',x)       #在函数体内输出局部变量的值
04  fun()                             #调用函数
05  print('局部变量 x =',x)           #在函数体外输出局部变量的值
```

运行程序，抛出 NameError 异常，输出结果如下：

```
01  局部变量 x = 10
02  Traceback (most recent call last):
03    File "E:/pycharm-workspace/14datastruct/venv/1/fun.py", line 5, in <module>
04      print('局部变量 x =',x)
05  NameError: name 'x' is not defined
```

程序报错的原因是，该程序试图在函数体外访问局部变量，但是局部变量 x 只在函数体内有效，程序访问的地方不在局部变量 x 的作用域中。

4.3.2 全局变量

与局部变量对应，全局变量是能够作用于函数体内外的变量，它在整个 Python 文件中声明，在全局范围内都可以访问。定义全局变量有两种方式：一种方式是在函数体外定义一个变量，这种情况不仅可以在函数体外访问该变量，也可以在函数体内访问该变量，这是因为在函数体外定义的变量是全局变量；另一种方式是在函数体内定义一个变量，但是使用 global 关键字进行修饰，这样的变量也是全局变量，不仅可以在函数体外访问该变量，而且可以在函数体内对其进行修改。

【范例 4-10】定义一个名为 fun 的函数，测试全局变量的两种情况。代码如下：

```
01  x = 10                                #在函数体外定义全局变量 x 并为其赋值
02  y = 0                                 #在函数体外定义全局变量 y 并为其赋值
03  def fun():                            #定义函数
04      global y              #在函数体内使用关键字 global 定义全局变量
05      y = 5                 #给变量 y 赋值，在函数体内修改了全局变量 y 的值
06      print('函数体内：全局变量 x =',x)   #在函数体内输出全局变量 x 的值
07      print('函数体内：y =',y)            #在函数体内输出全局变量 y 的值
08  fun()                                   #调用函数
09  print('函数体外：全局变量 x =',x)       #在函数体外输出全局变量 x 的值
```

```
10  print('函数体外：y =',y)                    #在函数体外输出全局变量 y 的值
```

运行程序，输出结果如下：

```
01  函数体内：全局变量 x = 10
02  函数体内：y = 5
03  函数体外：全局变量 x = 10
04  函数体外：y = 5
```

从运行结果中可以看出，使用关键字 global 在函数体内就可以修改全局变量的值。需要特别注意的是，虽然当局部变量与全局变量重名时，对在函数体内定义的变量进行赋值不会影响在函数体外定义的变量，但是在实际开发中并不建议这样做，因为这样做很容易让代码产生混乱，还要区分哪些是局部变量、哪些是全局变量。

4.4　函数的递归

所谓递归，是指函数自己调用自己，或者在函数调用的下级函数中调用自己。本节讲解递归的定义，以及递归的使用方法。

4.4.1　递归的定义

我们都知道，一个函数可以调用其他函数，如果这个函数在内部调用它自己，那么这个函数就叫作递归函数。实际上，递归是函数实现的一个很重要的环节，在很多程序中或多或少地用到了递归函数。

【范例 4-11】定义一个名为 recur_fac 的递归函数，用于计算正整数 *n* 的阶乘。代码如下：

```
01  def recur_fac(n):                   #定义递归函数来计算正整数 n 的阶乘
02      if n == 1:                      #当 n 为 1 时结束递归
03          return 1
04      return n * recur_fac(n-1)       #进行函数递归
05
06  print('4 的阶乘:',recur_fac(4))     #打印 4 的阶乘结果
```

运行程序，输出结果如下：

```
01  4 的阶乘：24
```

从上面的范例中可以看出，递归函数在本质上就是对一个函数的循环调用。上面的递归函数实际上也可以使用简单的循环方法来实现。

4.4.2 递归的使用方法

在定义递归函数时，有时会出现死循环、栈溢出等一些错误。为了防止出现此类递归错误，需要理解递归的特性，比如，在定义递归函数时，函数必须有一个明确的结束条件，这样才不会出现死循环；而在每次进入更深一层的递归时，这个递归所解决问题的规模相比上次递归所解决问题的规模应有所减小；递归的效率不高，递归层次过多会导致栈溢出。这是因为在计算机中，函数调用是通过栈这种数据结构实现的，每当进入一个函数调用时，栈就会加一层栈帧；每当函数返回时，栈就会减一层栈帧。由于栈的大小不是无限的，因此，递归调用的次数过多，就会导致栈溢出。

【范例 4-12】递归函数的经典案例——斐波那契数列：1, 1, 2, 3, 5, 8, 13, 21,…。从这个数列的第三项开始，每一项都等于前两项之和。通过递归函数来实现它。代码如下：

```
01  #定义递归函数，获取斐波那契数列中第 n 个数字的值
02  def fibonacci_seq(n):
03      if n == 1 or n == 2:
04          return 1
05      else:
06          return fibonacci_seq(n-1)+fibonacci_seq(n-2)
07  #把获取到的斐波那契数字存放到列表中
08  nums=[ ]
09  for i in range(1,11):
10  #先使用 fibonacci_seq()函数获得一个斐波那契数字，然后使用 append()函数将其添
11  加到列表中
12  nums.append(fibonacci_seq(i))
13  #打印斐波那契数列
14  print(nums)
```

运行程序，输出结果如下：

```
01  [1, 1, 2, 3, 5, 8, 13, 21, 34, 55]
```

注意

在实际使用中，递归函数由于消耗时间比较长（相比于 for 和 while 循环），所以很少使用。

4.5 函数模块

函数的优点之一就是可以将代码块与主程序分离。通过给函数指定描述性名称，可

以让主程序更容易理解。而且可以将函数存储在被称为模块的独立文件中，再将模块导入主程序中。import 语句允许在当前运行的程序文件中使用模块中的代码。

4.5.1　导入模块

要让函数是可导的，就需要先创建模块。模块是扩展名为.py 的文件，包含要导入程序中的代码。

【范例 4-13】创建一个包含函数 function_one()的模块。将文件 module_greet.py 中除函数 function_one()之外的其他代码都删除。代码如下：

```
01  def function_one(n):        #定义模块中的函数
02      '''向别人问好'''
03      print('Hello '+n+'!.')
```

接下来，在文件 module_greet.py 所在目录中创建另一个使用该模块的文件 use_module.py，在这个文件中导入刚刚创建的模块，再调用 function_one()函数两次。

```
01  import module_greet                         #导入模块
02
03  module_greet.function_one('Adivol')         #使用模块中的函数
04  module_greet.function_one('Jackson')
```

Python 在读取 use_module.py 文件时，代码行 import module_greet 让 Python 打开 module_greet.py 文件，并在幕后将该模块中的所有函数都复制到这个程序中，这样就可以使用该模块中的所有函数了。

运行程序，输出结果如下：

```
01  Hello Adivol!.
02  Hello Jackson!.
```

从上面的范例中可以看出，导入模块的一种方法是：编写一条 import 语句并在其中指定模块名，就可以使用模块中的所有函数了。使用模块中函数的语法为 module_name.function_name()。

4.5.2　导入函数

还可以导入模块中的特定函数，这种导入方法的语法格式如下：

```
01  from module_name import function_name
```

通过使用逗号分隔函数名，可根据需要从模块中导入任意数量的函数，代码如下：

```
01  from module_name import function_0,function_1,function_2
```

对于前面的 use_module.py 文件，如果只想导入要使用的函数，那么代码类似于下面这样：

```
01  from module_greet import function_one        #导入模块
02
03  function_one('Adivol')                        #使用模块中的函数
04  function_one('Jackson')
```

如果使用这种语法，那么在调用函数时可以不使用句点，只需指定要调用的函数名称即可。

4.5.3 用 as 指定别名

如果要导入的函数名称可能与程序中现有的函数名称冲突，或者函数名称太长，那么可以为该函数起一个独一无二的别名。实现方法是在 import 语句中使用关键字 as 将函数重命名为你提供的别名。

【范例 4-14】为函数指定别名。代码如下：

```
01  from module_greet import function_one as fo       #导入模块
02
03  fo('Adivol')                                       #使用模块中的函数
04  fo('Jackson')
```

指定别名的通用语法格式如下：

```
01  from module_name import function_name as fn
```

当然，还可以给模块指定别名。通过给模块指定简短的别名，可以使得在调用该模块中的函数时更轻松，使得代码更简洁，还可以让我们不再关注模块名，而专注于描述性的函数名。

【范例 4-15】为模块指定别名。代码如下：

```
01  import module_greet as mg           #导入模块
02
03  mg.function_one('Adivol')           #使用模块中的函数
04  mg.function_one('Jackson')
```

给模块指定别名的通用语法格式如下：

```
01  import module_name as mn
```

第 5 章 组合数据类型

组合数据类型与 Python 语言密切相关。在实际运用中，尤其是现在的大数据时代，我们通常面对的并不是单一变量、单一数据，而是大批量的数据。如果将众多的数据进行逐一处理，那么显然大大地降低了运行效率；反之，如果将众多的数据罗列起来，用一条或者多条 Python 语句对其进行批量化处理，那么必然会大大提高运行效率。组合数据类型正好满足了这样的需求。组合数据类型包括三大类，分别是序列类型（元组类型、列表类型）、集合类型、映射类型（字典类型）。

本章重点知识：

- 序列类型。
- 列表类型。
- 元组类型。
- 集合类型。
- 映射类型里的字典类型。
- 多种组合数据类型的对比。

5.1 序列

序列跟数学中的数列相对应，它是一串有序的元素向量，可以通过下标索引找到序列中的某个元素。例如，可以把一所学校看作一个序列，那么学校里的每间教室都可以看作这个序列中的元素。而教室号就相当于索引，可以通过教室号找到相应的教室。在实际应用中，序列类型比集合类型有更高的使用频率。

序列常用的操作符和函数如下。

- s[i]：索引，返回序列 s 中的第 *i* 个元素，*i* 是序列的序号。
- s[i:j:k]：切片，返回序列 s 中从 *i* 到 *j* 以 *k* 为步长的子序列（s[::-1]表示序列取反）。
- s+t：连续两个序列 s 和 t 相加。
- s*n 或 n*s：复制序列 *n* 次。
- x (not)in s：如果 x（不是）是序列中的元素，则返回 True；否则返回 False。
- len(s)：返回序列 s 的长度。
- min(s)：返回序列 s 中的最小元素，s 中的元素应该可以比较；如果元素不可以比较，则会报错。
- max(s)：返回序列 s 中的最大元素，s 中的元素应该可以比较；如果元素不可以比较，则会报错。
- s.index(x)/s.index(x,i,j)：返回序列 s 中从 *i* 到 *j* 第一次出现元素 x 的位置。
- s.count(x)：返回序列 s 中出现元素 x 的总次数。

5.1.1 索引

序列是一个基类类型，我们一般不直接使用序列，而使用其衍生出来的字符串类型、元组类型、列表类型，它们的操作方法是通用的。同时，字符串、元组、列表又有其独有的操作能力。

序列中的序号又叫索引（Indexing），这个索引可以是从左向右计数的，即从 0 开始递增，如 A[0]～A[5]；也可以是从右向左计数的，即从-1 开始递减，如 A[-6]～A[-1]。

【范例 5-1】通过索引可以访问序列中的任何元素。例如，定义一个包括 3 个元素的列表，要访问它的第三个元素和最后一个元素。代码如下：

```
01  >>>s=["天天向上","好好学习","阳光灿烂"]
02  >>>print('第三个元素是：',s[2])
03  第三个元素是： 阳光灿烂
04  >>>print('最后一个元素是：',s[-1])
05  最后一个元素是： 阳光灿烂
```

注意

在采用负数作为索引下标时，是从-1 开始的，而不是从 0 开始的，即最后一个元素的下标为-1，这是为了防止与第一个元素重合。

5.1.2　切片

切片（Slicing）操作针对的对象是序列中的元素，它访问的不仅仅是单个的个体元素，而是在一定范围内的元素。通过切片操作可以生成一个新的序列。它的使用格式在前面已经有所提及，即 s[i:j:k]。其中，s 代表序列的名称；i 表示切片的开始位置（包括该位置），如果不指定，则默认为 0；j 表示切片的截止位置（不包括该位置），如果不指定，则默认为序列的长度；k 表示切片的步长，如果省略，则默认为 1。当省略步长参数时，最后一个冒号也可以省略。

可以借助实例来加深对切片操作的认识。

【范例 5-2】通过切片获取自然数 0～6 这 7 个数字列表中的第 3～6 个元素。代码如下：

```
01  >>>s=['0','1','2','3','4','5','6']
02  >>>print("获取第 3～6 个元素：",s[2:6])
03  获取第 3～6 个元素： ['2', '3', '4', '5']
```

从上面的范例中可以得知，该范例没有指定步长，所以在进行切片操作时，会一个一个地遍历序列中的元素。反之，如果指定了步长，那么会按照该步长遍历序列中的元素。

【范例 5-3】通过切片获取列表中的第 2 个、第 4 个、第 6 个元素。代码如下：

```
01  >>>print("获取第 2 个、第 4 个和第 6 个元素：",s[1:6:2])
02  获取第 2 个、第 4 个和第 6 个元素： ['1', '3', '5']
```

在刚开始介绍的序列操作方法里指出了 s[::-1}表示序列取反。同样，如果想要复制整个序列，则可以将 i 和 j 参数都省略，但是中间的冒号需要保留。

【范例 5-4】序列取反。代码如下：

```
01  >>>print(s[::-1])
02  ['6', '5', '4', '3', '2', '1', '0']
03  >>>print(s[:])
04  ['0', '1', '2', '3', '4', '5', '6']
05  >>>print(s[::2])
06  ['0', '2', '4', '6']
```

5.1.3　序列相加

在 Python 中，连续两个序列相加（Adding）的格式是“s+t”，但这两个序列应该是相同类型的。

【范例 5-5】将两个列表相加，得到一个新的列表。代码如下：

```
01  >>>s=["大象","狮子","老虎","豹子"]
02  >>>t=["狼","狗","猫","老鼠"]
03  >>>print("s 和 t 这两个序列相加得：",s+t)
04  s 和 t 这两个序列相加得： ['大象', '狮子', '老虎', '豹子', '狼', '狗', '猫',
05  '老鼠']
```

从上面的输出结果中可以得出，s 和 t 这两个列表被合并成一个新的列表。

在进行序列相加时，序列需要满足相同类型这个条件，即同为列表、元组、集合等，不过序列中的元素类型可以不同。

【范例 5-6】不同元素类型的序列相加。代码如下：

```
01  >>>num=[0,2,4,6,8]
02  >>>animal=["大象","狮子","老虎","豹子"]
03  >>>print("num 和 animal 这两个序列相加得：",num+animal)
04  num 和 animal 这两个序列相加得： [0, 2, 4, 6, 8, '大象', '狮子', '老虎',
05  '豹子']
```

5.1.4 乘法

在数学运算中，乘法运算表示一个数多次累加的结果。而在 Python 中，乘法（Multiplying）表示一个序列的重复次数。

【范例 5-7】实现一个序列乘以 5 生成一个新的序列并输出。

```
01  >>>water=["可乐","雪碧","柠檬水"]
02  >>>print("序列 water 重复 5 次得：",water*5)
03  序列 water 重复 5 次得： ['可乐', '雪碧', '柠檬水', '可乐', '雪碧', '柠檬水',
04  '可乐', '雪碧', '柠檬水', '可乐', '雪碧', '柠檬水', '可乐', '雪碧', '柠檬水']
```

在进行序列的乘法运算时，除了可以实现一个列表重复多次的功能，还可以实现初始化指定列表长度的功能。

【范例 5-8】创建一个长度为 3 的列表，列表中的每个元素都是一样的。代码如下：

```
01  >>>numlist=["Oneself"]*3
02  >>>print("numlist 的输出结果是：",numlist)
03  numlist 的输出结果是： ['Oneself', 'Oneself', 'Oneself']
```

这种乘法输出格式其实跟【范例 5-7】中的输出格式是一样的，不同之处在于最后的输出表达方式不同，一种是直接输出，另一种是间接输出，读者可以根据实际情况进行选择。

5.1.5　检查某个元素是否是序列的成员

在 Python 中，检查某个元素是否包含在某个序列中，可以使用关键字 in 来实现，其语法格式为：x in s。其中，x 表示要检查的元素，而 s 表示指定的序列。

【范例 5-9】检查在序列 animal 中是否包含元素“鳄鱼”。代码如下：

```
01  >>>animal=["大象","狮子","老虎","豹子"]
02  >>>print("鳄鱼在序列 animal 中：","鳄鱼" in animal)
03  鳄鱼在序列 animal 中： False
```

根据输出结果显示的 False 可以知道，在序列 animal 中不包含元素“鳄鱼”。

除此之外，在 Python 中，也可以使用关键字 not in 来检查某个元素是否不包含在指定的序列中。

【范例 5-10】检查元素“鳄鱼”是否不在序列 animal 中。代码如下：

```
01  >>>animal=["大象","狮子","老虎","豹子"]
02  >>>print("鳄鱼不在序列 animal 中：","鳄鱼" not in animal)
03  鳄鱼不在序列 animal 中： True
```

5.1.6　计算序列的长度、最小值和最大值

在 Python 中，提供了诸如 len()、min()、max()等内置函数，分别用于计算序列的长度、最小值和最大值。

【范例 5-11】定义一个包含 8 个元素的列表，通过 len()、min()、max()函数来分别计算该列表的长度、最小值和最大值。代码如下：

```
01  >>>num=[3,6,9,12,15,18,21,24]
02  >>>print("使用 len()函数的结果是：",len(num))
03  使用 len()函数的结果是： 8
04  >>>print("使用 min()函数的结果是：",min(num))
05  使用 min()函数的结果是： 3
06  >>>print("使用 max()函数的结果是：",max(num))
07  使用 max()函数的结果是： 24
```

从输出结果中可以看出，在列表 num 中共有 8 个元素，它的长度为 8，最小值为 3，最大值为 24。

5.2 列表

列表（List）是 Python 中一种常见的内置数据类型。列表是一种无序的、可重复的数据序列，可以随时添加和删除其中的元素。列表的长度一般是事先未知的，并且可以在程序运行期间发生改变。在形式上，列表的创建使用一对方括号“[]”，并使用逗号“,”作为元素的分隔符。在内容上，列表可以包括整数、实数、字符串、列表、元组等其他数据类型在内，并且同一个列表中的元素类型也可以不同，这源于它们之间没有任何关系。除此之外，可以为列表中的每个元素分配一个数字索引，和 C 语言中的数组一样，索引号从 0 开始。

5.2.1 创建列表

在 Python 中，常用的创建列表的方法有 3 种，分别是使用赋值运算符直接创建列表、创建空列表、创建数值列表。这 3 种创建方式应用的场合不同，下面分别进行介绍。

使用赋值运算符直接创建列表是使用赋值运算符“=”直接将一个列表赋值给变量。它的语法格式是：list=[m1,m2,m3,…,mn]。其中，list 是列表的名称，也可以用其他符合 Python 命名规则的标识符；中括号里面的内容表示列表中的元素，只要是 Python 支持的数据类型就可以。

【范例 5-12】列举符合语法规范的列表。代码如下：

```
01  >>>s1=[0,1,2,3,4,5,6]
02  >>>s2=['太阳',"月亮","星星"]
03  >>>s3=["举头望明月","低头思故乡"]
04  >>>s4=[1,2,["你","我","他"]]
```

在上面的例子中，我们发现，在使用列表时，可以将不同类型的数据放入同一个列表中。不过，在通常情况下不会这样做，而在一个列表中只放入一种类型的数据，这样可以提高程序的可读性。

创建空列表相对来说比较简单，它的格式与使用赋值运算符直接创建列表的格式的差异在于中括号里面的内容是空的，它的格式是：s = []。

创建数值列表主要适用于含有大量数值的场合。在 Python 中，可以使用 list()函数直接将 range()函数循环出来的结果转换为列表。list()函数的语法格式是：list(data)。其中，data 表示可以转换为列表的数据。需要注意的是，data 的类型包括 range 对象、字符串、元组等。

【范例 5-13】创建一个包含 0～10 之间所有偶数的列表。代码如下：

```
01  >>>list(range(0,10,2))
02  [0, 2, 4, 6, 8]
```

对于已经创建的列表，当不再使用时，可以使用 del 语句将其删除。不过，在一般情况下，无须执行这一步操作，因为 Python 自带的垃圾回收机制会自动销毁不用的列表。需要注意的一点是，在删除列表前，一定要保证输入的列表名称是已经存在的，否则会出现异常信息。

5.2.2 访问列表中的元素

在 Python 中，访问列表中的元素就是将列表中的内容输出，可以直接使用 print()函数来实现。

【范例 5-14】创建一个名为 list_1 的列表，并打印该列表。代码如下：

```
01  >>>list_1 = ['Python',10,"月有阴晴圆缺",["你","我","他"]]
02  >>>print(list_1)
03  ['Python', 10, '月有阴晴圆缺', ['你', '我', '他']]
04  >>>print(list_1[3])
05  ['你', '我', '他']
```

从上述输出结果中可以看出，输出的方式有全输出和部分输出两种。全输出方式在输出时是包括左右两侧的中括号的；而部分输出方式是通过列表的索引获取指定的元素。并且在输出单个列表元素时，不包括中括号（最外围的）；如果输出字符串，则还不包括左右的引号。

5.2.3 列表中的常见函数

在列表中经常会借助一些函数来完成一些固定的操作，常见的函数如下。

- append(x)：在列表最后添加一个元素 x。
- insert(i,x)：在列表中第 *i* 个位置插入一个元素 x。
- pop(i)：将列表中第 *i* 个位置的元素取出并删除该元素。
- remove(x)：将列表中第一次出现的元素 x 删除。
- reverse()：将列表中的元素反转。

在 Python 中，有时会需要在已有列表的基础上添加一个元素，此时就可以使用 append()函数。

【范例 5-15】在已有列表 list 中添加一个元素。代码如下：

```
01  >>>list = ['a','b','c']
02  >>>print("输出此时列表中的内容：",list)
03  输出此时列表中的内容： ['a', 'b', 'c']
04
05  >>>list.append('d')
06  >>>print("输出此时列表中的内容：",list)
07  输出此时列表中的内容： ['a', 'b', 'c', 'd']
```

在已有列表中添加一个元素，除可以添加单个元素外，还可以添加一个新的列表。

【范例 5-16】在已有列表 list 中添加一个新的列表。代码如下：

```
01  >>>list.append([1,2,3])
02  >>>print("输出此时列表中的内容：",list)
03  输出此时列表中的内容： ['a', 'b', 'c', 'd', [1, 2, 3]]
```

有时候也会需要在列表中的某个位置（按索引坐标排序）插入新的元素。

【范例 5-17】在上述列表 list 中，将元素“Z”插入列表中的第 2 个位置。代码如下：

```
01  >>>list.insert(2,'Z')
02  >>>print("输出此时列表中的内容：",list)
03  输出此时列表中的内容： ['a', 'b', 'Z', 'c', 'd', [1, 2, 3]]
```

删除列表中的元素主要有两种情况：一种是根据索引删除；另一种是根据元素值删除。根据索引删除列表中的元素可以使用 pop()函数，位置由索引而定。如果无参数，则会删除并返回最后一个元素；如果有参数，则会删除并返回指定位置的元素。

【范例 5-18】删除列表 list 中的第 5 个元素[1,2,3]。代码如下：

```
01  >>>list.pop(5)
02  [1, 2, 3]
03  >>>print("输出此时列表中的内容：",list)
04  输出此时列表中的内容： ['a', 'b', 'Z', 'c', 'd']
```

pop()函数用于根据索引删除列表中的元素，而 remove()函数用于删除首次在列表中出现的确定元素。

【范例 5-19】删除列表 list 中的元素'b'。代码如下：

```
01  >>>list.remove('b')
02  >>>print("输出此时列表中的内容：",list)
03  输出此时列表中的内容： ['a', 'Z', 'c', 'd']
```

在 Python 中，有时候会遇到需要将列表中的内容反转的情况，此时需要用到 reverse()函数。

【范例 5-20】将上述列表 list 中的内容反转。代码如下：

```
01  >>>list.reverse()
02  >>>print("输出此时列表中的内容：",list)
03  输出此时列表中的内容： ['d', 'c', 'Z', 'a']
```

5.3　元组

在 Python 中，元组（Tuple）与列表类似，也是由一系列按特定顺序排列的元素组成的。但是，列表适合存储在程序运行期间可能变化的数据集，是可以修改的；而在元组内是一系列不可修改的元素。在形式上，元组内的元素放在一对小括号“()”中，相邻元素使用逗号“,”分隔。在内容上，同列表类似，可以包括整数、实数、字符串、列表、元组等其他数据类型在内，并且同一个元组中的元素类型也可以不同。

5.3.1　创建元组

在 Python 中，常用的创建元组的方法有 3 种，分别是使用赋值运算符直接创建元组、创建空元组、创建数值元组。这 3 种创建方式应用的场合不同，下面分别进行介绍。

使用赋值运算符直接创建元组是使用赋值运算符“=”直接将一个元组赋值给变量。它的语法格式是：tuple=(m1,m2,m3,…,mn)。其中，tuple 是元组的名称，也可以用其他符合 Python 命名规则的标识符；小括号里面的内容表示元组中的元素，只要是 Python 支持的数据类型就可以。

【范例 5-21】列举符合语法规范的元组。代码如下：

```
01  >>>s1=(0,1,2,3,4,5,6)
02  >>>s2=('太阳',"月亮","星星")
03  >>>s3=("举头望明月","低头思故乡")
04  >>>s4=(1,2,["你","我","他"])
```

注意

创建元组的语法与创建列表的语法类似，只是创建列表时用的是中括号“[]”，创建元组时用的是小括号“()”。

在上述范例中，使用小括号“()”将元组的内容括起来。但是，小括号并不是必需的，只要将一组值用逗号分隔开来，Python 的内部机制会自动将其定义为元组。【范例 5-22】代码如下：

```
01  >>>tuple_test="举头望明月","低头思故乡"
02  >>>print("输出元组 tuple_test 的内容：",tuple_test)
03  输出元组 tuple_test 的内容： ('举头望明月', '低头思故乡')
```

如果在创建的元组内只有一个元素，那么应该注意一点，在定义元组时，需要在元素的后面加上一个逗号“,”。【范例 5-23】代码如下：

```
01  >>>test1=("太阳当空照",)
02  >>>print("输出元组 test1 的内容：",test1)
03  输出元组 test1 的内容： ('太阳当空照',)
```

如果没有在元素的后面加上一个逗号“,”，则表示定义的是一个字符串，不再是一个元组。【范例 5-24】代码如下：

```
01  >>>test2=("太阳当空照")
02  >>>print("输出元组 test2 的内容：",test2)
03  输出元组 test2 的内容： 太阳当空照
```

创建空元组相对来说比较简单，它的格式与使用赋值运算符直接创建元组的格式的差异在于小括号里面的内容是空的，它的格式是：s = ()。空元组可以应用在为函数传递一个空值或者返回空值时。

创建数值元组主要适用于含有大量数值的场合。在 Python 中，可以使用 tuple()函数直接将 range()函数循环出来的结果转换为元组。tuple()函数的语法格式是：tuple(data)。其中，data 表示可以转换为元组的数据。需要注意的是，data 的类型包括 range 对象、字符串、元组等。

【范例 5-25】创建一个包含 0～10 之间所有偶数的元组。代码如下：

```
01  >>>tuple(range(0,10,2))
02  (0, 2, 4, 6, 8)
```

5.3.2　访问元组中的元素

在 Python 中，访问元组中的元素就是将元组中的内容输出，可以直接使用 print()函数来实现。

【范例 5-26】创建一个名为 tuple_1 的元组，并打印该元组。代码如下：

```
01  >>>tuple_1 = ('Python',10,"月有阴晴圆缺",["你","我","他"])
02  >>>print(tuple_1)
03  ('Python', 10, '月有阴晴圆缺', ['你', '我', '他'])
04  >>>print(tuple_1[0])
05  Python
```

```
06  >>>print(tuple_1[3])
07  ['你', '我', '他']
```

从上述输出结果中可以看出，输出的方式有全输出和部分输出两种。全输出在输出时是包括左右两侧的小括号的；而部分输出是通过元组的索引获取指定的元素。并且在输出单个元组元素时，不包括小括号（最外围的）；如果输出字符串，则还不包括左右的引号。

访问元组中的元素是通过其索引来实现的。除了可以一个个地访问，也可以通过元组的切片功能来实现批量访问。

【范例 5-27】访问元组 tuple_1 中的前两个元素。代码如下：

```
01  >>>print("元组 tuple_1 中的前两个元素是：",tuple_1[:2])
02  元组 tuple_1 中的前两个元素是： ('Python', 10)
```

5.3.3　修改元组变量

在列表中，可以将某个单一的元素值替换成另一个符合元素类型的值。但在元组中不可以这样做，因为元组是不可变序列。

【范例 5-28】我们不能对元组中的单个元素值进行修改，但是可以通过对元组进行重新赋值来完成对元组的修改。代码如下：

```
01  >>>name=("张三","李四","王五","张起灵","方寒")
02  >>>name=("张三","李四","刘德华","张起灵","方寒")
03  >>>print("元组 name 的内容是：",name)
04  元组 name 的内容是： ('张三', '李四', '刘德华', '张起灵', '方寒')
```

从上述范例中可以看出，元组 name 中的元素“王五”被“刘德华”替换掉了。

除对元组中的单一元素进行修改外，还可以对元组进行连接组合。

【范例 5-29】在元组 name1 的基础上连接一个新的元组 name2。代码如下：

```
01  >>>name1=("张三","李四","刘德华","张起灵","方寒")
02  >>>name2=("Micalei","Adjfidj")
03  >>>name1=name1+name2
04  >>>print("元组 name1 的内容是：",name1)
05  元组 name1 的内容是：('张三','李四','刘德华','张起灵','方寒','Micalei',
06  'Adjfidj')
```

需要注意的是，在进行元组连接时，连接的内容必须都是元组。不能将元组和字符串或者列表进行连接。并且，如果连接的元组只有一个元素，那么不要忘记在元素的后面加上逗号。

5.4 集合

集合（Set）类型中的元素存在无序性，无法通过下标索引锁定集合类型中的每个数值，并且集合中的相同元素是唯一存在的。值得注意的是，集合中的元素类型只能是固定数据类型，即其中不能存在可变数据类型。固定数据类型有整数、浮点数、字符串、元组等，可以作为集合中的数据元素；而由于列表、字典及集合类型的可变性，它们不可以作为集合中的数据元素。集合类型与其他类型的最大不同之处在于，它不包含重复元素。因此，当需要为数据去重或进行数据重复处理时，一般通过集合来完成。

5.4.1 创建集合

在 Python 中，常用的创建集合的方法有两种：一种是直接使用大括号“{}”创建；另一种是通过 set()函数转换。

直接使用大括号“{}”创建集合，即把集合中的所有元素放在大括号“{}”中，且两个相邻元素之间使用逗号“,”分隔。它的语法格式是：set = {m1,m2,m3,…,mn}。其中，set 表示集合的名称，可以是任何符合 Python 命名规则的标识符；大括号里的内容表示集合中的元素，没有个数限制，只要是 Python 支持的数据类型就可以。

【范例 5-30】使用大括号“{}”创建集合。代码如下：

```
01  >>>set1 = {0,2,4,5,7}
02  >>>set2={'太阳','月亮','星星'}
03  >>>print("集合 set1 的内容是：",set1)
04  集合 set1 的内容是： {0, 2, 4, 5, 7}
05  >>>print("集合 set2 的内容是：",set 2)
06  集合 set2 的内容是： {'月亮', '太阳', '星星'}
```

从上述输出结果中可以看出，输出集合 set 2 时元素的排列顺序与创建集合 set2 时元素的排列顺序不同，这是因为 Python 中的集合是无序的。

【范例 5-31】如果在创建集合时输入了重复的元素，那么 Python 会自动只保留一个。代码如下：

```
01  >>>set3={0,1,3,1,4,5}
02  >>>print("集合 set3 的内容是：",set3)
03  集合 set3 的内容是： {0, 1, 3, 4, 5}
```

从输出结果来看，一旦集合中有重复元素，Python 会自动保留第一次出现的元素，而后面重复的元素会被自动删除。

使用 set()函数创建集合，其实质是将列表、元组等其他可迭代对象转换为集合。它的语法格式是：set = set(value)。其中，set 表示集合名称；value 表示要转换为集合的列表、元组、range 对象等。

【范例 5-32】使用 set()函数创建集合。代码如下：

```
01  >>>set1 = set([2,4,6,8])
02  >>>set2 = set(('月有阴晴圆缺','人有悲欢离合'))
03  >>>print("集合 set1 的内容是：",set1)
04  集合 set1 的内容是： {8, 2, 4, 6}
05  >>>print("集合 set2 的内容是：",set2)
06  集合 set2 的内容是： {'人有悲欢离合', '月有阴晴圆缺'}
```

【范例 5-33】当转换对象是字符串时，返回的将是包含全部不重复字符的集合。代码如下：

```
01  >>>set3 = set("当你凝望深渊时，深渊也在注视着你！")
02  >>>print("集合 set3 的内容是：",set3)
03  集合 set3 的内容是： {'视', '注', '时', '，', '也', '着', '望', '凝', '在',
04  '！', '当', '你', '渊', '深'}
```

5.4.2　集合处理函数

在 Python 中，经常会处理一些与集合相关的问题，此时需要借助处理集合的函数。常见的集合处理函数如表 5-1 所示。

表 5-1　常见的集合处理函数

函　　数	描　　述
add(x)	如果元素 x 不在集合中，则将 x 添加到集合中
discard(x)	移除集合中的元素 x。如果 x 不在集合中，则不报错
remove(x)	移除集合中的元素 x。如果 x 不在集合中，则产生 KeyError 异常
clear()	移除集合中的所有元素
pop()	随机返回集合中的一个元素。若集合为空，则产生 KeyError 异常

在这里介绍一下 add(x)函数，这个函数可以在创建集合后向其中添加元素。添加的元素只能是字符串、数字和布尔类型的 True 或 False 等，不能是列表、元组等可迭代对象。

【范例 5-34】定义一个保存动物园里所有动物的集合 animal，然后向该集合中添加一只动物“东北虎”。代码如下：

```
01  >>>animal = set(['金丝猴','骆驼','鸵鸟','孔雀','狮子'])
02  >>>animal.add('东北虎')
03  >>>print("集合 animal 中的动物有：",animal)
04  集合 animal 中的动物有： {'东北虎', '金丝猴', '鸵鸟', '狮子', '骆驼', '孔雀'}
```

需要注意的是，当要加入的元素已经在集合中存在时，使用 add()函数加入后是不会有变化的。

函数 discard()和 remove()都可以用在集合删除元素的场合。

【范例 5-35】在集合 animal 中使用 discard()函数删除“孔雀”这一动物，然后使用 remove()函数删除“金丝猴”这一动物。代码如下：

```
01  >>>animal.discard('孔雀')
02  >>>print("集合 animal 中的动物有：",animal)
03  集合 animal 中的动物有： {'东北虎', '金丝猴', '鸵鸟', '狮子', '骆驼'}
04  >>>animal.remove('金丝猴')
05  >>>print("集合 animal 中的动物有：",animal)
06  集合 animal 中的动物有： {'东北虎', '鸵鸟', '狮子', '骆驼'}
```

两者之间的不同在于，若集合中没有要删除的那个元素，则使用 discard()函数不会报错，而使用 remove()函数会报错。

【范例 5-36】在集合 animal 中删除“蟒蛇”这一动物。代码如下：

```
01  >>>animal.discard('蟒蛇')
02  >>>print("集合 animal 中的动物有：",animal)
03  集合 animal 中的动物有： {'东北虎', '鸵鸟', '狮子', '骆驼'}
04
05  >>>animal.remove('蟒蛇')
06  Traceback (most recent call last):
07    File "<input>", line 1, in <module>     #使用 remove()函数，出现报错
08  KeyError: '蟒蛇'
```

5.4.3 集合的操作

Python 中的集合与数学中的集合一样，可以求两个集合的交集、并集和差集。

使用“&”符号可以求得两个集合的交集。

【范例 5-37】创建集合 a 和集合 b，在两个集合内有相同元素，求它们的交集并打印。代码如下：

```
01  >>>a = set([2,3,7])
02  >>>b = set([2,4,7])
03  >>>print("集合 a 和集合 b 的交集是：",a & b)
04  集合 a 和集合 b 的交集是： {2, 7}
```

使用“|”符号可以求得两个集合的并集，同样以集合 a 和集合 b 为例，【范例 5-38】代码如下：

```
01  >>>print("集合 a 和集合 b 的并集是：",a | b)
```

```
02  集合 a 和集合 b 的并集是： {2, 3, 4, 7}
```

使用“-”符号可以求得两个集合的差集，a-b 表示求属于集合 a 但不属于集合 b 的元素。【范例 5-39】代码如下：

```
01  >>>print("集合 a 和集合 b 的差集是：",a - b)
02  集合 a 和集合 b 的差集是： {3}
```

5.5　字典

在数学中，由映射这个概念引出数学函数，即变量 x 通过一定的表达式可以得到它所对应的 y。映射类型的典型代表是字典。当使用字典时，只需要查字典前面的关键词即可找到该关键词对应的内容，Python 中的字典（Dictionary）正是运用了这样一个道理。因此，映射类型是键-值对的集合，也存在无序性，通过键可以找出该键对应的值。换一个角度来讲，键代表一个属性，值代表这个属性所代表的内容。

5.5.1　字典的创建

常用的创建字典的方法有两种：通过映射函数创建字典和通过给定的键-值对创建字典。下面分别介绍这两种方法。

通过映射函数创建字典的语法格式是：dictionary = dict(zip(list1,list2))。其中，dictionary 表示字典名称；zip()函数用于将多个列表或元组对应位置的元素组合为元组，并返回包含这些内容的 zip 对象；而 list1、list2 表示要转换的列表。

【范例 5-40】创建两个列表 s1、s2，其中列表 s1 里存放 3 个国家的名字，列表 s2 里存放 3 个国家对应的首都名字。然后将这两个列表转换为字典格式，使它们一一对应。代码如下：

```
01  >>>s1 = ['中国','日本','美国']
02  >>>s2 = ['北京','东京','华盛顿']
03  >>>dictionary = dict(zip(s1,s2))
04  >>>print("输出 dictionary 的内容：",dictionary)
05  输出 dictionary 的内容： {'中国': '北京', '日本': '东京', '美国': '华盛顿'}
```

其中，s1 作为键的列表，s2 作为值的列表。

通过给定的键-值对创建字典的语法格式是：dictionary = dict(key1=value1,key2=value2,…,keyn=valuen)。其中，key1,key2,…,keyn 代表元素的键，value1,value2,…,valuen 代表元素的值。不过，键必须是唯一的，而值不必是唯一的。

【范例 5-41】将【范例 5-40】中的国家和首都通过键-值对创建一个字典。代码如下：

```
01  >>>dictionary = dict(中国 = '北京',日本 = '东京',美国 = '华盛顿')
02  >>>print("输出 dictionary 的内容：",dictionary)
03  >>>输出 dictionary 的内容：{'中国': '北京', '日本': '东京', '美国': '华盛顿'}
```

另外，还可以通过已经存在的元组和列表创建字典。

【范例 5-42】定义一个元组 s3 保存国家的名字，定义一个列表 s4 保存国家对应首都的名字，通过它们来创建一个字典。代码如下：

```
01  >>>s3 = ('中国','日本','美国')
02  >>>s4 = ['北京','东京','华盛顿']
03  >>>dictionary = {s3:s4}
04  >>>print("输出 dictionary 的内容：",dictionary)
05  输出 dictionary 的内容：{('中国', '日本', '美国'): ['北京', '东京', '华盛顿']
```

需要注意的是，如果将键的元组修改为列表，那么在创建字典时将会报错。读者可以自行上机验证。

5.5.2 访问字典的值

dict()函数在创建字典时就指定了 key:value 的关系，程序可以通过 key 来访问对应的元素。【范例 5-43】代码如下：

```
01  >>>dictionary = {'中国':'北京','日本':'东京','美国':'华盛顿'}
02  >>>dictionary['美国']
03  '华盛顿'
```

这是在字典中键存在的情况下，可以获取指定键的值。如果指定的键不存在，就会抛出异常。【范例 5-44】代码如下：

```
01  >>>dictionary['俄罗斯']
02  
03  #抛出异常
04  Traceback (most recent call last):
05    File "<input>", line 1, in <module>
06  KeyError: '俄罗斯'
```

要想避免这种异常的发生，可以使用字典对象的 get()方法获取指定键的值。它的语法格式是：dictionary.get(key,[default]。其中，default 为可选项，用于指定当指定的“键”不存在时返回的默认值；如果省略这个参数，则返回 None。【范例 5-45】代码如下：

```
01  >>>print("俄罗斯的首都是：",dictionary.get('俄罗斯'))
02  俄罗斯的首都是： None
```

5.5.3　字典中的常用函数

在 Python 中，经常会处理一些与字典相关的问题，这时就需要用到一些函数。字典中的常用函数如表 5-2 所示。

表 5-2　字典中的常用函数

函　　数	描　　述
clear()	从字典中删除所有项
copy()	创建并返回字典的一个浅拷贝
get(key[,returnValue])	返回 key 对应的值。如果 key 不在字典中，同时指定了 returnValue，就返回指定的值；如果没有指定 returnValue，就返回 None
has_key(key)	如果 key 在字典中，就返回 1；否则返回 0
items()	返回一个由元组构成的列表，每个元组包含一个键-值对
keys()	返回字典中所有键的列表
values()	返回字典中所有值的列表
popitem()	删除任意键-值对，并作为两个元素的一个元组返回。如果字典为空，就会产生 KeyError 异常
update(newdic)	将来自 newdic 的所有键-值对添加到当前字典中，并覆盖同名键的值
pop(key)	指定 key 删除对应的 value
fromkeys(seq[,value])	将 seq 中的元素作为 key，返回一个字段。对应的 value 是可选的，默认为 None

第 6 章 文件与文件系统

在前面的章节中，我们对众多变量、序列和对象进行了学习。但是，我们与这些解释器直接处理的数据的交互是通过简单的函数进行的。它们仅在程序运行时才存在，在程序运行结束后都会消失。这次我们将目光看向外部，为了数据能够更持久和高效地被我们利用，且不再依赖于程序的运行，我们需要借助外部存储——磁盘。这就涉及文件和目录的知识。在接下来的章节中，我们将学习文件操作和目录操作等相关知识。

本章重点知识：

- 文件的打开和关闭。
- 文件和目录操作模块。
- 常见的目录及文件操作。

6.1 文件的打开和关闭

说到文件，我们接触到的最为简单和常见的就是文本文件了。然而，即使最简单的文本文件，也能以多种方式来存储不同类型的数据。在日常应用中，各种数据的存储同样也离不开文件这个重要的载体。下面就来介绍文件的最基本操作——文件的打开和关闭。

6.1.1 文件的打开

我们常用 open()函数来打开文件。open()函数的语法格式如下：

```
FileObject = open(file_name[,access_mode][,buffering])
```

参数详解如表 6-1 所示。

表 6-1　open()函数参数详解

参　数	说　明
FileObject	被创建的 file 对象
file_name	强制参数，以字符串的形式存储要被访问的文件的名称
access_mode	可选参数，打开文件的模式
buffering	可选参数，设置访问文件时的缓冲区大小

参数注意点：

（1）file_name 是字符串形式，其存储的文件名需要用引号引起来。

（2）打开文件的模式如表 6-2 所示。

表 6-2　打开文件的模式

值	说　明
r	以读取模式打开文件（默认）
w	以写入模式打开文件，该文件首先会被截断清空
x	若文件不存在，则创建新的文件并以写入模式打开；若文件已存在，则报错
a	以追加模式打开文件。若文件已存在，则追加内容至文件的末尾
b	以二进制模式打开文件
t	以文本模式打开文件（默认）
+	以更新模式打开磁盘文件（读取或写入）

注：此表格内容翻译自 Python Library Reference 3.7.0。

各种模式之间的关系如图 6-1 所示。

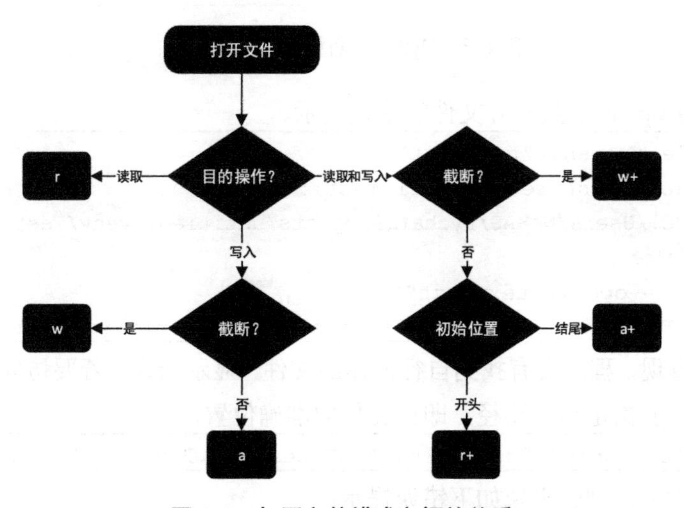

图 6-1　打开文件模式之间的关系

其中，默认模式为 r，不指定则默认以只读模式打开；若要以二进制模式打开，则使用 rb、wb、xb、ab 模式；若要以更新模式打开，则使用 r+、w+、a+模式；若要以更新二进制模式打开，则使用 r+b、w+b、a+b 模式。对于二进制读/写访问模式，w+b 会将文件打开后截断清空至 0 字节，r+b 则不会截断文件。

（3）buffering 默认则缓冲区大小为系统默认；若指定为 0，则不会设置缓冲区，此时所有的操作都是对硬盘的直接操作；若指定为 1，则表示访问时设置缓冲；若大于 1，则表示设置的缓冲区大小。

下面来举一个 open()函数的使用实例。

首先在某路径下创建一个文件，如图 6-2 所示。

图 6-2　创建一个文件

然后使用 open()函数打开此文件。在此需要注意打开的文件的路径。当仅出现文件名的时候，Python 默认在程序文件所在目录进行查找，如图 6-3 所示。

名称	修改日期	类型	大小
Include	2018/7/28 21:27	文件夹	
Lib	2018/7/28 21:27	文件夹	
Scripts	2018/7/28 21:27	文件夹	
pyvenv.cfg	2018/7/28 21:27	NotepadX	1 KB
Test.py	2018/8/16 9:59	JetBrains PyChar	1 KB

图 6-3　Python 程序文件所在目录

【范例 6-1】open()函数打开文件的错误演示。

```
01  >>> file = open(r"text.txt")
02  Traceback (most recent call last):
03    File "C:/Users/NAKAS/PycharmProjects/untitled1/venv/Test.py", line 1,
04  in <module>
05      file = open(r"text.txt")
06  FileNotFoundError: [Errno 2] No such file or directory: 'text.txt'
```

这时就会发现，程序没有找到自行创建的文件，显示错误。若要访问自行创建在别处的文件，则需要指定绝对路径，即该文件的准确位置。

```
01  >>> file = open(r"c:\Users\NAKAS\Desktop\Text.txt")
```

如果盘符大写，则会出现如下错误提示：

```
01  >>> file = open(r"C:\Users\NAKAS\Desktop\Text.txt")
```

```
02 Traceback (most recent call last):
03   File "<pyshell#2>", line 1, in <module>
04     file = open(r"C:\Users\NAKAS\Desktop\Text.txt")
05 OSError: [Errno 22] Invalid argument: '\u202aC:\\Users\\NAKAS\\
06 Desktop\\Text.txt'
```

如果要打开的文件不存在，则会出现如下错误提示：

```
01 >>> file = open(r"c:\Users\NAKAS\Desktop\a.txt")
02 Traceback (most recent call last):
03   File "<pyshell#0>", line 1, in <module>
04     file = open(r"c:\Users\NAKAS\Desktop\a.txt")
05 FileNotFoundError: [Errno 2] No such file or directory: 'c:\\Users\\
06 NAKAS\\Desktop\\a.txt'
```

解决这种文件本身不存在的错误，有两种比较简单的方式。

（1）在指定目录下创建要访问的文件。

（2）添加 access_mode 参数，这样一来，部分访问模式在文件不存在时会自动新建文件来进行下一步操作。

【范例 6-2】代码如下：

```
01 >>> file = open(r"c:\Users\NAKAS\Desktop\a.txt","w")
```

效果如图 6-4 所示。

图 6-4　文件被创建

当访问模式为 w、wb、w+、w+b 时，若文件不存在，就会新建该文件（但也会截断清空原文件）。因此，在使用时要多加注意。

以二进制模式打开文件可以处理一些多媒体数据文件，如图像、音频和视频文件。

6.1.2　文件的关闭

当不再使用文件时，就需要关闭文件，以节省资源空间和防止不必要的偶然损坏。关闭文件需要用到 close()函数，其语法格式如下：

```
FileObject.close()
```

close()函数没有返回值，只需要指定打开的文件对象即可。在关闭文件前会刷新缓冲区，然后文件会被关闭，之后便不能再对文件进行操作了。

有时候会遇到文件无法正常关闭的情况。例如，在文件抛出 I/O 错误的时候，会无法调用 close()函数正常关闭文件。为了避免这种情况浪费系统的资源，可以使用以下方法正确地关闭文件。

1. 使用 try 语句

【范例 6-3】使用 try 语句解决无法正常关闭文件的问题。

```
01  try:
02     file = open(r"a.txt")
03     print("文件被正常读取")
04  finally:
05      print("Error")
06      file.close()
```

2. 使用 with 语句

异常处理的格式要求较为烦琐，而且容易遗漏，因此我们来了解另一种写法——with 语句。其语法格式如下：

```
with context_expression [as target(s)]:
with-body
```

参数详解如表 6-3 所示。

表 6-3　with 语句参数详解

参　数	说　明
context_expression	上下文管理器对象，可用于指定打开文件的 open()函数语句
as target(s)	可选，指定变量存储上下文管理器对象
with-body	上下文环境的执行语句块，指定相关操作，不执行则用 pass 语句

【范例 6-4】使用 with 语句防止文件访问出错，无法正常关闭。

```
01  with open(r"a.txt") as file:
02  pass
03     print("文件被正常读取")
```

with 语句可保证在打开文件发生异常的时候，关闭打开错误的文件，相对于 try 语句更加便捷且不容易遗漏，更重要的是精简了代码量，使整体结构更加整洁。

6.1.3　文件的读/写操作

既然我们已经学过了文件的打开和关闭，接下来就要正式地进行文件操作了。文件操作最基础的还是文件的读取和写入。

1. 文件的写入

文件的写入需要使用 write()函数。write()函数的语法格式如下：

```
FileObject.write(str)
```

其中，FileObject 为已经打开的文件对象，str 为要写入的字符串数据。

【范例 6-5】write()函数写入文件的错误演示。

```
01  file = open(r"test.txt")
02  file.write("hello world")
03
04  Traceback (most recent call last):
05    File "C:/Users/NAKAS/PycharmProjects/untitled1/venv/Test.py",
06  line 2, in <module>
07      file.write("hello world")
08  io.UnsupportedOperation: not writable
```

可以看到，此处犯了一个低级错误，那就是没有以写入模式打开文件。下面是修改后的代码，以 w 模式打开文件。

【范例 6-6】write()函数写入文件的正确演示。

```
01  file = open(r"test.txt","w")
02  file.write("hello world")
03  print("成功写入")
04
05  成功写入
```

此时可以看到文件被成功写入，如图 6-5 所示。切勿忘记结束后使用 close()函数关闭文件，这样系统会自动将缓冲区内未写入的内容写入文件，防止数据丢失。

```
test.txt - 记事本
文件(F)  编辑(E)  格式(O)  查看(V)  帮助(H)
hello world
```

图 6-5　文件被成功写入

如果想向已经存在内容的文件中添加内容，就需要使用追加模式打开文件；否则文件会被截断清空。

【范例 6-7】以追加模式再次写入文件。

```
01  file = open(r"test.txt","a")
02  file.write("\nPython")
03  print("成功再次写入")
04
05  成功再次写入
```

效果如图 6-6 所示。

```
test.txt - 记事本
文件(F)  编辑(E)  格式(O)  查看(V)  帮助(H)
hello world
Python
```

图 6-6　以追加模式再次写入文件

2. 文件的读取

对于已经写入内容的文件，需要通过读取文件来获取相关的内容。读取文件需要借助 read()函数，其语法格式如下：

```
FileObject.read([size])
```

其中，FileObject 为将要读取的文件对象，size 为要从文件中读取多少字节的数据（如果 size 的长度大于到达 EOF 的长度，则读取到 EOF 为止）。如果省略 size 参数，或者 size 参数的值为负数，则读取文件内所有的数据直到 EOF 为止。该函数返回字符串形式的数据。如果遇到 EOF，则返回空字符串。

【范例 6-8】使用 read()函数读取文件。

```
01  file = open(r"test.txt")
02  str = file.read()
03  print("读取成功，内容为：\n" + str)
04
05  读取成功，内容为：
06  hello world
07  Python
```

效果如图 6-7 所示。

```
test.txt - 记事本
文件(F)  编辑(E)  格式(O)  查看(V)  帮助(H)
hello world
Python
```

图 6-7　被读取的文件的内容

如果读取文件的模式错误，不是只读或读/写模式，那么程序会返回如下错误：

```
01  Traceback (most recent call last):
02    File "C:/Users/NAKAS/PycharmProjects/untitled1/venv/Test.py",
03  line 2, in <module>
04      str = file.read()
05  io.UnsupportedOperation: not readable
```

3．文件读/写的拓展函数

前面已经学习了使用简单的 read()和 write()函数来读/写文件，下面在此基础上进一步学习一些相对高级的函数。

1）writelines()函数

writelines()函数用于向文件中写入字符串序列。此序列是由任何可迭代对象生成的字符串，此字符串通常是列表。该函数没有返回值。

其语法格式如下：

```
FileObejct.writelines(sequence)
```

其中，sequence 为要写入文件的字符串序列。

【范例 6-9】使用 writelines()函数向文件中写入字符串序列。

```
01  file = open(r"test.txt","w")
02  seq = ["你好","世界"]
03  file.writelines(seq)
04  print("写入序列成功")
05
06  写入序列成功
```

效果如图 6-8 所示。

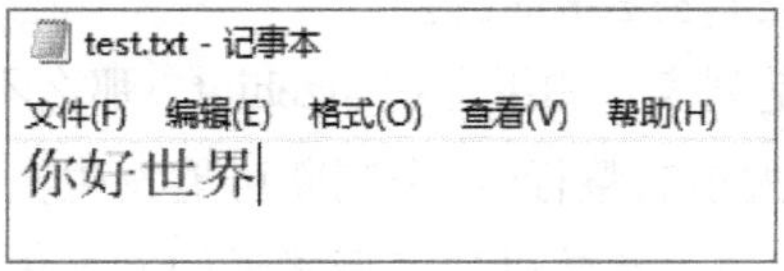

图 6-8　写入序列成功

2）readline()函数

readline()函数用于从文件中读取整行。对于文件内容量大的，如果将文件全部读取，则可能会占用过多的资源。这时候就需要一行行地读取，以节省资源。readline()函数的语法格式如下：

```
FileObject.readline([size])
```

其中，参数 size 的作用是截取固定长度（包括换行符）进行读取，只有直接遇到 EOF 才会返回空字符串。

readline()函数常常和 while 循环一同使用，直到读取到 EOF 为止。

【范例 6-10】readline()函数和 while 循环配合实现文本内容的读取。

```
01  file = open(r"test.txt","r")
02  while True:
03      line = file.readline()
```

```
04        if not line:
05            break
06        print(line)
07
08    Hello
09
10    World
11
12    Python
```

效果如图 6-9 所示。

test.txt - 记事本
文件(F) 编辑(E) 格式(O) 查看(V) 帮助(H)
Hello
World
Python

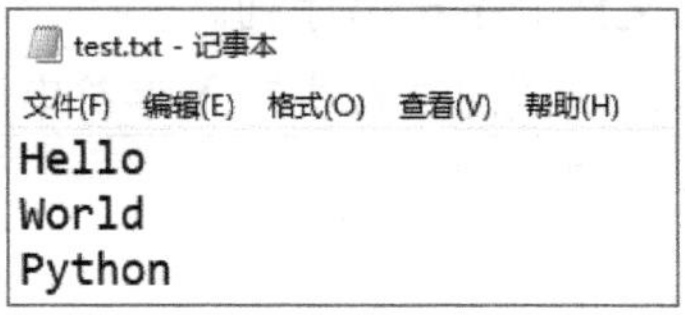

图 6-9　读取的文本内容

3）readlines()函数

readlines()函数和不指定 size 参数的 read()函数类似。其语法格式如下：

```
FileObject.readlines([sizehint])
```

readlines()函数返回的是列表。如果存在 sizehint，那么不会一次性读取到 EOF，而会读取总计近似于 sizehint 大小的整行(这个判断可能发生在缓冲区大小四舍五入之后)。

【范例 6-11】使用 readlines()函数以列表形式返回文本内容。

```
01    file = open(r"test.txt","r")
02    while True:
03        line = file.readlines()
04        if not line:
05            break
06        print(line)
07
08    ['Hello\n', 'World\n', 'Python']
```

4．fileinput 模块

Python 中的 fileinput 模块可对多个文件的所有行进行迭代和遍历。不同于 readlines()函数，fileinput 模块更加灵活。

其语法格式如下：

```
fileinput.input(files=None, inplace=False, backup=", bufsize=0, mode='r',
openhook=None)
```

参数详解如表 6-4 所示。

表 6-4　fileinput 模块参数详解

参　数	说　明
files	指定要处理的文件的路径列表
inplace	指定是否可以修改原文件
backup	指定备份文件的扩展名
bufsize	指定缓冲区大小
mode	指定文件读/写方式
openhook	用于控制打开文件的钩子

下面来简单了解一下 fileinput 模块中的主要函数，如表 6-5 所示。

表 6-5　fileinput 模块中的主要函数

函　数	说　明
filename()	返回当前文件的名称
fileno()	返回当前行数。若没有文件被打开，则返回-1
lineno()	返回当前已经累积的行数
filelineno()	返回当前文件的行数（正在处理的）
isfirstline()	返回当前文件行数的校验值（若为第一行则返回 True，其他则返回 False）
isstdin()	返回最后一行的校验值。若最后一行来自 sys.stdin，则返回 True
nextfile()	关闭当前文件，跳到下一个文件
close()	关闭序列

6.2　文件和目录操作模块

说到文件，就必定涉及文件的位置。在生活中，我们经常把文件放在不同的文件夹中进行管理，而不同的文件夹就构成了一个整体。在寻找文件和文件夹的过程中就需要用到目录。本节将开始文件和目录操作模块的学习。

在开始目录部分的学习前，需要先了解 os.path 模块。os 模块提供了丰富的处理文件和目录的函数，而 os.path 是 os 的子模块，包含对于目录的常见操作方法。

如果要使用模块，就需要将其导入，此时要用到 import 语句，代码如下：

```
01  >>> import os
```

接下来，可以用简单的操作验证一下模块是否导入成功，代码如下：

```
01  >>> os.name
02  'nt'
```

name 是 os 模块提供的用来识别当前操作系统平台的方法，实例中的'nt'代表 Windows 平台，如果是'posix'则代表 Linux 平台。

os 模块还提供了许多与目录直接相关的函数。os.path 模块也包含了许多对于文件和路径的操作。为了便于理解和学习，不再对模块内的函数进行一一列举，而采用具体的操作介绍具体的函数。

6.3　常见的目录及文件操作

本节将学习常见的目录及文件操作，包括路径的获取，判断目录是否存在，创建、删除和修改目录，文件的重命名。

6.3.1　路径的获取

说到目录，就不得不提路径。路径是一个文件和目录重要的身份证明之一，用于定位。路径主要分为两种：绝对路径和相对路径。

绝对路径指的是某个文件或目录不依赖任何其他文件和目录，而是相对于根节点的一串路径。

相对路径相对于绝对路径而言存在一个依赖的文件或目录，比如某个文件或文件夹相对于另一个文件或文件夹的路径。

在 Python 中，文件的打开可以通过相对路径，也可以通过绝对路径。其中，相对路径是文件相对于工作路径而言的。可以通过 os 模块中的 getcwd()函数获取当前工作目录。

【范例 6-12】使用 getcwd()函数获取当前工作目录。

```
01  import os
02  print(os.getcwd())
03
04  C:\Users\NAKAS\PycharmProjects\untitled1\venv
```

可知当前工作目录就是 C:\Users\NAKAS\PycharmProjects\untitled1\venv，可以直接通过 open()函数访问此目录下的文件。

当进入工作目录后，同样可以获取某个文件的绝对路径，os 模块为此提供了 os.path.abspath(path)函数。其中，path 可以是工作目录下文件的相对路径，也可以是文件本身。

【范例 6-13】获取某文件的绝对路径。

```
01  import os
```

```
02  print(os.path.abspath("test.txt"))
03
04  C:\Users\NAKAS\PycharmProjects\untitled1\venv\test.txt
```

6.3.2　判断目录是否存在

在实际应用中，可能会遇到所要定位和访问的目录不存在的问题，这时就需要验证目录是否存在。在 os.path 模块中提供了 exists()函数来实现该功能。

【范例 6-14】使用 exists()函数判断目录是否存在。

```
01  import os
02  print(os.path.exists(r"C:\Users\NAKAS\Desktop"))
03
04  True
```

如果验证的目录不存在，则会返回 False。

此方法同样可以用来验证某一路径下的文件是否存在。

【范例 6-15】使用 exists()函数判断文件是否存在。

```
01  import os
02  print(os.path.exists(r"c:\Users\NAKAS\Desktop\Text.txt"))
03
04  True
```

6.3.3　创建、删除和修改目录

1. 创建目录

当我们需要的目录不存在的时候，可以自己创建目录，此时将用到 os.mkdir()函数。其语法格式如下：

```
os.mkdir(path, mode=0o777, *, dir_fd=None)
```

os.mkdir()函数是以数值模式（Numeric Mode）创建目录的。参数 path 为将要创建的目录。参数 mode 为自定义的数值模式，默认值为 0o777（八进制），此数值取决于平台，在某些平台上会被忽略，可以显式调用 chmod()函数来进行设置。同时，该函数支持添加相对路径。也可以创建临时目录。参数 dir_fd 则用来接收类似路径的对象。此函数没有返回值。

【范例 6-16】使用 mkdir()函数实现目录的创建。

```
01  import os
```

```
02    path = r"c:\Users\NAKAS\Desktop\Text"
03    os.mkdir(path)
04    print("目录创建成功")
05
06    目录创建成功
```

效果如图 6-10 所示。

图 6-10 目录创建成功

如果创建的目录已经存在，则会发生什么呢？

【范例 6-17】若目录已经存在，则使用 mkdir()函数会报错。

```
01    import os
02    path = r"c:\Users\NAKAS\Desktop\Text"
03    os.mkdir(path)
04    print("目录创建成功")
05
06    Traceback (most recent call last):
07      File "C:/Users/NAKAS/PycharmProjects/untitled1/venv/Test.py",
08    line 3, in <module>
09        os.mkdir(path)
10    FileExistsError: [WinError 183] 当文件已经存在时，无法创建该文件。: 'c:\\
11    Users\\NAKAS\\Desktop\\Text'
```

可知程序抛出了 FileExistsError 错误，并提示目录已经存在。因此，在创建目录时，应避免创建相同的目录。也可以先用 if 判断目录是否已经存在，以防止此类错误的出现。

os.mkdir()函数只能创建单级目录，如果想要在某路径下再创建诸如“\firstfloor\secondfloor”这样的目录，就要重复两次操作，非常烦琐。此时需要借助 os.makedirs()函数来创建多级目录。其语法格式如下：

```
os.makedirs(name, mode=0o777, exist_ok=False)
```

其参数含义和 os.mkdir()函数的参数含义大致相同，但可以包含多层路径。

【范例 6-18】使用 makedirs()函数实现多级目录的创建。

```
01    import os
02    path = r"c:\Users\NAKAS\Desktop\Text\Text1\Text2"
03    os.makedirs(path)
04    print("目录创建成功")
```

```
05
06  目录创建成功
```

效果如图 6-11 所示。

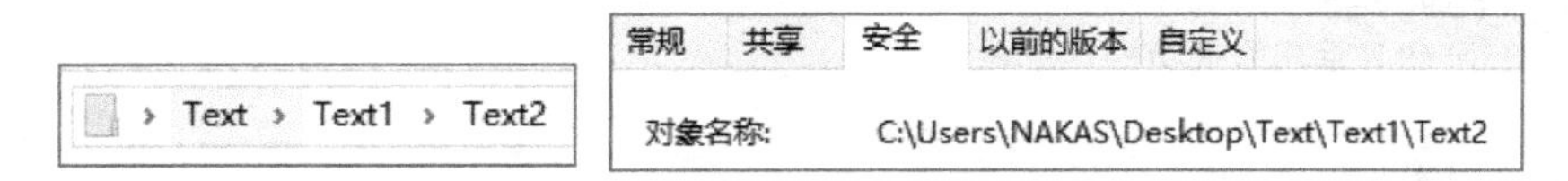

图 6-11　多级目录创建成功

2．删除目录

当不再需要某个目录的时候，可以使用 os.rmdir()函数来删除该目录。其语法格式如下：

```
os.rmdir(path, *, dir_fd=None)
```

有一点需要注意，只有当指定删除的目录为空时，这个函数才能正常运行，否则会引发错误。

【范例 6-19】使用 rmdir()函数删除非空目录引发错误。

```
01  import os
02  path = r"c:\Users\NAKAS\Desktop\Text\Text1\Text2"
03  os.rmdir(path)
04  print("目录删除成功")
05
06  Traceback (most recent call last):
07    File "C:/Users/NAKAS/PycharmProjects/untitled1/venv/Test.py",
08  line 3, in <module>
09      os.rmdir(path)
10  OSError: [WinError 145] 目录不是空的。: 'c:\\Users\\NAKAS\\Desktop\\
11  Text\\Text1\\Text2'
```

可知当目录不为空的时候会抛出 OSError 错误。如果真的需要删除不为空的目录，就需要使用 shutil.rmtree()函数。其语法格式如下：

```
shutil.rmtree(path, ignore_errors=False, onerror=None)
```

path 参数必须指向目录，而不是指向目录的软链接（Symbolic Link）。

ignore_errors 参数的值如果为 True，则会忽略删除失败导致的错误；如果为 False 或者未声明，则会通过调用 onerror 参数指定的处理程序来处理此类错误。如果 onerror 参数被省略，则会引发异常。

此外，os 模块还提供了 os.removedirs()函数来删除目录。这个函数和 os.rmdir()函数类似，但是，当它删除目录成功时，会递归删除父目录。

【范例 6-20】使用 removedirs()函数删除目录。

```
01  import os,shutil
02  path = r"c:\Users\NAKAS\Desktop\Text\Text1\Text2"
03  os.removedirs(path)
04  print("目录删除成功")
05
06  目录删除成功
```

删除目录前后的目录列表如图 6-12 和图 6-13 所示。

图 6-12　删除目录前的目录列表　　　图 6-13　删除目录后的目录列表

可以看到，当目录\Text2 被成功删除后，递归删除了其父目录\Text1。

3. 修改目录

Python 并未提供很多关于目录修改的函数，但是 os.chdir()函数可以用于修改当前工作目录。其语法格式如下：

```
os.chdir(path)
```

其中，path 为重新指定的工作路径。如果重新指定的工作路径允许被访问，则返回 True；否则返回 False。

6.3.4　文件的重命名

os.rename()和 os.renames()函数可以用来对文件和目录进行重命名操作。

os.rename()函数的语法格式如下：

```
os.rename(src, dst, *, src_dir_fd=None, dst_dir_fd=None)
```

其中，参数 src 为需要重命名的文件或目录，而参数 dst 为重命名后的文件或目录。

【范例 6-21】使用 rename()函数实现文件重命名。

```
01  import os
02  src = r"c:\Users\NAKAS\Desktop\test.txt"
03  dst = r"c:\Users\NAKAS\Desktop\test1.txt"
04  os.rename(src,dst)
05  print("文件重命名成功")
06
07  文件重命名成功
```

文件重命名前后如图 6-14 和图 6-15 所示。

图 6-14　文件重命名前

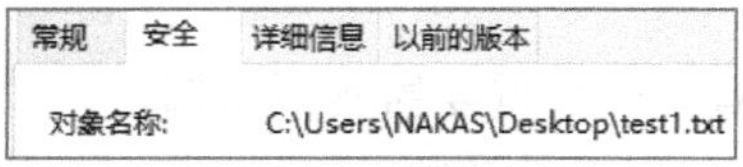

常规　安全　详细信息　以前的版本

对象名称:　C:\Users\NAKAS\Desktop\test1.txt

图 6-15　文件重命名后

如果需要重命名的文件不存在，则会抛出 FileNotFoundError 错误。

【范例 6-22】使用 rename()函数实现目录重命名。

```
01  import os
02  src = r"c:\Users\NAKAS\Desktop\Text "
03  dst = r"c:\Users\NAKAS\Desktop\Text1"
04  os.rename(src,dst)
05  print("目录重命名成功")
06
07  目录重命名成功
```

目录重命名前后如图 6-16 和图 6-17 所示。

图 6-16　目录重命名前

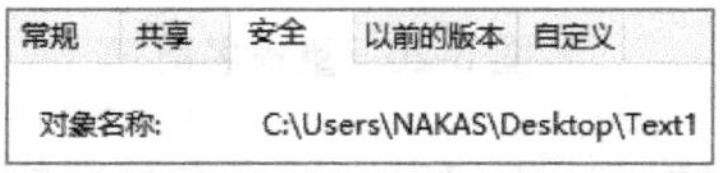

常规　共享　安全　以前的版本　自定义

对象名称:　C:\Users\NAKAS\Desktop\Text1

图 6-17　目录重命名后

os.renames()函数的语法格式如下：

```
os.renames(old, new)
```

os.renames()函数用于递归地重命名文件或目录。

【范例 6-23】使用 renames()函数实现递归重命名之一。

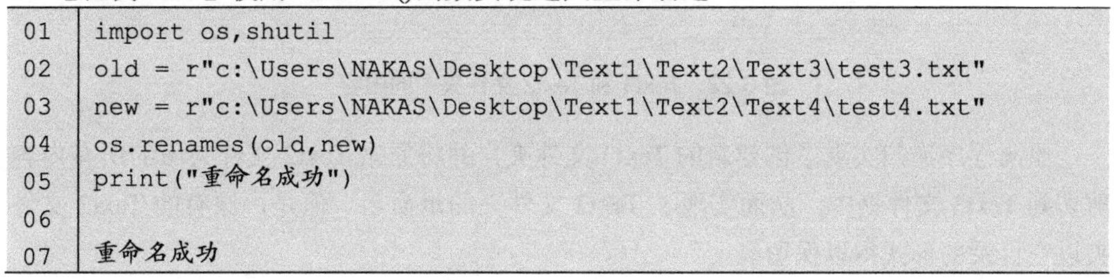

```
01  import os,shutil
02  old = r"c:\Users\NAKAS\Desktop\Text1\Text2\Text3\test3.txt"
03  new = r"c:\Users\NAKAS\Desktop\Text1\Text2\Text4\test4.txt"
04  os.renames(old,new)
05  print("重命名成功")
06
07  重命名成功
```

重命名前后如图 6-18 和图 6-19 所示。

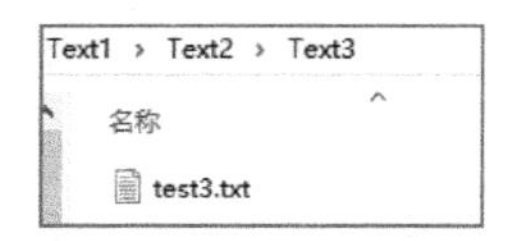

图 6-18　重命名前

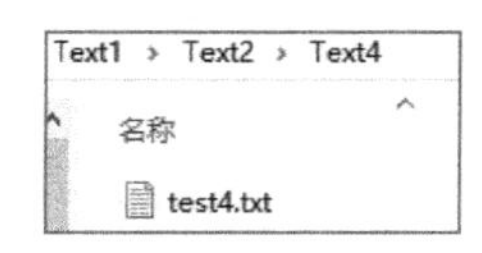

图 6-19　重命名后

可以看到，不仅 test3.txt 被重命名为 test4.txt，连它的父目录 Text3 也被重命名为 Text4。

来看另一个重要的典型实例。

【范例 6-24】使用 renames()函数实现递归重命名之二。

```
01  import os,shutil
02  old = r"c:\Users\NAKAS\Desktop\Text1\Text2\Text4\test4.txt"
03  new = r"c:\Users\NAKAS\Desktop\Text1\Text3\Text4\test4.txt"
04  os.renames(old,new)
05  print("重命名成功")
06
07  重命名成功
```

重命名前后如图 6-20 和图 6-21 所示。

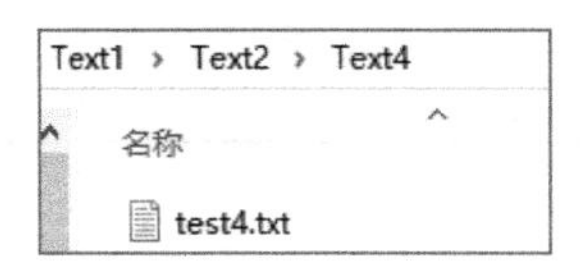

图 6-20　重命名前

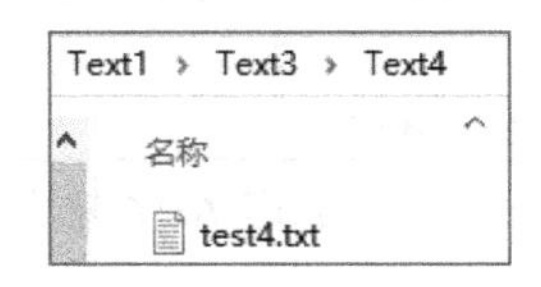

图 6-21　重命名后

可以看到，不仅可以重命名最后的文件或目录，也可以重命名底层文件或目录的父目录。那么，其重命名的方式是怎么实现的呢？定位到 Text1 和 Text2 文件夹，其内容如图 6-22 所示。

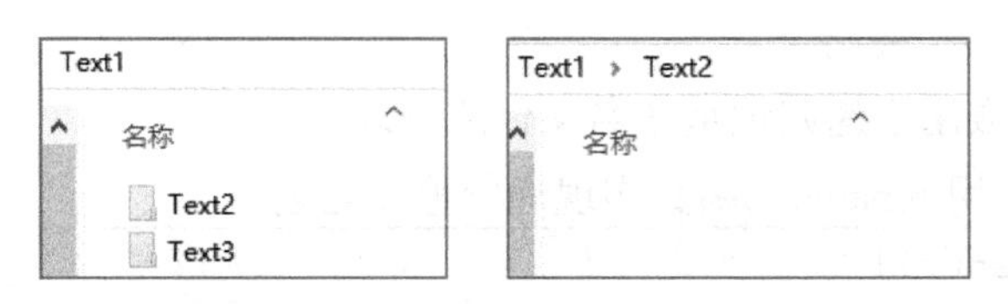

图 6-22　Text1 和 Text2 文件夹中的内容

原来程序递归实现了创建新的 Text3 文件夹，并将原来 Text2 文件夹下的所有内容剪切到 Text3 文件夹中，从而实现了 Text2 文件夹的重命名。但是，原有的 Text2 文件夹以空目录的形式得以保留。

第7章 正则表达式

正则表达式（Regular Expression）在代码中一般简写为regex、regexp或re。在很多文本编译器中，正则表达式通常被用来检索、替换那些符合某种模式的文本。

本章主要介绍正则表达式。应用正则表达式来处理文本信息和数据非常方便。Python对正则表达式有着很好的支持。

本章重点知识：

- 基本元字符。
- 正则表达式在Python中的使用。
- re模块中的常用函数及其功能。
- 分组匹配和匹配对象。

7.1 概述

正则表达式并不是Python的一部分，而是嵌入Python的、微小的、高度专业化的语言，可以通过re模块访问。正则表达式是处理字符串的强大工具，拥有自己独特的语法，以及一个独立的处理引擎，功能十分强大。正则表达式主要针对字符串进行操作，可以简化对字符串的复杂操作，其主要功能有匹配、切割、替换、获取。在提供了正则表达式的编程语言里，正则表达式的语法都是一样的，区别仅在于不同的编程语言支持的语法数量不同。如果你已经在其他编程语言中学过正则表达式的使用，那么只需要简单看看就可以轻松应用了。

7.2 基本元字符

正则表达式最常见的特殊符号和字符即所谓的元字符。元字符是使用正则表达式不同于普通字符的地方，也是正则表达式能够发挥强大作用、具有强大表达能力的法宝。表 7-1 列出了一些常见的元字符。

表 7-1 常见的元字符

元 字 符	描 述
\b	匹配一个单词边界，也就是单词和空格间的位置
\B	匹配非单词边界
\cx	匹配由 x 指明的控制字符。例如，\cM 匹配一个 Ctrl+M 或回车符。x 的值必须为 A～Z 或 a～z 之一。否则，将 c 视为一个原义的'c'字符
\f	匹配一个换页符。等价于\xOc 和\cL
\n	匹配一个换行符。等价于\xOa 和\cJ
\r	匹配一个回车符。等价于\xOd 和\cM
\s	匹配任何空白字符，包括空格、制表符、换页符等。等价于[\f\n\r\t\v]。注意：Unicode 正则表达式会匹配全角空格符
\S	匹配任何非空白字符。等价于[^\f\n\r\t\v]
\t	匹配一个制表符。等价于\xO9 和\cI
\v	匹配一个垂直制表符。等价于\xOb 和\cK
\w	匹配包括下画线的任何单词字符
\W	匹配任何非单词字符
$	匹配输入字符串的结束位置。如果设置了 RegExp 对象的 Multiline 属性，则$也匹配'\n'或'\r'。要匹配$字符本身，请使用\$
()	将小括号内的内容当作一个整体
[]	匹配[]内的任意字符
{}	按{}中的次序进行匹配
.	匹配除换行符\n 之外的任意字符
*	匹配位于“*”之前的 0 个或多个字符
?	匹配位于“?”之前的 0 个或一个字符
\	表示位于“\”之后的字符为转义字符。如'n'匹配字符'n'，'\n\匹配换行符
^	匹配输入字符串的开始位置。在方括号中使用时，表示不接收该字符集合
+	匹配位于“+”之前的一个或多个字符
|	匹配位于“|”之前或之后的字符
{n}	*n* 是一个非负整数。匹配确定的 *n* 次
{n,}	*n* 是一个非负整数。至少匹配 *n* 次

续表

元 字 符	描　述
{n,m}	*m* 和 *n* 均为非负整数，其中 *n*≤*m*。最少匹配 *n* 次且最多匹配 *m* 次
x|y	匹配 x 或 y
[xyz]	字符集合。匹配所包含的任意字符
[^xyz]	排除型字符集合。匹配未列出的任意字符
[a-z]	字符范围。匹配在指定范围内的任意字符
[^a-z]	排除型字符范围。匹配不在指定范围内的任意字符

下面来看一下常用元字符的使用范例。

行定位符“^”表示行的开始，“$”表示行的结束。如“^Python”能够匹配字符串“python 我会用”，但是不能匹配字符串“我会用 Python”；“喜欢$”能够匹配字符串“我很喜欢”，但是不能匹配字符串“我很喜欢你”。“^”在方括号“[]”中使用时，表示的是不接收该字符集合，例如，“[^a-z]”能够匹配不在 a～z 范围内的任意字符。

元字符“.”表示匹配除换行符\n 之外的任意字符。例如，正则表达式“b.g”能够匹配“big”“bug”“b g”，但是不能匹配“bug”；“b..g”可以匹配“bug”。

元字符“()”表示将小括号内的内容当作一个整体，括起来的表达式被定义为“组”，具有改变优先级和定义提取组两个作用。例如，“(p|b)ig”匹配的是“pig”“big”。

限定符“*”表示匹配位于“*”之前的 0 个或多个字符。例如，正则表达式“p*ig”能够匹配“ig”“ppig”“pig”等。

限定符“+”表示匹配位于“+”之前的一个或多个字符。例如，正则表达式“pig+”能够匹配“pig”“pigg”，但是不能匹配“pi”。

7.3　正则表达式在Python中的使用

在 Python 编译器中用“\”（反斜杠）来表示字符串常量中的转义字符。如果在“\”后面跟着一串编译器能够识别的特殊字符，那么整个转义序列将被替换成对应的特殊字符（例如，\n 将被编译器替换成换行符）。

但是，在 re 模块中也使用“\”转义正则表达式中的特殊字符（如*和+）。所以，为了避免混淆，Python 在使用正则表达式时，是将其作为模式字符串使用的。原始类型字符串可以简单地通过在普通字符串的双引号前面加一个字符 r 来创建。当一个字符串是原始类型时，Python 编译器不会尝试对其做任何替换。

例如，假设需要匹配文本中的字符“\”，那么使用编程语言表示的正则表达式将需要 4 个反斜杠“\\\\”：前两个和后两个分别用于在编程语言里转义成反斜杠，当转义成两个反斜杠后，再在正则表达式里转义成一个反斜杠。Python 里的原生字符串很好地解决了这个问题，这个例子中的正则表达式可以使用 r"\\"表示。同样，匹配一个数字的“\\d”可以写成 r"\d"。

7.4 re模块中的常用函数及其功能

在 Python 中，可以通过内置的 re 模块来使用正则表达式。re 模块是 Python 提供的处理正则表达式的标准模块。本节主要介绍 re 模块中的常用函数及其功能。

7.4.1 match()、search()、findall()函数

re.match()函数尝试在字符串的起始位置匹配一个模式，如果匹配成功，则返回 MatchObject 对象实例；否则返回 None。re.search()函数扫描整个字符串并返回第一个成功的匹配，匹配成功返回 MatchObject 对象实例，否则返回 None。re.findall()函数在字符串中找到正则表达式所匹配的所有子字符串，并返回一个列表；如果没有找到匹配的子字符串，则返回空列表。

3 个函数的语法格式分别为：

```
re.match(pattern,string[,flags])
re.search(pattern,string[,flags])
re.findall(pattern,string[,flags])
```

其参数含义相同，说明如下。

- pattern：匹配的正则表达式。
- string：要匹配的字符串。
- flags：标志位，用于控制正则表达式的匹配模式。

下面分别对这 3 个函数进行举例说明。

1. re.match()函数

如果匹配成功，那么 re.match()函数返回一个匹配的对象；否则返回 None。

可以使用 group(num)或 groups()匹配对象函数来获取匹配表达式，如表 7-2 所示。

表 7-2 匹配对象函数及其描述

匹配对象函数	描　述
group(num)	匹配整个表达式的字符串。可以一次输入多个组号，在这种情况下，它将返回一个包含那些组的元组
groups()	返回一个包含所有小组字符串的元组，从 1 到所含的小组号

【范例 7-1】match()函数的应用之一。具体代码如下：

```
01  import re
02  print(re.match('I','I like Python').span())       #在起始位置匹配
03  print(re.match('world','hello world'))            #不在起始位置匹配
```

输出结果如下：

```
01  (0, 1)
02  None
```

范例分析：

span()函数返回一个组开始和结束的位置，“I”位于字符串“I like Python”的起始位置，因为 match()函数是在字符串的起始位置匹配的，所以 re.match().span()函数返回(0, 1)；而“world”不在字符串“hello world”的起始位置，所以 re.match()函数返回 None。

【范例 7-2】match()函数的应用之二。具体代码如下：

```
01  import re
02  line = "Dogs are people's friend"
03  matchObj = re.match( r'(.*) are (.*?) .*', line, re.M|re.I)
04  if matchObj:
05     print ("matchObj.group() : ", matchObj.group())  #输出整个字符串
06     print ("matchObj.group(1) : ", matchObj.group(1))#输出第一组字符串
07     print ("matchObj.group(2) : ", matchObj.group(2))#输出第二组字符串
08  else:
09     print ("No match")
```

输出结果如下：

```
01  matchObj.group() :  Dogs are people's friend
02  matchObj.group(1) :  Dogs
03  matchObj.group(2) :  people's
```

2. re.search()函数

如果匹配成功，那么 re.search()函数返回一个匹配的对象；否则返回 None。

可以使用 group(num)或 groups()匹配对象函数来获取匹配表达式。

【范例 7-3】search()函数的应用之一。具体代码如下：

```
01  import re
02  print(re.search('I','I like Python').span())          #在起始位置匹配
03  print(re.search('world','hello world').span())        #不在起始位置匹配
```

输出结果如下：

```
01  (0, 1)
02  (6, 11)
```

范例分析：

和 match()函数不同的是，search()函数扫描整个字符串，并返回第一个成功的匹配。“I”在字符串“I like Python”中的起始位置为 0，结束位置为 1；“world”在字符串“hello world”中的起始位置为 6，结束位置为 11。

【范例 7-4】search()函数的应用之二。具体代码如下：

```
01  import re
02  line = "Dogs are people's friend"
03  searchObj = re.search( r'(.*) are (.*?) .*', line, re.M|re.I)
04  if searchObj:
05     print ("searchObj.group() : ", searchObj.group())  #输出整个字符串
06     print ("searchObj.group(1) : ", searchObj.group(1))#输出第一组字符串
07     print ("searchObj.group(2) : ", searchObj.group(2))#输出第二组字符串
08  else:
09     print ("Nothing found")
```

输出结果如下：

```
01  searchObj.group() :  Dogs are people's friend
02  searchObj.group(1) :  Dogs
03  searchObj.group(2) :  people's
```

3. re.findall()函数

re.findall()函数在字符串中找到正则表达式所匹配的所有子字符串，并返回一个列表；如果没有找到匹配的子字符串，则返回空列表。

注意

match()和 search()函数只能匹配一次，而 findall()函数可以匹配多次。

【范例 7-5】findall()函数的应用。具体代码如下：

```
01  import re
02  pattern = re.compile(r'\d+')   #查找数字
03  r1 = pattern.findall('1949年10月01日')
04  r2 = pattern.findall('2008年05月12日14时28分', 0, 10)
05  print(r1)
06  print(r2)
```

输出结果如下：

```
01  ['1949', '10', '01']
02  ['2008', '05', '12']
```

范例分析：

由于元字符“\d+”表示匹配字符串中包含的数字，所以输出结果为两个字符串中包含的数字。

7.4.2　compile()函数

re.compile()函数用于编译正则表达式，生成一个正则表达式对象，供 match()和 search()函数使用。

compile()函数的语法格式如下：

```
re.compile(pattern[,flags])
```

其参数含义如下。

- pattern：匹配的正则表达式。
- flags：标志位，用于控制正则表达式的匹配模式。

flags 的取值及其含义如表 7-3 所示。

表 7-3　flags 的取值及其含义

值	含　义
rc.I	忽略大小写
rc.L	表示特殊字符集\w,\W,\b,\B,\s,\S
rc.M	多行模式，改变'^'和'$'的行为
rc.S	使元字符“.”也能匹配换行符
rc.U	匹配 Unicode 字符
rc.X	增加可读性，忽略 pattern 中的空格，可以使用“#”注释

【范例 7-6】compile()函数的应用。具体代码如下：

```
01  import re
02  pattern = re.compile('[a-zA-Z]')
03  result = pattern.findall('qwer1234asdf5678')
04  print (result)
```

输出结果如下：

```
01  ['q', 'w', 'e', 'r', 'a', 's', 'd', 'f']
```

范例分析：

compile('[a-zA-Z]')表示匹配字符串中包含的所有英文字母，findall()函数查找所有符合正则表达式的字符串，并返回列表，所以输出结果为“['q', 'w', 'e', 'r', 'a', 's', 'd', 'f']”。

7.4.3　split()函数

re.split()函数用于分隔字符串，返回分隔后的字符串列表。其语法格式如下：

```
re.split(pattern,string[,maxsplit=0])
```

其参数含义如下。

- pattern：匹配的正则表达式。
- string：要匹配的字符串。
- maxsplit：最大分隔次数，默认为 0，不限制次数。

【范例 7-7】split()函数的应用。具体代码如下：

```
01  >>> import re
02  >>> str1='I like Python'
03  >>> re.split(' ',str1)       #使用空格分隔字符串，注意引号中间有空格
04  ['I', 'like', 'Python']
05  >>> s=re.split(' ',str1,1)  #只分隔一次
06  >>> for i in s:              #遍历分隔后的字符串列表
07  print(i)
08
09  I
10  like Python
11  >>> re.split('i',str1)       #使用“i”作为分隔符
12  ['I l', 'ke Python']
```

7.4.4 sub()与 subn()函数

传统的字符串操作只能替换明确指定的字符串，而使用正则表达式默认对一个字符串中所有与正则表达式相匹配的内容进行替换，也可以指定替换次数。可使用的函数包括 re 模块中的 sub()和 subn()函数。

sub()函数用于替换在字符串中符合正则表达式的内容，返回替换后的字符串；subn()函数除返回替换后的字符串外，还返回一个替换次数，它们是以元组的形式返回的。

其语法格式如下：

```
re.sub(pattern,repl,string,count=0, flags=0)
re.subn(pattern,repl,string,count=0, flags=0)
```

其参数含义如下。

- pattern：匹配的正则表达式。
- repl：即 replacement，要替换成的内容。
- string：要被处理、被替换的字符串。
- count：最大替换次数，默认值 0 表示替换所有的匹配。
- flags：标志位，用于控制正则表达式的匹配模式。

下面来看一个例子：将字符串中的空格全部删除。

【范例 7-8】sub()与 subn()函数的应用之一。具体代码如下：

```
01  import re
02  s='girl fr   ien  d'
03  print(re.sub(r' +','',s))   #将字符串中的空格替换成空字符串
04  print(re.subn(r' +','',s))  #将字符串中的空格替换成空字符串,并返回替换次数
```

输出结果如下：

```
01  girlfriend
02  ('girlfriend', 3)
```

说明：要替换成的内容（repl 参数）可以是一个字符串，也可以是一个函数名。该函数会在每次匹配时被调用，且该函数接收的唯一参数是每次匹配相对应的匹配对象。通过这个函数可以执行一些逻辑更加复杂的替换操作。

如果想要得到“girl friend”，则需要把多个连续的“ ”和单个“ ”分别替换为空字符串和一个空白字符。

【范例 7-9】sub()与 subn()函数的应用之二。具体代码如下：

```
01  import re
02  s='girl fr   ien  d'
03  def dashrepl(match_obj):
04      if match_obj.group()==' ':
05          return ' '
06      else:
07          return ''
08  if __name__ == '__main__':#当模块直接运行时，以下代码块将被运行；当模块被
09  导入时，以下代码块不被运行
10      print(re.sub(r' +',dashrepl,s))
11      print(re.subn(r' +',dashrepl,s))
```

输出结果如下：

```
01  girl friend
02  ('girl friend', 3)
```

【范例 7-10】在交互环境下使用 sub()和 subn()函数进行内容替换。具体代码如下：

```
01  >>> import re
02  >>> text='My name is Python'
03  >>> re.sub('Python','MySQL',text)#用“MySQL”替换“Python”
04  'My name is MySQL'
05  >>> re.sub('is|Python','cat',text)#用“cat”替换“is”或“Python”
06  'My name cat cat'
07  >>> re.subn('is|Python','dog',text,1)#用“dog”替换“is”或“Python”,
08  只替换一次
09  ('My name dog Python', 1)
```

```
10  >>> r=re.subn('is|Python','pig',text)#用“pig”替换“is”或“Python”
11  >>> print(r[0])#输出元组的第一项
12  My name pig pig
13  >>> print(r[1])#输出元组的第二项
14  2
```

7.5 分组匹配和匹配对象

本节介绍 Python 中正则表达式的匹配：分组匹配和匹配对象。

7.5.1 分组匹配

在正则表达式中以一对圆括号“()”来表示位于其中的内容属于一个分组。例如，(exp)表示匹配表达式 exp，并捕获文本到自动命名的组里。需要注意的是，组的序号取决于它左侧的括号数。有一个隐含的全局分组（0），就是整个正则表达式。分组完成后，可以使用 group(num)和 groups()函数进行提取。

【范例 7-11】group(num)函数的应用。具体代码如下：

```
01  import re
02  m=re.match(r'^(\d+)-(\d+)$','010-123456')
03  print(m.group(0))#输出匹配到的字符串
04  print(m.group(1))#输出第一组字符串
05  print(m.group(2))#输出第二组字符串
```

输出结果如下：

```
01  010-123456
02  010
03  123456
```

7.5.2 匹配对象

匹配对象的重要函数及其描述如表 7-4 所示。

表 7-4 匹配对象的重要函数及其描述

函 数	描 述
group([groupid])	获取给定子模式（组）的匹配项
start([groupid])	返回给定组的匹配项的起始位置

续表

函　数	描　述
end([groupid])	返回给定组的匹配项的结束位置
span([groupid])	返回一个组的起始和结束位置

这几个函数的参数 groupid 的含义相同，是可选参数，表示分组编号，默认为 0。

【范例 7-12】匹配对象函数的应用。具体代码如下：

```
01 >>> import re
02 >>>m =
03 re.match(r'(http://www|www)\.(.*)\..{3}','http://www.python.org')
04 >>> m.group()    #输出匹配到的字符串
05 'http://www.python.org'
06 >>> m.group(1)  #输出第一对圆括号中的内容
07 'http://www'
08 >>> m.group(2)  #输出第二对圆括号中的内容
09 'python'
10 >>> m.start(1)  #输出第一组子字符串的起始位置
11 0
12 >>> m.start(2)  #输出第二组子字符串的起始位置
13 11
14 >>> m.end(0)     #输出字符串的结束位置
15 21
16 >>> m.span(1)   #输出第一组子字符串的起始和结束位置
17 (0, 10)
```

由上述范例可以看出，start()函数返回子字符串或组的起始位置；end()函数返回子字符串或组的结束位置；span()函数以元组(start,end)的形式返回子字符串或组的起始和结束位置。

第 8 章 程序进程和线程

现代操作系统如 UNIX、Linux、Windows 等，大多是支持“多任务”的操作系统。“多任务”就是操作系统可以同时运行多个程序。进程是程序中的一个实体，一般由程序、数据集和进程控制块（Processing Control Block，PCB）组成。而线程是进程中的一个实体，是被系统独立调度和分派的基本单位。比如，打开音乐播放器就是启动一个音乐播放器进程，而音乐播放器能同时播放歌曲、显示歌词等，一个一个的“子任务”就被称为线程。Python 提供了对多进程和多线程的支持，运用标准库可以使用多进程和多线程进行编程。

本章重点知识：

- 认识进程和线程。
- multiprocessing 和 subprocess 模块。
- thread 和 threading 模块。
- 创建进程和线程。
- 线程同步。

8.1 进程

在 Python 中，每个运行的程序都有一个主进程，可以利用模块中封装的方法来创建子进程。Python 中的多线程没有真正实现多进程，因为 Python 解释器使用了全局解释器锁（Global Interpreter Lock，GIL），对 Python 虚拟机的访问是由全局解释器锁控制的，它保证了在任意时刻只有一个线程在运行，并且限制了一个处理器只能运行一个

Python 程序。而现如今 CPU 以多核为主，因此，使用 Python 的多进程、多线程模块中封装的方法，就可以弥补 Python 多线程程序无法使用的缺陷。

8.1.1　认识进程

Python 中对多进程提供支持的是 multiprocessing 和 subprocess 模块。

multiprocessing 模块支持使用类似线程模块的 API 生成进程。multiprocessing 模块提供本地和远程并发，通过使用子进程而不是线程有效地避免了全局解释器锁的控制。因此，该模块允许充分利用给定机器上的多个处理器。使用 multiprocessing.Process 类来创建对象，既可以以进程方式运行函数，也可以通过继承该类来创建进程。

subprocess 模块允许创建新的进程，连接到它们的输入、输出及错误信息，并返回代码。可以通过 subprocess.Popen 类创建并返回一个子进程，并在这个子进程中执行指定的程序。

8.1.2　通过 Process 类创建进程

Process 类的语法格式如下：

```
01  class Process(group=None, target=None, name=None, args=(),
02  kwargs={},*,daemon=None)
```

- 参数 group 的值总是 None，是为了兼容线程类。
- 参数 target 是被 run()函数调用的可调用对象。
- 参数 name 是进程的名称。
- 参数 args 是 target 对象的参数。
- 参数 kwargs 是 target 对象的参数。
- 参数 daemon 表示是否将进程设置为守护进程。

在 multiprocessing 模块中提供了一个 Process 类来创建进程，通过 Process 类的一个实例化对象，调用其中的 start()函数执行子进程。

【范例 8-1】代码如下：

```
01  from multiprocessing import Process
02  import time
03
04  def test(a):                              #要实现的子进程功能函数
05      for i in range(a):
```

```
06            print("子进程")
07            time.sleep(1)
08
09    if __name__ == '__main__':
10        p = Process(target=test, args=(5,))          #实例化一个 Process 对象
11        p.start()                                    #启动子进程
12        p.join(1)
13        while True:
14            print("父进程")
15            time.sleep(1)
```

【范例 8-1】运行结果如图 8-1 所示。

图 8-1 通过 Process 类创建进程

在【范例 8-1】中，每实例化一次 multiprocessing.Process 类的对象，都会创建一个子进程，其中的 p 就相当于该类的一个实例化对象。通过规定其所执行的任务函数来证实创建进程成功。在进程结束时，只有在子进程结束后，主进程才会结束；如果主进程先结束，那么所有的子进程都会结束。注意，多进程需要在 main()函数中运行。

8.1.3 通过继承 Process 类创建进程

首先创建 Process 类的一个子类，然后重载 multiprocessing.Process 类中的 run()函数，最后调用 start()函数，就能创建进程。

【范例 8-2】代码如下：

```
01    from multiprocessing import Process
02    import time
03
04
05    class NewProcess(Process):
06        def run(self):                        #重载 run()函数
```

```
07          while True:
08              print("子进程")
09              time.sleep(1)
10
11  if __name__ == '__main__':
12      p = NewProcess()
13      p.start()                               #开启子进程
14
15      while True:
16          print("父进程")
17          time.sleep(1)
```

【范例 8-2】运行结果如图 8-2 所示。

图 8-2　通过继承 Process 类创建进程

在【范例 8-2】中，定义了一个继承 multiprocessing.Process 类的子类 NewProcess，重载 run()函数，NewProcess 类实例化一个对象 p，然后调用 start()函数开启子进程。重载的 run()函数的内容就是子进程运行后所执行的内容，因为在执行 p.start()函数时，会自动调用 run()函数，执行重载的内容。通过继承 Process 类创建进程的这种方式，底层的实现就是 Process 类创建的方式。

8.2　线程

线程是程序执行流的最小单元，有时被称为轻量进程。同样，尽管 Python 完全支持多线程编程，但是实际上解释器被 GIL 保护着，以确保在任何时刻只能有一个 Python 进程在执行。在执行时，Python 虚拟机先设置 GIL，然后切换到一个线程去执行，当该线程运行了指定数量的字节码指令后，主动让出 CPU 的控制权，设置成 sleep 状态，接着解锁 GIL，设置 GIL，切换到下一个线程，依次循环。为了充分利用多线程的优点，往往在一个线程调用 I/O 前释放 GIL。

8.2.1 认识线程

在通常情况下，如果在解释器上输入 import thread 时没有报错，则说明线程可用。

Python 中用于多线程的模块有 thread、threading 及 Queue。其中，thread 和 threading 模块允许创建和管理线程；而 Queue 模块允许创建一个队列，用来在多线程之间共享数据。在 threading 模块中，可以通过 threading.Thread 类直接在创建的线程上运行函数，实现多线程之间的同步与通信，还可以通过继承 threading.Thread 类创建线程。这两种方法与通过 multiprocess.Process 类创建进程的方法类似。

8.2.2 thread 模块

thread 模块提供了低级别的、比较原始的线程。

其中的 start_new_thread()函数用来产生新的线程。该函数的语法格式如下：

```
01 thread.start_new_thread(function,args[,kwargs])
```

- 参数 function 是线程函数。
- 参数 args 是传递给线程函数的元组形式的参数。
- 参数 kwargs 是可选参数。

thread 模块中的其他函数如下：

- allocate_lock()函数用于分配一个 LockType 类型的锁对象，但是此时还没有获得锁。
- acquire()函数用于尝试获取锁对象。
- locked()函数用于判断是否获取了锁对象，如果获取了则返回 True，否则返回 False。
- release()函数用于当线程进入 sleep 状态时释放锁。
- exit()函数用于让线程退出。

【范例 8-3】使用 thread 模块创建线程。代码如下：

```
01 import _thread
02 from time import sleep, ctime    #显示时间
03 def thread1():
04     print('线程 1 开始: ', ctime())
05     print('线程 1 挂起 4 秒')
06     sleep(4)
07     print('线程 1 结束: ', ctime())
08 def thread2():
09     print('线程 2 开始: ', ctime())
10     print('线程 2 挂起 2 秒')
```

```
11        sleep(2)
12        print('线程 2 结束: ', ctime())
13    def thread3():
14        print('线程 3 开始: ', ctime())
15        print('线程 3 挂起 1 秒')
16        sleep(1)
17        print('线程 3 结束',ctime())
18    def main():
19        print('主线程开始!')
20        #线程函数为无参数函数, args 为空元组
21        _thread.start_new_thread(thread1, ())
22        _thread.start_new_thread(thread2, ())
23        _thread.start_new_thread(thread3, ())
24        sleep(6)    #主线程睡眠，等待子线程结束
25        print('全部结束:', ctime())
26    if __name__ == '__main__':
27        main()
```

注意

在 Python 3 中，由于 thread 模块有致命问题，所以推荐使用 threading 模块代替 thread 模块，因此 thread 改名为_thread。如果在 Python 3 中使用 thread 模块，则提示错误“No model named ‘thread’”，但是这个错误在 Python 2 中不会出现。在上述范例中，主线程在启动后开始睡眠，等待子线程结束。

【范例 8-3】运行结果如图 8-3 所示。

```
主线程开始!
线程2开始:  Mon Aug 20 16:01:21 2018
线程1开始:  Mon Aug 20 16:01:21 2018
线程3开始:  Mon Aug 20 16:01:21 2018
线程2挂起2秒
线程1挂起4秒
线程3挂起1秒
线程3结束 Mon Aug 20 16:01:22 2018
线程2结束:  Mon Aug 20 16:01:23 2018
线程1结束:  Mon Aug 20 16:01:25 2018
全部结束: Mon Aug 20 16:01:27 2018
```

图 8-3　使用 thread 模块创建线程

上面的范例表明这种方式有一个缺点，因为主线程在启动后需要睡眠，等待子线程结束，如果等待的时间太短，就会导致主线程中止时子线程也必须中止。但是，子线程运行的时间并不是确定的，因此主线程的等待时间也不能确定。之所以设置主线程的睡眠时间为 6s，是因为所有进程都会在主线程设置的 6s 时间内完成，这样主线程没有在

子线程结束时立即结束，而是额外等待了一段时间。

既然不知道子线程何时结束，就可以采用锁的方式来控制主线程何时结束。这种方式可以规定为，对于每个子线程，都给它们加锁，当子线程结束后释放锁，这样锁就可以被当作子线程结束时的标志信号，那么主线程的工作就是检查一个个子线程的锁的状态。当所有的锁都被释放后，主线程就知道子线程已经全部结束，这时主线程就可以结束了。

【范例 8-4】锁的使用。具体代码如下：

```
01  import _thread
02  from time import sleep, ctime
03
04  def loop(thread1, nsec, lock):
05      print('线程', thread1, '开始:', ctime())
06      print('线程 %d 挂起%d 秒' % (thread1, nsec))
07      sleep(nsec)
08      print('线程', thread1, '结束:', ctime())
09      lock.release()
10
11  def main():
12      print('主线程开始')
13      locks = []                  #锁列表
14      threads = range(0,3)        #相当于[0,1,2]
15      wait= [4,2,1]               #3 个子线程分别需要等待的时间
16      for i in threads:
17          lock = _thread.allocate_lock()  #分配一个 LockType 类型的锁对象
18          lock.acquire()          #尝试获取锁对象
19          locks.append(lock)
20      for i in threads:
21          #用来产生新的线程
22          _thread.start_new_thread(loop, (i+1, wait[i], locks[i]))
23      for i in threads:
24          while locks[i].locked(): pass  #检查每个子线程的加锁状态
25      print('已经释放了所有的锁，所有子线程结束:', ctime())
26
27  if __name__ == '__main__':
28      main()
```

在以上范例中，首先创建锁列表，调用_thread.allocate_lock()函数分配一个锁对象，然后调用 acquire()函数获取锁对象，当主线程开始，3 个子线程也开始的时候，把锁“锁住”，在子线程结束时调用 release()函数释放锁，通过 for 循环主线程检查每个子线程

的加锁状态，如果所有的锁都被释放了，那么主线程就可以判定所有子线程已经结束，主线程就可以结束了。

【范例 8-4】运行结果如图 8-4 所示。

```
主线程开始
线程 1 开始: Mon Aug 20 16:14:01 2018
线程 3 开始: Mon Aug 20 16:14:01 2018
线程 2 开始: Mon Aug 20 16:14:01 2018
线程 2 挂起2秒
线程 3 挂起1秒
线程 1 挂起4秒
线程 3 结束: Mon Aug 20 16:14:02 2018
线程 2 结束: Mon Aug 20 16:14:03 2018
线程 1 结束: Mon Aug 20 16:14:05 2018
已经释放了所有的锁，所有子线程结束: Mon Aug 20 16:14:05 2018
```

图 8-4 锁的使用运行结果

可以看到运行结果和未使用锁时自定义主线程等待时间的运行结果类似，区别就是主线程不需要等待额外的时间才结束。在使用了锁之后，当所有子线程结束后，主线程就能立即结束。

8.2.3 threading 模块

threading 模块相较于 thread 模块更为先进，对线程的支持更加完善。除非想访问线程的底层结构，否则不建议使用 thread 模块。而且 thread 模块的某些属性的使用与 threading 模块可能有冲突。thread 模块只有一个同步原语 wait，而 threading 模块却有很多。此外，使用 threading 模块能确保当所有子线程结束后，主线程才结束。

threading.Thread()函数的语法格式如下：

```
01  Thread(group=None,target=None,name=None,args=(),kwargs={},*,daemon =None)
```

- 参数 target 是要运行的函数。
- 参数 args 是传入函数的参数元组。

使用 threading 模块创建线程有两种方式：一种方式是用 threading.Thread()函数直接返回一个 thread 对象，然后运行它的 start()函数，即通过 threading.Thread()函数直接在线程中运行函数；另一种方式是通过继承 threading.Thread 类，然后重载其中的 run()函数，调用类中的 start()函数创建新的线程。

1．通过 threading.Thread()函数直接在线程中运行函数

【范例 8-5】代码如下：

```
01  import threading
02  def printf(str,num):
```

```
03        for i in range(num):
04            print('同学%d说: %s'%(i+1,str[i]))
05
06    if __name__=='__main__':
07        s = ['我是小明', '我是小红', '我是小芳', '我是小刚','我是小华']
08    #threading.Thread()函数直接返回一个对象p
09    t=threading.Thread(target=printf,args=(s,5))
10        t.start()    #对象p调用start()函数
```

在该范例中，首先定义一个简单的自我介绍函数，然后以线程的方式运行它。对象p调用start()函数创建线程。

运行结果如图8-5所示。

图 8-5　通过 threading.Thread()函数直接在线程中运行函数

2．通过继承 threading.Thread 类来创建线程

这种方式需要重载该类中的run()函数，而且应该调用start()函数来创建线程，并运行run()函数中的代码。

【范例8-6】代码如下：

```
01    import threading
02    from time import sleep, ctime
03
04    class MyThread(threading.Thread):#定义一个继承threading.Thread类的子类
05        def __init__(self,num):           #重载__init__()函数
06            super().__init__()            #调用父类的__init__()函数
07            self.num=num;
08
09    def run(self):   #重载threading.Thread类中的run()函数
10            sleep(2)
11            print('同学%d说: 现在是: '%(self.num),ctime())
12
13    if __name__ == "__main__":
14        a = MyThread(2)         #创建MyThread类的两个实例
15        b = MyThread(3)
16        a.start()               #启动线程
17        b.start()
```

在该范例中，首先定义一个继承 threading.Thread 类的 MyThread 子类；然后重载__init__()函数（注意，在重载该函数时必须首先调用父类的__init__()函数，否则会出错。这是面向对象的体现，即先利用父类的__init__()函数对子类实例的父类部分进行初始化）；接着重载 run()函数，使得该函数实现相应功能，在范例中是实现简单的输出；最后创建 MyThread 类的两个实例，调用 start()函数创建和启动线程。

运行结果如图 8-6 所示。

```
同学3说：现在是：  Tue Aug 21 09:43:27 2018
同学2说：现在是：  Tue Aug 21 09:43:27 2018
```

图 8-6　通过继承 threading.Thread 类来创建线程

3．threading 模块中的常用函数

- threading.lock()：实现简单的线程同步。如果有多个线程同时修改某个数据，则可能会出现不同的结果。为了保证数据的正确性，需要对多个线程进行同步。而 Lock 和 Rlock 对象可以实现简单的线程同步，它们都有 acquire()函数用于获取锁和 release()函数用于释放锁。如果某个数据只允许一个线程对它进行修改，则可以将对它的操作放在这两个函数之间。
- threading.Rlock()：允许多次获取锁。如果使用 Rlock 对象，那么 acquire()和 release()函数必须成对出现，这样才能释放锁。
- threading.Condition()：该函数允许控制复杂的线程同步问题，它只是简单地调用内部锁对象的函数，它提供的 acquire()和 release()函数与 Lock 和 Rlock 对象提供的 acquire()和 release()函数的含义相同。此外，它还提供了 wait()函数挂起线程、notify()函数通知其他线程和 notifyAll()函数通知所有线程，但这些函数只有在占用锁之后才能被调用。
- threading.Semaphore 和 BoundedSemaphore：Semaphore 内部有一个计数器，当占用锁时调用 acquire()函数则计数器减 1，但是，当计数器为 0 时，再调用 acquire()函数就会引起阻塞；当释放锁时调用 release()函数则计数器加 1，而 release()函数可以被多次调用。BoundedSemaphore 类似于 Semaphore，但是 BoundedSemaphore 在计数器中加入一个初始值，如果超出初始值就会引发 ValueError 错误，多用于守护那些有访问次数限制的线程。
- threading.Event：事件处理机制，类似于一个线程向其他多个线程发号施令，一个线程等待其他线程的通知，用于实现线程间通信。Event 默认标志“Flag”为 False，其中 set()函数可以将内置标志设为 True，此时通过调用 wait()函数而处

于等待状态的线程就会恢复运行，clear()函数将“Flag”设置成 False。

- threading.active_count()：返回当前存活的线程的数量。
- threading.current_thread()：返回当前线程对象。
- threading.enumerate()：返回当前存在的线程的列表。
- threading.get_ident()：返回线程的 PID。
- threading.main_thread()：返回主线程对象，注意与 threading.current_thread()函数的区别。

8.2.4 线程同步

为了保证数据的正确性，需要对多个线程进行同步。因为这些数据可能被多个线程修改，如果要保证只允许一个线程修改该数据，则可以把它放在 Lock 和 Rlock 对象共同的 acquire()和 release()函数中。

多线程的优点在于可以同时运行多个任务，虽然任务实际上并不是同时运行的，但是在操作时，十分短暂的时间可以认为是同时运行的。在线程需要共享数据时，可能会存在数据不同步的情况。例如，一边打印一组数字，一边修改这组数字，那么打印的这组数字可能有的是修改前的，有的是修改后的。为了避免这种情况，引入以下 4 种实现线程同步的机制。

1. 锁机制

正如上文所述，锁机制就是利用 threading 模块的 Lock 类，用该类中的 acquire()函数进行加锁，用该类中的 release()函数进行解锁。当一个线程调用 acquire()函数时，就进入加锁状态。每次只有一个线程获得锁。如果有其他线程获得锁，则进入同步阻塞状态，直到之前拥有锁的线程完成操作，调用 release()函数释放锁后，在阻塞的线程中才会有一个线程获得锁进入运行状态。挑选哪个阻塞的线程进入运行状态，会根据相应的调度算法由线程调度程序来选择。

2. 信号量机制

信号量机制加入了计数器，每次调用 acquire()函数时，计数器的值就会减 1，当然条件是内部计数器的值大于 0；当有线程调用 release()函数时，计数器的值就会加 1。因此，在给信号量赋初值时要大于 0。信号量是一种同步机制，它的值可以看作可用资源数目，值大于 0 则表示有可用资源，允许操作；否则表示没有可用资源，需要等待，线程阻塞。

3．条件判断机制

条件判断机制是指在满足了特定条件后，线程才可以访问相关的数据。它有 wait()、notify()和 notifyAll()函数。另外，它能像锁机制那样使用，所以它还有 acquire()和 release()函数。

4．同步队列机制

同步队列机制用到的是 put()和 task_done()函数。put()函数用于使得队列中未完成的任务数量依次加 1；而 task_done()函数用于使得队列中未完成的任务数量依次减 1，当任务全部完成时结束。

第 9 章

9

Python 操作数据库

作为一门编程语言，在程序开发过程中，Python 也像 Java、C#等编程语言一样，能操作多种数据库，如 MsSQL、MySQL、Oracle、XML 等。Python 可以连接到这些数据库，并执行查询、增加、修改数据等数据库操作。

本章重点知识：

- Python 数据库接口和 API。
- Python 操作关系型数据库。
- Python 操作非关系型数据库。
- Python 操作嵌入式数据库。

9.1 Python数据库接口和API

Python 在连接及操作数据库方面，仍然表现出简单性、规范性和易操作性。在 Python Database API（PEP249）中，定义了 Python 操作数据库需要遵守的规范，在规范中指定了模块接口、连接对象、游标对象、类对象、错误处理机制等。

9.1.1 通用接口和 API

大多数数据库都是支持 ODBC 和 ADO 的，Python 为此提供了有关的 ODBC 和 ADO 模块进行支持。目前，Python 可以方便地支持关系型数据库如 DB2、InFormix、MySQL、

MsSQL、Access、Sybase，以及非关系型数据库如 XML、MetaKit、Durus 等的访问操作，支持嵌入式数据库 SQLite、ThinkSQL，支持数据仓库系统 IBM Netezza 等。由此可见，Python 在应用场景上具有很大的空间。下面重点介绍连接对象和游标对象。

9.1.2 连接对象和游标对象

1．连接对象

连接对象（Connection Object）主要用来管理数据库连接及关闭连接的对象。通过使用函数 connect()获取连接对象，该函数具有多个参数，并且根据不同的数据库类型而有所不同。比如，需要访问 SQLite 和 MsSQL 数据库，则需要分别下载 SQLite 数据库模块和 MsSQL 数据库模块。connect()函数的常用参数包括数据源名称、用户名称、用户密码、主机名及数据库名称等。该函数的基本参数如下。

- host：主机名。
- user：用户名称。
- password：用户密码。
- database：数据库名称。

此外，在建立数据库连接时，其他的函数还有如下几个。

- close()：关闭数据库连接对象。
- commit()：提交事务。
- rollback()：回滚事务。
- cursor()：在连接对象上创建游标对象。

例如，可以使用以下语句连接 MySQL 数据库。

```
Connmysql=pymysql.connect(
        host='localhost',
        user='root',
        password='root'
        db='test',
        cursorclass=pymysql.cursors.DictCursor
)
```

在上述代码中，通过 connect()函数连接到 test 数据库。

由 commit()和 rollback()函数可以知道，Python 是支持事务操作编程语言。所谓事务，就是一系列有序数据操作的动作的集合，通过事务保障了数据的一致性和有效性，当且仅当所有数据操作返回都正确时，数据才会被更新到物理数据库中；否则，通过rollback()函数取消这一组数据操作。

2．游标对象

游标是处理数据的一种方法，可以方便地查看和处理结果集中的数据，并且提供了向前、向后浏览数据的能力，类似于 C 语言中的指针，可以定位到结果集的任何位置。Python 中的游标也基于这种思想，并对其进行了扩展，不仅可以用于操作数据结果集，而且可以用于向数据库提交查询语句和调用存储过程。

使用 cursor()函数获取游标对象，主要包括如下方法。

- close()：关闭此游标对象。
- fetchone()：得到结果集的下一行。
- fetchmany([size = cursor.arraysize])：得到结果集的下几行。
- fetchall()：得到结果集中剩下的所有行。
- excute(sql[, args])：执行一个数据库查询或命令。
- excutemany(sql, args)：执行多个数据库查询或命令。
- callproc(procname,args)：调用存储过程。
- arraysize：获取 fetchmany()结果集行数，默认为 1。
- description：返回当前结果集的列名信息。
- rowcount：返回查询结果行数，没有结果集时用-1 标识。
- nextset：跳到下一个结果集。

说明：数据库编程接口和 API 对大多数数据库操作是可用的，但应该针对所操作的数据库查看其相关的帮助文档。

9.2 Python操作关系型数据库

关系型数据库是目前应用最为广泛的数据库，也是最容易理解的数据库模型。学习操作数据库，掌握关系型数据库也是程序员的基本素质之一。

9.2.1 关系型数据库简介

所谓关系型数据库，是建立在关系模型基础上的数据库，借助集合、代数等数学概念和方法来处理数据库中的数据。关系型数据库是存储在计算机上的、可共享的、有组织的关系型数据的集合。现实世界中的各种实体及实体之间的各种联系均用关系模型来表示。关系模型由关系数据结构、关系操作集合、关系完整性约束三部分组成。

在关系模型中，现实世界中的实体间的各种联系均用关系来表示。在用户看来，关系模型中数据的逻辑结构是一种二维数据结构，在数据库中表现为一张二维表。

数据结构就是计算机存储、组织数据的方式，关系就是实体间的某种联系。例如，两个实体分别为学生与课程，在选课系统的环境下，它们之间的联系就是“选课”。为了存储每个学生都选了什么课，可以根据学生实体与课程实体的联系建立一个二维的逻辑结构，在这种逻辑结构中可以很轻松地检索两个实体间的关系集。例如，某个学生选了什么课，或者某门课程有哪些学生选了。多维的关系数据结构可以以此类推，但很少见到实际应用，大多是二维关系的组合应用。

关系数据结构的重点在于“实体”与“关系”的选择，记住“关系”指的是实体与实体之间的联系。

关系型数据库相比其他模型的数据库而言，有着以下优点。

（1）容易理解：关系模型中的二维表结构非常贴近逻辑世界，相对网状、层次等其他模型来说更容易理解。

（2）使用方便：通用的 SQL 语言使得操作关系型数据库非常方便。只需使用 SQL 语言在逻辑层面操作数据库，而完全不必理解其底层实现。

（3）易于维护：丰富的完整性（实体完整性、参照完整性和用户定义的完整性）大大降低了发生数据冗余和数据不一致的概率。

目前，应用极为广泛的关系型数据库有 Oracle、MsSQL、MySQL 等。

Oracle 作为全球领先的数据库巨头，涉及了数据库行业的所有领域，产品线强大，在数据仓库、数据分析、在线事务处理方面都有出色的表现。

MsSQL 是由微软开发的数据库管理系统，是 Web 上极为流行的用于存储数据的数据库，广泛应用于电子商务、银行、保险、电力等与数据库有关的行业。SQL Server 只能在 Windows 系统上运行，因为操作系统的稳定性对数据库而言十分重要。

MySQL 是广受欢迎的开源 SQL 数据库管理系统，是一个快速、多线程、多用户和健壮的 SQL 数据库服务器。MySQL 服务器支持关键任务、重负载生产系统的使用，也可以将它嵌入一款高配置的软件中。

9.2.2　用 Python 操作 MySQL 数据库

下面通过学习 MySQL 操作来了解如何用 Python 操作关系型数据库。

1．下载并安装 MySQL 数据库

在下载 MySQL 数据库之前，首先需要分析自己计算机的操作系统，然后根据不同的操作系统下载对应的 MySQL 版本。

在浏览器的地址栏中输入 MySQL 数据库的官网下载地址，单击“转到下载页”按钮，打开 MySQL Community Server 5.7.21 下载页面，根据提示进行安装。

2．Navicat for MySQL 安装

使用 MySQL 数据库提供的命令行方式进行数据表操作很不方便，也不直观，通常使用第三方数据库管理工具，Navicat for MySQL 由此而生。它简单直观、操作方便，很受用户喜欢。

Navicat for MySQL 的下载及安装过程如下：

（1）下载 Navicat 应用程序，界面如图 9-1 所示。

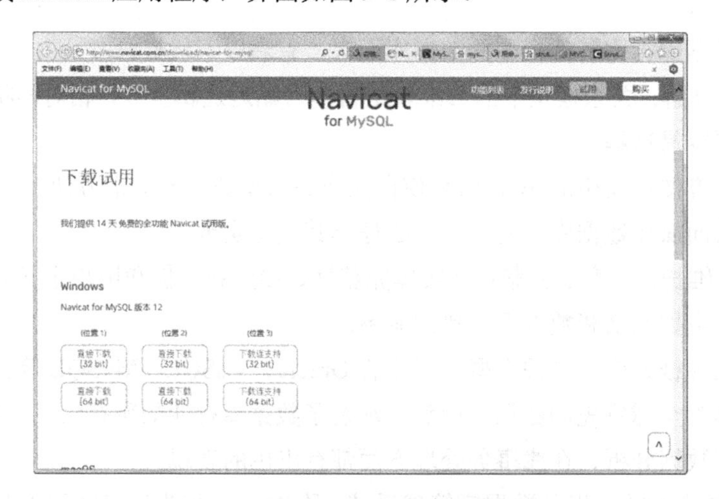

图 9-1　下载 Navicat 应用程序界面

（2）选择 Windows 版本，本例选择位置 1 下载，如图 9-2 所示。

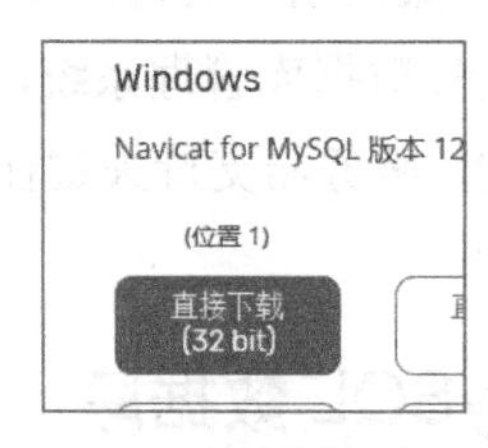

图 9-2　选择下载类别

（3）下载完毕，找到下载的文件，双击，打开安装程序界面，单击“下一步”按钮

开始安装，如图 9-3 所示。

（4）选择“我同意”单选按钮，接受许可协议，单击“下一步”按钮，如图 9-4 所示。

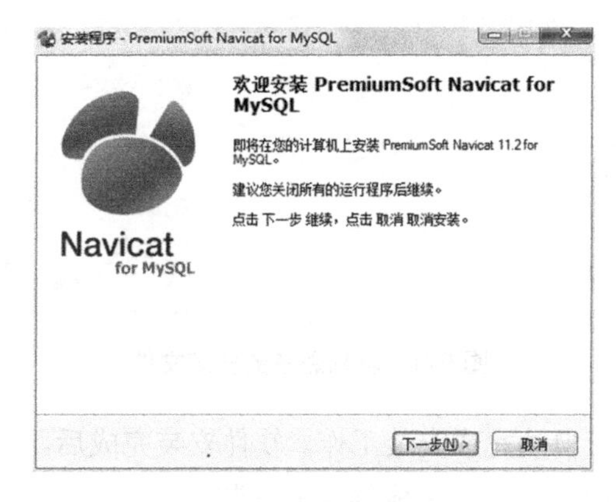

图 9-3　开始安装软件

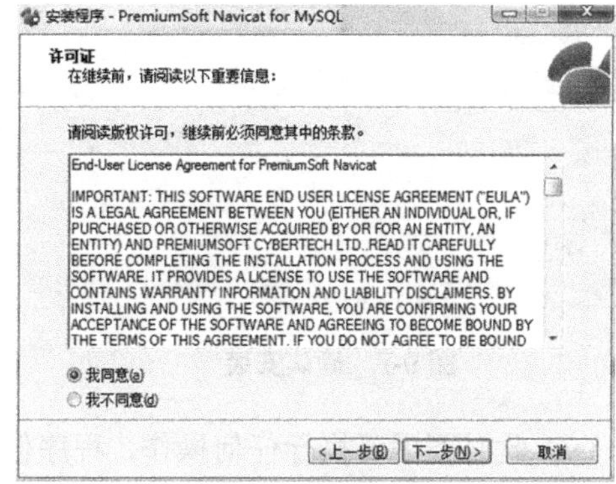

图 9-4　同意安装许可

（5）单击“浏览”按钮，选择安装路径，单击“下一步”按钮继续安装，如图 9-5 所示。

（6）选择额外任务，单击“下一步”按钮继续安装，如图 9-6 所示。

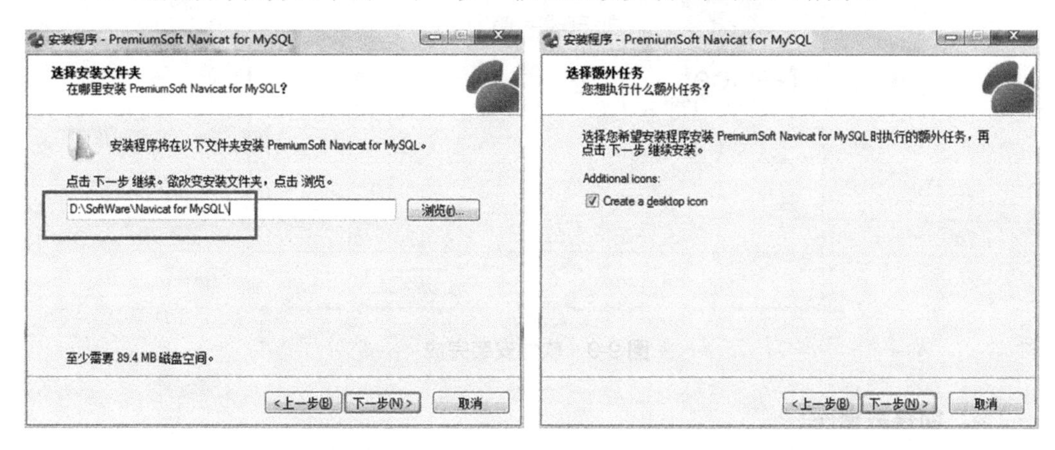

图 9-5　选择软件安装路径　　　　图 9-6　选择额外任务

（7）这时“安装程序”对话框将显示出前几步安装的设置项。如果某些设置需要调整，则可以单击“上一步”按钮返回修改；否则单击“安装”按钮开始安装软件，如图 9-7 所示。

（8）单击“安装”按钮，程序开始复制必备的安装文件，如图 9-8 所示。

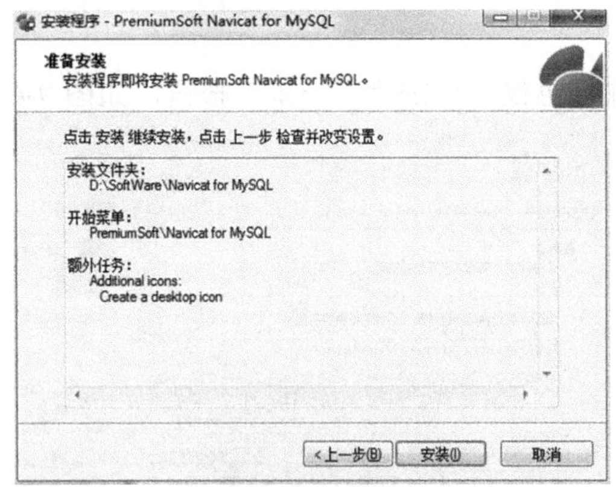

图 9-7　确认安装

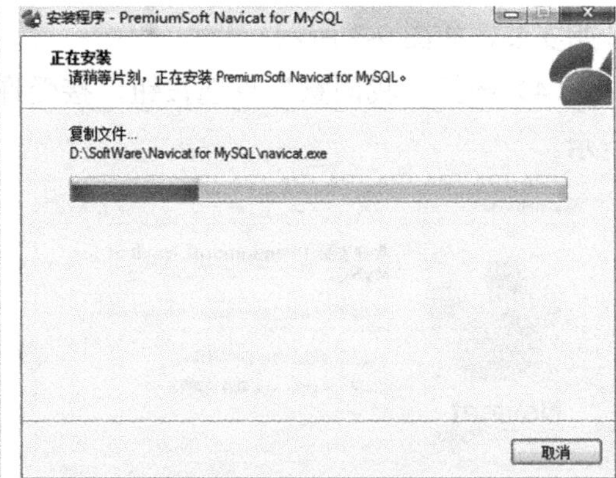

图 9-8　复制必备的安装文件

（9）此时不需要执行任何操作，程序便可自动完成安装工作。软件安装完成后，出现如图 9-9 所示的完成安装提示，单击“完成”按钮，完成软件的安装。

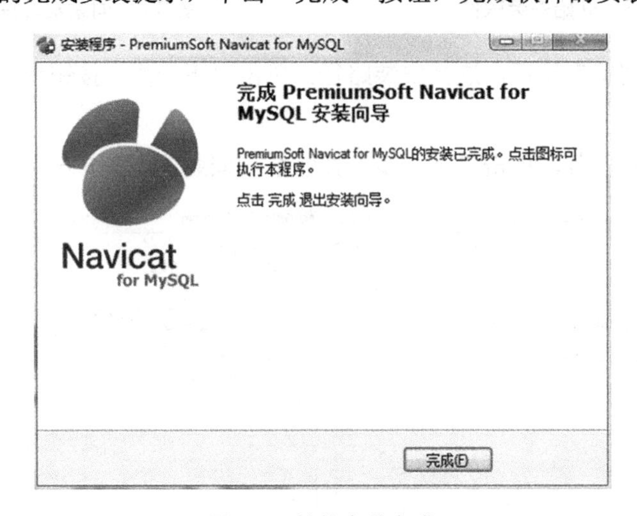

图 9-9　软件安装完成

3．创建数据库

双击桌面上的 Navicat 图标，打开 Navicat for MySQL 窗口，如图 9-10 所示。

单击“连接”按钮，弹出“新建连接”对话框，如图 9-11 所示。

连接名输入“student”，用户名输入“root”，单击“确定”按钮。然后右击连接 Student，在弹出的快捷菜单中选择“新建数据库”命令，如图 9-12 所示。

填写数据库信息，如图 9-13 所示。

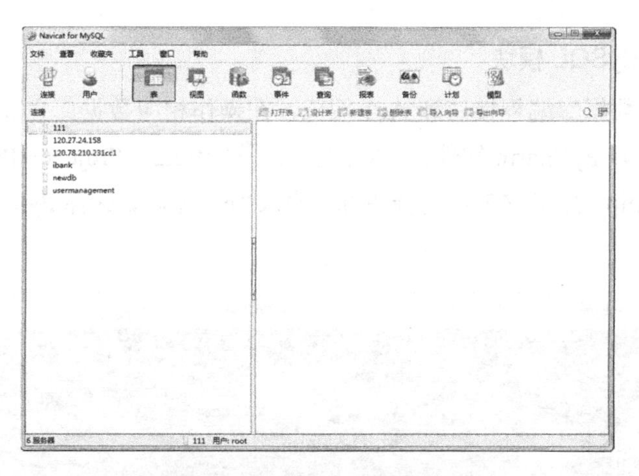

图 9-10　Navicat for MySQL 窗口

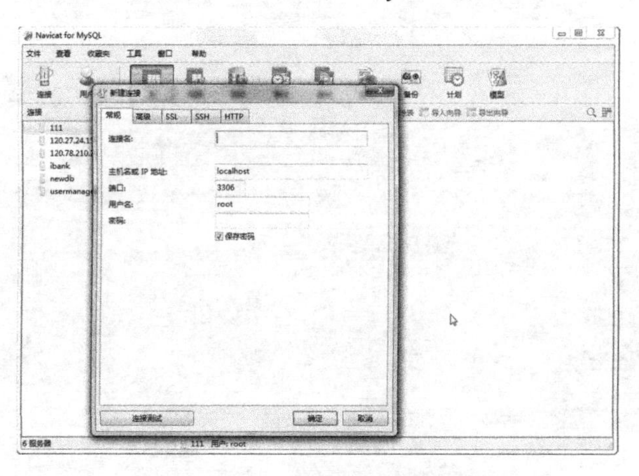

图 9-11　“新建连接”对话框

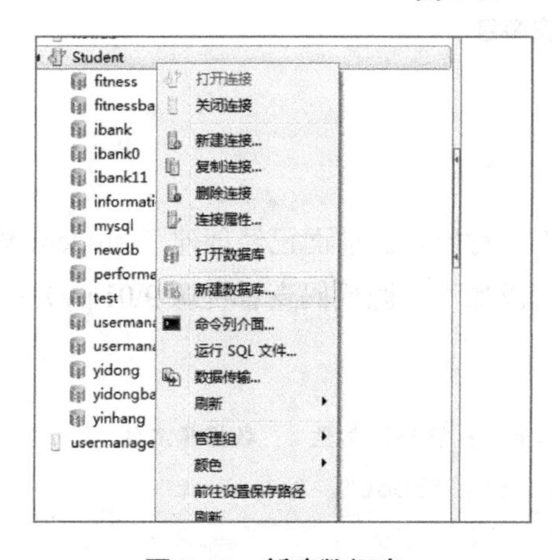

图 9-12　新建数据库

图 9-13　填写数据库信息

4．安装 PyMySQL 模块

依据 Python 数据库编程接口和 API 规范，在操作相应数据库之前需要先安装对应的数据库模块。打开 PyCharm 软件，依次单击 File→Setting→Project→Project Interpreter，双击右侧出现的 pip，弹出安装包选择界面，输入“pymys”，选择 PyMySQL，如图 9-14 所示。

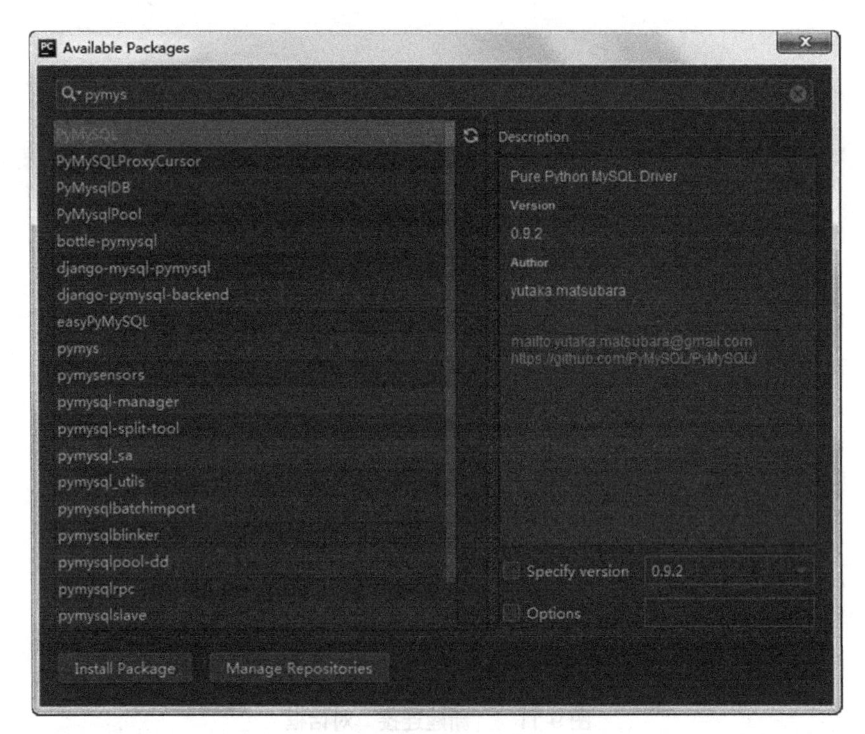

图 9-14　选择安装包

然后单击 Install Package 按钮。

5．连接数据库

在操作数据库之前，首先需要建立数据库连接对象。在前面已经创建了 student 数据库，下面通过 connect()方法连接该数据库。代码如下（源代码查看资源 9\01.py）：

```
import pymysql

# 参数 1:主机名或 IP 地址; 参数 2: 用户名; 参数 3: 密码; 参数 4: 数据库名称
db = pymysql.connect("localhost", "root", "root", "student")
# 创建一个游标对象 cursor
```

```
cursor = db.cursor()
# 使用 execute()方法查询数据库版本
cursor.execute("SELECT VERSION()")
# 使用 fetchone()方法获取单条数据
data = cursor.fetchone()
print ("Database version : %s " % data)
# 关闭数据库连接
db.close()
```

在上面的代码中，首先使用 connect()方法连接数据库，然后使用 cursor()方法创建游标对象，接着使用 execute()方法查询数据库版本，再使用 fetchone()方法获取单条数据，最后使用 close()方法关闭数据库连接。执行结果如图 9-15 所示。

```
G:\work\15\Scripts\python.exe G:/work/15/01.py
Database version : 5.5.47

Process finished with exit code 0
```

图 9-15　连接数据库

6. 创建数据表

数据库连接成功后，就可以对数据库进行操作了。针对本数据库，创建了 Mstudent 数据表，内容如下：

字　段	类　型	说　明
id	int	自增主键
name	Varchar(50)	学生姓名
banji	Varchar(50)	班级
age	int	年龄
xuehao	Varchar(50)	学号

7. 操作数据表

针对 MySQL 数据库操作，主要学习对 Mstudent 数据表的增、删、改、查操作，这里使用 execute()方法进行操作。代码如下（源代码查看资源 9\02.py）：

```
import pymysql

# 打开数据库连接
db = pymysql.connect("localhost", "root", "root", "student")
# 创建一个游标对象
```

```
    cursor = db.cursor()

    # 执行 SQL 语句，插入多条数据
    cursor.execute('insert into Mstudent(name, banji, age, xuehao) values
("zhangsan","J1802","18","2018030438")')
    cursor.execute('insert into Mstudent(name, banji, age, xuehao) values
("zhangsi","J1802","18","2018030439")')
    cursor.execute('insert into Mstudent(name, banji, age, xuehao) values
("zhangwu","J1802","18","2018030436")')
    # 执行 SQL 语句，删除一条数据
    cursor.execute('delete from  Mstudent where name="zhangsi"')
    # 执行 SQL 语句，修改一条数据
    cursor.execute('update Mstudent set age=19 where name="zhangwu"')
    # 执行 SQL 语句，查询数据
    cursor.execute('select * from  Mstudent')
    result1=cursor.fetchone()
    print(result1)

    # 关闭数据库连接
    db.close()
```

从上述代码中可以看到，增、删、改、查操作都可以使用 execute()方法去执行，执行结果如图 9-16 所示。

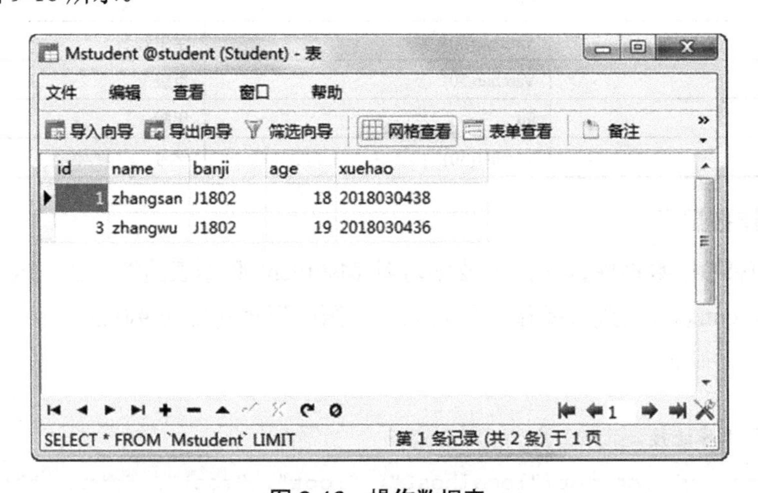

图 9-16　操作数据表

9.3　Python操作非关系型数据库

9.3.1　非关系型数据库简介

随着“互联网+”的兴起，传统的关系型数据库在应对“互联网+”，特别是超大规模和高并发的应用方面已经显得力不从心，暴露了很多难以克服的问题。而非关系型数据库则由于其本身的特点得到了迅速的发展。

非关系型数据库主要有以下 4 种类型。

1．键-值（Key-Value）存储数据库

键-值存储数据库主要会用到一张哈希表，在这张哈希表中有一个特定的键和一个指针指向特定的数据。对于 IT 系统来说，这类数据库的优势在于简单、易部署。代表数据库有 Redis、Memcached 等。

2．列存储数据库

列存储数据库通常用来应对分布式存储的海量数据。键仍然存在，但其特点是指向了多个列。这些列是由列家族来安排的。代表数据库有 Cassandra、HBase 等。

3．文档型数据库

该类型的数据模型是版本化的文档，半结构化的文档以特定的格式存储，如 JSON。文档型数据库可以看作键-值存储数据库的升级版，允许数据相互之间嵌套键-值。而且文档型数据库比键-值存储数据库的查询效率更高。代表数据库有 CouchDB、MongoDB 等。

4．图形（Graph）数据库

图形数据库与其他行列及刚性结构的 SQL 数据库不同，它使用灵活的图形模型，并且能够扩展到多台服务器上。代表数据库有 Neo4j、InfoGrid 等。

非关系型数据库适用于以下几种情况：（1）数据模型比较简单；（2）需要灵活性更强的 IT 系统；（3）对数据库的性能要求较高；（4）不需要高度的数据一致性；（5）对于给定的 Key，比较容易映射复杂值的环境。

9.3.2 Python 操作 XML

XML 本质上只是一种数据格式，它的本意并不是管理数据，因此，在 XML 应用中，数据的管理仍然要借助数据库，尤其是当数据量很大、性能要求很高的时候。XML 数据库具有以下优势：

（1）XML 数据库能够对半结构化数据进行有效的存取和管理。如网页内容就是一种半结构化数据，而传统的关系型数据库对于网页内容这类半结构化数据无法进行有效的管理。

（2）提供对标签名称和路径的操作。传统的数据库允许对数据元素的值进行操作，但不能对元素名称进行操作；而半结构化数据库提供了对标签名称的操作，还包括对路径的操作。

（3）由于 XML 数据格式能够清晰地表达数据的层次特征，因此 XML 数据库便于对层次化的数据进行操作。

在 Python 中使用 xml.etree.ElementTree 类来进行 XML 的解析操作，读取代码如下（9\03.py）：

```
import xml.etree.ElementTree as ET
tree = ET.parse('student.xml')
root = tree.getroot()

#打印根节点的标签和属性
for child in root:
    print(child.tag, child.attrib)
for student in root.findall('student'):
    id = student.find('id').text
    age = student.find('age').text
    xuehao = student.find('xuehao').text
print(id,age,xuehao)
```

在读取中，findall()方法只能用来查找直接子元素，而 find()方法能够用来查找第一个直接子元素，并通过 tag 访问标签，通过 attrib 访问属性，通过 text 访问值。

xml.etree.ElementTree 类也可以用来修改 XML 文件，代码如下（9\04.py）：

```
import xml.etree.ElementTree as ET
#读取待修改的文件
updateTree = ET.parse("04.xml")
root = updateTree.getroot()
```

```
#创建新节点并添加为 root 的子节点
newEle = ET.Element("wangwu")
newEle.attrib = {"xuehao":"201809","age":"20"}
newEle.text = "这是一个新同学"
root.append(newEle)

#修改 sub1 的 xuehao 属性
sub1 = root.find("lisi")
sub1.set("xuehao","20190101")

#修改 sub2 的数据值
sub2 = root.find("zhangsan")
sub2.text = "我是张三"

#写回原文件
updateTree.write("04.xml")
```

修改前的 XML 文件内容如图 9-17 所示。

修改后的 XML 文件内容如图 9-18 所示。

```
▼<root>
    <lisi xuehao="2018038"/>
    <zhangsan>20</zhangsan>
  </root>
```

图 9-17　修改前的 XML 文件内容

```
▼<root>
    <lisi xuehao="20190101"/>
    <zhangsan>我是张三</zhangsan>
    <wangwu age="20" xuehao="201809">这是一个新同学</wangwu>
  </root>
```

图 9-18　修改后的 XML 文件内容

程序运行结果增加了一个标签，并修改了其他两个标签的值。Python 还可以创建新的 XML 文件，在这里不再一一讲解。

9.4　Python操作嵌入式数据库

9.4.1　嵌入式数据库简介

嵌入式数据库的名称来自其独特的运行模式。这种数据库嵌入了应用程序进程中，消除了与客户机/服务器配置相关的开销。嵌入式数据库实际上是轻量级的，在运行时需要较少的内存。嵌入式数据库是使用精简代码编写的，对于嵌入式设备而言，其运行速度更快，效果更理想。嵌入式运行模式允许嵌入式数据库通过 SQL 来轻松管理应用程序数据，而不依靠原始的文本文件。最为常见的嵌入式数据库是 SQLite 数据库。

9.4.2 Python 操作 SQLite 数据库

SQLite 是一个嵌入式数据库，实现了自给自足的、无服务器的、零配置的、事务性的 SQL 数据库引擎。SQLite 是在世界上广泛部署的 SQL 数据库引擎。

Python 操作 SQLite 数据库同操作 XML 一样，直接引用 SQLite3 类，不需要在 PyCharm 中进行安装。

1. 使用 execute()方法创建 SQLite 数据库文件

创建 student.db 数据库文件，并创建 Mstudent 数据表（包括 id、name、age、xuehao、banji 几个字段），代码如下：

```
import sqlite3
#连接到 SQLite 数据库
#如果文件不存在，则会自动在当前目录下创建该文件
conn = sqlite3.connect('student.db')
#创建一个游标对象
cursor = conn.cursor()
#创建 Mstudent 数据表
cursor.execute('create table Mstudent (id int(10)  primary key, name varchar(50),age varchar(50),xuehao varchar(50),banji varchar(50))')
#关闭游标
cursor.close()
#关闭数据库连接
conn.close()
```

在连接 SQLite 数据库的过程中，首先判断对应的数据库文件是否存在，如果不存在则会自动创建该数据库文件，然后在此数据库中进行操作。

2. 操作 SQLite 数据库

对 SQLite 数据库的操作包括增、删、改、查，与操作 MySQL 数据库类似。在这里主要讲解如何向 Mstudent 数据表中新增数据和查找数据，删除和修改操作请读者自行实践。新增数据的代码如下：

```
import sqlite3
#连接到 SQLite 数据库
```

```
    conn = sqlite3.connect('student.db')
    #创建一个游标对象
    cursor = conn.cursor()
    #继续执行一条 SQL 语句，插入一条记录
    cursor.execute('insert into Mstudent (id, name,age,xuehao,banji) values
("1", "zhangsan1","20","180901","1809")')
    conn.commit()
    #数据列表
    data = [("2", "zhangsan2", "20", "180902", "1809"),
            ("3", "zhangsan3", "20", "180903", "1809"),
            ("4", "zhangsan4", "20", "180904", "1809"),
            ]

    try:
        #执行 SQL 语句，插入多条数据
        cursor.executemany("insert into Mstudent(id, name, age, xuehao,banji)
values (?,?,?,?,?)", data)
        #提交数据
        conn.commit()
    except:
        #发生错误回滚
        conn.rollback()

    #关闭游标
    cursor.close()
    #提交事务
    conn.commit()
    #关闭数据库连接
    conn.close()
```

从上述代码中可以看到，如果只提交一条数据，则可以使用 execute()方法；如果要批量提交数据，则需要使用 executemany()方法。在批量提交数据时要注意使用事务提交，避免数据提交失败，产生不可控的结果。

由编程接口 API 可以知道，查找数据有 3 种方法，分别为 fetchone()、fetchmany(size)、fetchall()。下面通过一个示例学习这 3 种方法，代码如下（9\07.py）：

```
    import sqlite3
    #连接到 SQLite 数据库
```

```
conn = sqlite3.connect('student.db')
#创建一个游标对象
cursor = conn.cursor()
#继续执行一条 SQL 语句，插入一条记录
cursor.execute('select * from  Mstudent')
#fetchone()方法
result1=cursor.fetchone()
print("result1=",result1)
#fetchmany(size)方法
cursor.execute('select * from  Mstudent')
result2=cursor.fetchmany(3)
print("result2=",result2)
#fetchall()方法
cursor.execute('select * from  Mstudent')
result3=cursor.fetchall()
print("result3",result3)
#关闭游标
cursor.close()
#关闭数据库连接
conn.close()
```

运行结果如图 9-19 所示。

```
G:\work\15\Scripts\python.exe G:/work/15/07.py
result1= (1, 'zhangsan1', 20, '180901', '1809')
result2= [(1, 'zhangsan1', 20, '180901', '1809'), (2, 'zhangsan2', 20, '180902', '1809'), (3, 'zhangsan3', 20, '180903', '1809')]
result3 [(1, 'zhangsan1', 20, '180901', '1809'), (2, 'zhangsan2', 20, '180902', '1809'), (3, 'zhangsan3', 20, '180903', '1809'), (4, 'zhangsan4', 20, '180904', '1809')]
```

图 9-19　3 种查找数据方法的运行结果

从运行结果中比较直观地看到，fetchone()方法获取到一条记录，fetchmany(size)方法获取到指定条数的结果集，fetchall()方法获取到所有结果集。在获取结果时，游标会被下移，所以在每次使用之前需要重新执行 execute()方法，重置游标位置。

10

第 10 章 Web 网站编程技术

随着 Python 语言的流行，使用 Python 语言开发的网站越来越多，其中不乏知名的网站，如知乎、豆瓣、网易等。Python 语言的 Web 框架有很多，目前流行的有 Flask、Django、Cubes、Web2py、Tornado。本章将重点讲解 Flask 及 Django 框架。

本章重点知识：

- Flask 框架简介与安装。
- Flask 框架的应用。
- Django 框架简介与安装。
- Django 框架的应用。

10.1 Flask框架

Flask 框架是 Python 中一个比较重要的框架，在开发网站中极具优势，下面进行具体介绍。

10.1.1 Flask 框架简介

Flask 是当前流行的 Web 网站框架，它是基于 Python 实现的。Flask 是一种轻量级的 Web 应用框架。轻量级意味着保持核心的简单，但同时又易于扩展。在默认情况下，Flask 不包括数据库抽象层及表单验证，或者其他库可以胜任的功能。但是，Flask 支持用扩展来给应用添加这些功能。正是由于这项特性，使得 Flask 在 Web 开发方面逐渐流行开来。

10.1.2 Flask 框架的安装

我们需要先建立一个虚拟环境，在这个环境下能够安装所有的东西，而你的主 Python 不会受到影响。另外，这种方式不需要你拥有 root 权限。笔者演示的环境是 Windows 系统下的 Python 3.6，我们同样会介绍在其他系统中的安装。首先创建一个文件夹，并将其命名为 learnflask。如果你使用的是 Python 3，那么请使用下面的命令进行安装。

【范例 10-1】代码如下：

```
01  python -m venv flask
```

以上命令在 learnflask 文件夹中创建了一个名为 flask 的文件夹，并在其中创建了一个完整的 Python 环境。如果你使用的是 Python 3.4 以下的版本（包括 Python 2.7），则需要在创建虚拟环境之前下载并安装 virtualenv。如果你使用的是 Mac OS X 系统，那么请使用下面的命令进行安装。

【范例 10-2】代码如下：

```
01  sudo easy_install virtualenv
```

在 Windows 系统下安装 virtualenv 很简单，利用 pip 即可。

【范例 10-3】代码如下：

```
01  pip install virtualenv
```

之后直接使用 virtualenv 文件名，即可创建一个环境。

【范例 10-4】代码如下：

```
01  cd flask            #进入虚拟环境文件夹
02  cd Scripts          #进入相关的启动文件夹
03  activate            #启动虚拟环境
04  deactivate          #关闭虚拟环境
```

如果你使用的是 Linux、Mac OS X 或 Cygwin 系统，那么通过逐个输入如下命令来安装 Flask 框架及其扩展（包括日后会用到的库）。

【范例 10-5】代码如下：

```
01  $ flask/bin/pip install flask
02  $ flask/bin/pip install flask-login
03  $ flask/bin/pip install flask-openid
04  $ flask/bin/pip install flask-mail
05  $ flask/bin/pip install flask-sqlalchemy
06  $ flask/bin/pip install sqlalchemy-migrate
07  $ flask/bin/pip install flask-whooshalchemy
08  $ flask/bin/pip install flask-wtf
```

```
09  $ flask/bin/pip install flask-babel
10  $ flask/bin/pip install guess_language
11  $ flask/bin/pip install flipflop
12  $ flask/bin/pip install coverage
```

如果你使用的是 Windows 系统，那么命令也许会有些不同。

【范例 10-6】代码如下：

```
01  $ flask\Scripts\pip install flask
02  $ flask\Scripts\pip install flask-login
03  $ flask\Scripts\pip install flask-openid
04  $ flask\Scripts\pip install flask-mail
05  $ flask\Scripts\pip install flask-sqlalchemy
06  $ flask\Scripts\pip install sqlalchemy-migrate
07  $ flask\Scripts\pip install flask-whooshalchemy
08  $ flask\Scripts\pip install flask-wtf
09  $ flask\Scripts\pip install flask-babel
10  $ flask\Scripts\pip install guess_language
11  $ flask\Scripts\pip install flipflop
12  $ flask\Scripts\pip install coverage
```

10.1.3　Flask 框架的第一个程序

【范例 10-7】Flask 框架的第一个程序。具体代码如下：

```
01  from flask import Flask         #引入 Flask
02  app = Flask(__name__)           #创建一个 Flask 实例
03  @app.route('/')                 #将网址映射到这个函数上
04  def hello_world():
05      return 'Hello World!'
06  if __name__ == '__main__':
07  app.run()                       #入口，执行
```

把该程序保存为 hello.py 或者其他，但不要与 flask.py 产生冲突。这样，通过访问 http://127.0.0.1:5000/，就会看见“Hello World!”问候。

10.1.4　Flask 框架的应用

1．路由

路由是在 MVC 架构下 Web 网站框架中一个很重要的概念，表示通过用户请求的

URL 找出其对应的处理函数。

【范例 10-8】在 Flask 中，route()装饰器会把一个函数绑定到 URL 上。具体代码如下：

```
01  @app.route('/index')
02  def index():
03      return 'index page!'
```

这样，在访问/index 时，页面上就会显示出"index page!"字样。不仅如此，还可以通过构建路由传递参数。

这种方式将参数直接传递给函数，也可以指定参数的类型，格式为<converter: variable_name>。

【范例 10-9】Flask 传递参数。具体代码如下：

```
01  @app.route('/user/<int:id>')
02  def show_id(id):
03      return 'id_type:'+type(id)
```

转换器类型如表 10-1 所示。

表 10-1 转换器类型

转换器类型	说 明
int	接收整数
float	同 int，但是接收浮点数
path	和默认的相似，但也接收斜线

2. 构造 URL

Flask 不仅可以匹配到对应的 URL，也可以生成 URL。使用 url_for()函数，不仅可以接收函数名字作为第一个参数，也可以接收 URL 规则中的变量作为参数传入。

【范例 10-10】构造 URL。具体代码如下：

```
01  from flask import Flask,url_for
02  app=Flask(__name__)
03  @app.route('/')
04  def index():
05      pass
06  @app.route('/example')
07  def index2():
08      pass
09  @app.route('/example/<username>')
10  def index3(username):
11      return url_for(index)
```

```
12  with app.test_request_context():
13      print(url_for('index'))
14      print(url_for('index2'))
15      print(url_for('index3',username='abc'))
```

输出结果如下：

```
01  /
02  /example
03  /example/abc
```

3．请求处理之 request 库

【范例 10-11】request 库中的方法（详细的例子在下文均有涉及）。具体代码如下：

```
01  from flask import request   #导入 request 库
02  request.args.get("key")      #用于获取请求的 URL 中的参数 key 的值
03  request.form.get("key", type=str, default=None) #用于获取表单中传入的参数
04  request.values.get("key")   #用于获取所有参数
05  request.respond             #用于获取其请求方式
```

4．重定向、跳转与错误

跳转多用于旧网址在废弃前转向新网址，以保证用户的访问，表示页面的永久性转移。而重定向表示页面的展示性转移，通常使用 Flask 下的 redirect()方法来实现。

【范例 10-12】重定向。具体代码如下：

```
01  from flask import Flask,request,redirect,url_for
02  app=Flask(__name__)
03  @app.route('/')
04  def index():
05      return redirect(url_for('index2'))
06  @app.route('/index2')
07  def index2():
08      return 'index2'
09  def index3():
10  abort(404)
11  app.run(port=5001,debug=True)
```

当访问到/目录时，自动跳转到/index 下 abort 的使用：在代码中使用 abort(code)会放弃请求并返回错误代码 code，之后的语句不会再执行。在默认情况下，错误代码会显示一个黑白的错误页面。如果要定制错误页面，则可以使用 errorhandler()装饰器。

【范例 10-13】errorhandler()装饰器。具体代码如下：

```
01  from flask import render_template
02  @app.errorhandler(404)
```

```
03  def page_not_found(error):
04      return render_template('page_not_found.html'), 404
```

注意 render_template()调用之后的 404。这告诉 Flask，该页面的错误代码是 404，即没有找到。默认代码是 200，表示一切正常。

5. GET 和 POST 请求传参

【范例 10-14】GET 和 POST 请求传参。具体代码如下：

```
01  @app.route('/login', methods=['GET', 'POST'])
02  def login():
03      if request.method == 'POST': #如果请求的方式是 POST，则执行如下函数
04          login()
05      else:            #否则执行如下函数
06          cancel()
```

在默认情况下，路由只回应 GET 请求，但是可以通过修改 route()方法中的 methods 参数来改变这个行为。

6. Cookie 与 Session 在 Flask 中的使用

Cookie 是存储在用户本地终端上的数据，通常是指某些网站为了辨别用户身份，进行 Session 跟踪而存储在用户本地终端上的数据（通常经过加密）。接下来展示如何在 Flask 中设置及删除 Cookie。

【范例 10-15】设置及删除 Cookie。具体代码如下：

```
01  from flask import request
02  app=Flask(__name__)
03  @app.route('/')
04  def index():
05      username = request.cookies.get('username')
06  #设置 Cookie
07  @app.route('/')
08  def index():
09      resp = make_response("hello world")
10      resp.set_cookie('username', 'the username')
11      return resp
12  #删除 Cookie
13  def index():
14      resp = make_response("hello world")
15      #实质上就是将过期时间设置为 0
16      resp.set_cookie('username', 'the username',expires=0)
17      return resp
```

在网络应用中，通常将 Session 称为“会话控制”。Session 对象存储特定用户所需的属性及配置信息（存储在服务器端）。存储在 Session 对象中的变量不会丢失，而会在整个会话中一直存在下去。Session 是在 Cookie 的基础上实现的，并且对 Cookie 进行密钥签名，这意味着用户可以查看 Cookie 的内容，但不可以修改，除非知道签名的密钥。

【范例 10-16】Session 的设置与操作。具体代码如下：

```
01  from flask import Flask, session, redirect, url_for,  request
02  app = Flask(__name__)
03  @app.route('/')
04  def index():
05      if 'username' in session:
06          #获取 Session 中的 username
07          return 'Logged in as %s' % session['username']
08      return 'Hi,You are not logged in'
09  @app.route('/login', methods=['GET', 'POST'])
10  def login():
11      if request.method == 'POST':
12          #将表单中传入的 username 作为 Session 中的 username 传入
13          session['username'] = request.form.get('username')
14          return redirect(url_for('index'))
15      return '''
16          <form action="" method="post">
17              <p><input type=text name=username>
18              <p><input type=submit value=Login>
19          </form>
20      '''
21  @app.route('/logout')
22  def logout():
23      #在 Session 中删除 username，实际上就是设置其为空
24      session.pop('username', None)
25      return redirect(url_for('index'))    #跳转回 index 页面
26
27  app.config['SECRET_KEY']='123456'       #设置密钥
28  app.run(port=5001,debug=True)
```

除上述设置密钥的方法外，还可以使用如下方法进行设置。

【范例 10-17】密钥设置。具体代码如下：

```
01  app.secret_key = 'A0Zr98j/3yX R~XHH!jmN]LWX/,?RT'/example
```

7．模板中的判断条件与循环语句

在 Python 中生成 HTML 实际上是一个很烦琐的过程，不过，在 Flask 中配置好了

Jinja2 模板，避免了这一烦琐的过程。

模板可以保持应用程序与网页的布局或界面逻辑是分开的，这样会更加容易组织。

【范例 10-18】第一个模板 index.html。具体代码如下：

```
01  <html>
02    <head>
03      <title>{{title}}</title>
04    </head>
05    <body>
06        <h1>Hi, {{user.name}}!</h1>
07    </body>
08  </html>
```

可以看到，模板中的标签内容由{{}}代替，这样就可以实现变量的传入。下面来看看是怎么使用这些模板的。

【范例 10-19】模板的使用。具体代码如下：

```
01  from flask import render_template
02  from app import app
03  @app.route('/')
04  @app.route('/index')
05  def index():
06      user = { 'name': 'mark' }
07      return render_template("index.html",
08          title = 'Home',
09          user = user)
```

render_template()函数的第一个参数指定了网页，后面两个参数指定了模板中需要渲染的变量，这样就实现了一个易分离、易控制的网页。

模板中的判断条件与循环语句使模板变得更加智能，采用{%...%}符号将判断条件括起来。

【范例 10-20】判断条件的使用。具体代码如下：

```
01  <html>
02    <head>
03      {% if title %}   #判断 title 变量是否存在
04      <title>{{title}}</title>
05      {% else %}       #如果不存在
06      <title>Hi,</title>
07      {% endif %}      #结束判断
08    </head>
09    <body>
10        <h1>Hi, {{user.name}}!</h1>
```

```
11      </body>
12    </html>
```

【范例 10-21】循环语句的使用。具体代码如下：

```
01    <html>
02      <head>
03        <title>learnflask</title>
04      </head>
05      <body>
06        <h1>Hi, {{user.name}}!</h1>
07        {% for content in contents %}
08        <p>{{content}}</b></p>
09        {% endfor %}
10      </body>
11    </html>
```

使用循环语句与判断条件同理，只需使用 render_template()函数传递对应的参数即可实现。

8．文件上传

Flask 中的文件上传是利用 request.files 实现的，使用时一定要记得设置 enctype="multipart/form-data"属性，否则浏览器不会发送文件。

【范例 10-22】文件上传。具体代码如下：

```
01    from flask import request,Flask
02    app=Flask(__name__)
03    @app.route('/upload', methods=['GET', 'POST'])
04    def upload_file():
05        if request.method == 'POST':
06            f = request.files['file']          #获取到上传的文件
07            #保存到 C 盘下，并命名为 uploaded_file.txt
08            f.save('C:\\uploaded_file.txt')
09            return 'you have successed in uploading! '
10
11        return '''
12            <form action="" method="post" enctype="multipart/form-data">
13                <p><input type=file name=file>
14                <p><input type=submit value=上传>
15            </form>
16                '''
17    app.run(port=10000,debug=True)
```

10.2 Django框架

Django 框架是 Python 中另一个比较重要的框架，下面进行具体介绍。

10.2.1 Django 框架简介

Django 是一种开源的、大而全的 Web 网站框架，是采用 Python 语言编写的，采用了 MVC 模式。Django 最初是被开发来管理劳伦斯出版集团下一些以新闻为主要内容的网站的。它是一款 CMS（内容管理系统）软件，并于 2005 年 7 月在 BSD 许可证下发布。这套框架是以比利时的吉卜赛爵士吉他手 Django Reinhardt 来命名的。Django 相对于 Flask 而言是一个重量型的框架，它原生提供了众多的功能组件，让开发更简便、快速，不过，这也造成了 Django 开发没有 Flask 开发灵活。

10.2.2 Django 框架的安装

首先搭建一个虚拟环境，方法在 10.1 节中已经提到。将文件夹命名为 Djangos。

【范例 10-23】具体安装命令如下：

```
01  pip install Django==版本号
```

对于版本，笔者建议选择目前稳定的 Django 1.8.x，因为如果采用最新版本，则可能会导致某些第三方插件没有及时更新，无法正常使用。

然后检验是否安装成功。

【范例 10-24】具体代码如下：

```
01  >>> import django
02  >>> django.VERSION
03  (1, 11, 8, 'final', 0)
04  >>>
05  >>> django.get_version()
06  '1.11.8'
```

最后配置系统环境变量，将 C:\Python33\Lib\site-packages\django 和 C:\Python33\Scripts 目录添加到系统环境变量中。

10.2.3 使用 Django 框架创建 HelloWorld 项目

【范例 10-25】使用 Django 框架创建 HelloWorld 项目。具体代码如下：

```
01  django-admin startproject HelloWorld
```

HelloWorld 项目简介如表 10-2 所示。

表 10-2　HelloWorld 项目简介

相关文件	说　明
HelloWorld	项目的容器
manage.py	一个实用的命令性工具，可让用户以各种方式与该 Django 项目进行交互
HelloWorld/__init__.py	一个空文件，告诉 Python 该目录是一个 Python 包
HelloWorld/settings.py	该 Django 项目的设置/配置
HelloWorld/urls.py	该 Django 项目的 URL 声明；一份由 Django 驱动的网站“目录”
HelloWorld/wsgi.py	一个与 WSGI 兼容的 Web 服务器的入口，以便运行项目

【范例 10-26】启动服务器。具体代码如下：

```
01  #启动服务器
02  python manage.py runserver 0.0.0.0:8000
```

此时访问 http://127.0.0.1:8000/，就会看到如图 10-1 所示的内容，说明项目启动成功。

It worked!
Congratulations on your first Django-powered page.

Of course, you haven't actually done any work yet. Next, start your first app by running python manage.py startapp [app_label].

You're seeing this message because you have DEBUG = True in your Django settings file and you haven't configured any URLs. Get to work!

图 10-1　项目启动成功

10.2.4　Django 框架的应用

1．路由与构造 URL

首先在 HelloWorld 项目中创建一个视图函数 views.py，引入 HttpResponse，它是用来向网页返回内容的，就像 Python 中的 print 一样，只不过 HttpResponse 负责把内容显示到网页上。

【范例 10-27】路由构造与实现。具体代码如下：

```
01  from django.http import HttpResponse
02
03  def hello(request):
04      return HttpResponse("Hello world ! ")
```

在路由文件 urls.py 中输入如下代码：

```
01  from django.conf.urls import url
```

```
02
03    from . import views
04
05    urlpatterns = [
06        url(r'^$', views.hello),
07    ]
```

之后在 urls.py 中修改函数。

url()函数可以接收 4 个参数，分别是两个必选参数 regex、view 和两个可选参数 kwargs、name。

- regex：正则表达式，与之匹配的 URL 会执行对应的第二个参数 view。
- view：用于执行与正则表达式匹配的 URL 请求。
- kwargs：视图使用的字典类型的参数。
- name：用来反向获取 URL。

2．Request 对象的基本使用

在每个视图函数中都会先引用 Request 对象，它是每个视图函数的第一个参数，其基本属性如表 10-3 所示。

表 10-3　Request 对象的基本属性

属　　性	描　　述
path	请求页面的全路径，不包括域名。例如，"/hello/"

method	请求中使用的 HTTP 方法的字符串表示。全大写表示。例如：
	if request.method == 'GET':
	　　do_something()
	elif request.method == 'POST':
	　　do_something_else()

GET	包含所有 HTTP GET 参数的类字典对象
POST	包含所有 HTTP POST 参数的类字典对象。 服务器接收到空的 POST 请求的情况也是有可能发生的。也就是说，表单通过 HTTP POST 方法提交请求，但在表单中可以没有数据。因此，不能使用语句 if request.POST 来判断是否使用了 HTTP POST 方法，而应该使用语句 if request.method == "POST"（参见本表的 method 属性）。 注意：POST 属性不包括 file-upload 信息

3．GET 和 POST 请求传参

我们在前面学习了 Flask 中提交表单的方式，那么，在 Django 中是怎么提交表单的呢？接下来进行演示。

首先在 helloworld/helloworld/views.py 中添加如下代码（注意：在这里引用了

templates/test.html，需要在 setting 中设置 TEMPLATES 下的 DIRS 为[os.path.join (BASE_DIR, 'templates')]，目的就是在使用 test.html 的时候能找到相应的路径）。

【范例 10-28】GET 与 POST 请求传参。具体代码如下：

```
01  from django.http import HttpResponse
02  from django.shortcuts import render_to_response
03  #表单页面
04  def test_form(request):
05      return render_to_response("test.html")
06  #接收及处理表单请求数据
07  def test(request):
08      request.encoding='utf-8'
09      if request.method=="GET":
10          message = '你的方式为 get '
11      elif request.method=="POST":
12          message = '你的方式为 post '
13      else:
14          message="未识别！"
15      return HttpResponse(message)
```

然后在 helloworld/templates 目录下创建一个 HTML 文件 test.html。代码如下：

```
01  <!DOCTYPE html>
02  <html>
03  <head>
04  <meta charset="utf-8">
05  <title>test</title>
06  </head>
07  <body>
08      <p>get 请求</p>
09      <form action="/search-get" method="get">
10          <input type="text" >
11          <input type="submit" value="Submit">
12      </form>
13      <p>post 请求</p>
14      <form action="/search-post" method="post">
15          <input type="text" >
16          <input type="submit" value="Submit">
17      </form>
18  </body>
19  </html>
```

最后在 helloworld/helloworld/urls.py 中添加对 URL 请求的处理。代码如下：

```
01  from django.conf.urls import include, url
```

```
02    from django.contrib import admin
03    from django.conf.urls import url
04    from . import views
05
06    urlpatterns = [
07        url(r'^search$', views.test_form),
08        url(r'^search-post$', views.test),
09        url(r'^search-get$', views.test),
10    ]
```

注意

在提交表单时，如果直接提交，则会产生CSRF错误。此时先采用禁用的方式，即在setting中将MIDDLEWARE_CLASSES中的一个中间件'django.middleware.csrf.CsrfViewMiddleware'注释掉。

4. CSRF的问题

CSRF的全称是Cross Site Request Forgery。这是Django提供的防止伪装提交请求的功能。第一种解决方法就是将上文的中间件设置中的一项注释掉。第二种解决方法就是在post代码中添加{% csrf_token %}（注意：要首先在views.py中添加如下代码）。

【范例 10-29】CSRF设置演示。具体代码如下：

```
01    from django.views.decorators.csrf import csrf_exempt
02    @csrf_exempt
03    def some_view(request):
04        #..
```

并且在前端页面中加入如下代码：

```
01    <form action="/search-post" method="post">
02            {% csrf_token %}
03            <input type="text" >
04            <input type="submit" value="Submit">
05    </form>
```

5. Cookie与Session在Django中的应用

关于Cookie与Session的定义，在Flask中已经进行了阐述，接下来直接看看在Django中如何应用。

1）Cookie的应用

获取Cookie：request.COOKIES[key]；request.COOKIES.get(key)。

设置Cookie：reqeust.set_cookie(key,value)。

删除 Cookie：reqeust.delete_cookie(key)。

【范例 10-30】Cookie 在 Django 中的增、删、改、查。具体代码如下：

```
01  from django.shortcuts import
02  render,HttpResponse,redirect,HttpResponseRedirect
03  from tools.resis_handler import connect_obj
04  
05  def login(request):
06      resp = redirect('/list_display/')
07      resp.set_cookie('K','a') #设置 Cookie 的值
08      return resp
09  #将 Cookie 的值展现出来
10  def display(request):
11      print(request.COOKIES['K'])
12      return HttpResponse('OK')
```

2）Session 的应用

在操作 Session 之前，需要同步一下 Django 的数据库。

【范例 10-31】同步命令。具体代码如下：

```
01  python manage.py makemigrations
02  python manage.py migrate
```

3）在 Django 中操作 Session

获取 Session：request.session[key]；request.session.get(key)。

设置 Session：request.session[key] = value。

删除 Session：del request[key]。

【范例 10-32】在 Django 中操作 Session。具体代码如下：

```
01  def login(request):
02      if request.method =='POST':
03          username = request.POST.get('username')
04          pwd = request.POST.get('pwd')
05          if username =='lisi' and pwd == '12345':
06              request.session['IS_LOGIN'] = True        #设置 Session
07          return redirect('/home/')
08      return render(request,'login.html')
09  
10  def home(request):
11      #获取 Session 里的值
12      is_login = request.session.get('IS_LOGIN',False)
13      if is_login:
14          return HttpResponse('order')
```

```
15        else:
16            return redirect('/login/')
```

6. 模板的渲染

模板中的判断条件与循环语句等基本操作在 10.1 节中已有讲解，接下来讲解模板在 Django 中是如何被渲染的。主要通过 render()函数来实现模板的渲染。

【范例 10-33】模板的渲染。具体代码如下：

```
01  #views.py
02  from app.models import Author  #引入一个类
03  def query(request):
04      #result=Author.objects.all()
05      #返回数据库查询结果（sql:select * from Author），list 类型
06      result=Author.objects.values_list()
07      return render(   #将返回的数据渲染到页面中
08          request,
09          'query.html',
10          {
11              'title':'Query', #将查询结果渲染到 app/query.html 中的变量 result 中
12              'result':result,
13              'year':datetime.now().year,
14           }
15          )
```

通过上述的 render()函数，就能将变量传递给 HTML 进行渲染，以达到我们想要的效果。

11

第 11 章

Python 可视化编程

Python作为一种语法简单、操作直观的解释性语言，不仅深受广大计算机领域人士的喜爱，而且在非计算机领域也有广泛的应用，尤其是在科学计算和可视化编程领域，Python凭借其出色的类库，提供了强大的运算效率和简单的使用方法，成为科学计算和可视化编程领域工作者的得力助手。

本章重点知识：

- NumPy 库的使用。
- matlpotlib 库的使用。
- 使用 NumPy 库和 matlpotlib 库处理一些实际问题。

11.1　NumPy库概述

NumPy 是一个开源的 Python 科学计算基础库，也是目前整个 Python 科学计算和数据分析的基础第三方库。NumPy 库提供了很多功能，主要包括以下几点。

- 一个强大的 *N* 维数组对象 ndarray。
- 广播功能函数，用来在数组之间进行计算。
- 整合 C/C++/Fortran 代码的工具。
- 线性代数、傅里叶变换、随机数生成、梯度等功能。

可以说 NumPy 库是 SciPy、Pandas 等数据处理或科学计算库的基础。学好 NumPy 库，对今后学习其他科学计算库有十分重大的意义。

11.2 使用NumPy库

要在 Python 中使用 NumPy 库，首先要将其引入。只需在代码的头部添加【范例 11-1】中的这行代码就可以使用 NumPy 库了。这里的 as np 表示给 NumPy 库起一个别名。为什么要起一个别名呢？首先，如果直接使用 NumPy 库编写代码，那么代码会变得很长；其次，np 是一个约定俗成的别名，对于其他程序员来说也是熟悉的，可以减少大家在互相交流理解代码时所耗费的时间。

【范例 11-1】引入 NumPy 库。

```
01  import numpy as np
```

11.2.1 数据的维度和 NumPy 库

在生活中有很多数据，例如，数字 1 就是一个数据，一个数据可以清晰明了地表达一种含义。如果是一组数据呢？如[1,2,3,4,5,6]，这组数据可能是某种现象的观测值，表示一种特定的含义；也可能是几种现象的观测值，表示多种含义。为了描述一组数据所表示的含义，需要引入维度这个概念。

维度是一组数据的组织形式。对于一组数据，可以在一维方向上展开，形成一种线性关系；也可以在二维方向上展开，这时，这组数据可能表示的就是两种不同的含义。当然，还可以将这组数据在多个维度上展开，从而表达多种含义。数据的维度就是在数据之间形成特定关系、表达多种含义的一个很重要的基础概念。

一维数据由具有对等关系的有序或无序数据构成，采用线性方式组织。

【范例 11-2】引入一维数据。

```
01  1,2,3,4,5,6
```

在表示一维数据的过程中，可以用 Python 所提供的数据类型，包括列表类型、集合类型等。其实，还可以用数组类型来表示一维数据。在 Python 语言的基础语法中没有数组这个类型，但是在其他编程语言，如 C、Java 中大量地存在数组类型，所以这里对列表和数组进行简单的比较。

列表和数组都是表达一组数据的具有有序结构的数据类型，它们之间最大的区别在于，列表中每个元素的数据类型可以是不同的，可能是浮点型，也可能是整型、字符串，或者元素本身就是一个列表；而在数组中，每个元素的数据类型是相同的。

【范例 11-3】列表和数组对比。

```
01  3.15, "pi", 3, [3, 4]
02  3, 2, 5, 3, 5
```

在接下来的学习中，将引入一个 Python 的数组类型来表达数据。

二维数据由多个一维数据构成，是一组数据的组合形式。我们平时使用的 Excel 表格就是典型的二维数据，因为它在两个维度上展示出了整个数据关系，如图 11-1 所示。在这样的表格中，表格的表头可以是二维数据的一部分，也可以是二维数据之外的部分，这取决于用户对二维数据的定义和使用。

Expense date	Employee	Food	Hotel
2018/9/8	Jackie	$21	$3,820
2018/9/7	Mark	$62	$2,112
2018/9/4	Dave	$25	$1,611
2018/9/10	Tricia	$30	$3,085
2018/9/6	Jeff	$69	$528
2018/9/5	Laura	$45	$5,050

图 11-1　Excel 表格

多维数据由一维或二维数据在新维度上扩展形成。比如，在 Excel 表格的二维维度上加入一个时间维度，就变成了多维数据。随着时间的推移，数据会在时间维度上不断地积累。

高维数据不同于刚刚介绍的这几种维度的数据，它仅利用最基本的二元关系展示数据间的复杂结构。比如，JSON 格式的数据就是一种高维数据。高维数据就是由键值对将数据组织起来所形成的数据格式。

- 一维数据：列表和集合类型。
- 二维数据：列表类型。
- 多维数据：列表类型。
- 高维数据：字典类型或数据表示格式，如 JSON、XML、YAML。

11.2.2　NumPy 库的使用详解

为了进行科学计算，首先要了解 NumPy 库的使用方法，而其中最重要的便是 NumPy 库提供的一种数据类型 ndarray。那么，在 Python 已有数据类型的基础上，为什么需要 ndarray 这种全新的类型呢？因为 ndarray 可以将数据运算时的一些细节隐藏起来，从而使得代码更具可读性、可维护性，减轻程序员的思维负担，提高编程的效率。

ndarray 对象可以去掉元素间运算所需的循环，使一维向量更像单个数据。通过设置专门的数组对象，经过优化，可以提升这类应用的运算速度。NumPy 库的底层是用 C 语言来实现的，所以具有较高的运算效率。在科学计算中，一个维度所有数据的类型往往相同，所以，用数组对象表示相同的数据类型，有助于节省运算和存储空间。

ndarray 是一个多维数组对象，由两部分构成，分别是实际的数据及描述这些数据的元数据（数据维度、数据类型等）。通过对这两部分信息的描述，计算机就具备了理解 ndarray 数组的能力。

ndarray 数组一般要求所有元素的类型相同，当然，在特殊情况下，ndarray 数组也可以装载非同质的数据，这时候 ndarray 数组会将不同的元素转换成 Object 对象，从而转换为同质的数据。但是，这样做没有办法发挥 NumPy 库的优势，所以应该尽量避免使用。数组下标从 0 开始，这和 Python 中的列表类型是完全相同的。

本章所有例子均在 IPython 环境中运行，这里通过一个简单的例子来熟悉一下运行环境。如图 11-2 所示，In[]、Out[]均是 IPython 环境下的命令提示符，In 代表这行语句是通过手工或者程序输入的，Out 代表这行语句是程序运行后返回的运行结果。

```
In [6]: foo = np.array([[0, 1, 2, 3, 4], [5, 6, 7, 8, 9]])

In [7]: foo
Out[7]:
array([[0, 1, 2, 3, 4],
       [5, 6, 7, 8, 9]])
```

图 11-2　NumPy 库的简单例子

这里用 np.array()方法来生成一个 ndarray 数组，并将生成的数组赋给 foo 变量。需要注意的是，在将 foo 变量打印输出的时候，显示的 array 就是 ndarray，只不过 array 是 ndarray 的一个别名。

对于 ndarray，有两个基本概念需要了解：轴（Axis）——保存数据的维度；秩（Rank）——轴的数量，也就是维度的数量。

ndarray 对象有 5 个基本属性，如表 11-1 所示。

表 11-1　ndarray 对象的基本属性

属　性	说　明
.ndim	秩，即轴的数量或维度的数量
.shape	ndarray 对象的尺度，对于矩阵，则为 n 行 m 列
.size	ndarray 对象元素的个数，相当于.shape 中 $n\times m$ 的值
.dtype	ndarray 对象的元素类型
.itemsize	ndarray 对象中每个元素的大小，以字节为单位

在如图 11-3 所示的例子中，生成了一个数组 foo。使用 foo.ndim 来获得 foo 数组的维度，可以看到 foo 数组具有两个维度。使用 foo.shape 来获得 foo 数组大概的形状，可以看到 foo 数组具有两个维度，第一个维度有两个方向，每个方向有 5 个元素。foo.size

表示 foo 数组共包含 10 个元素。foo.dtype 返回的数据类型是 int64，这是一种 64 位的整数类型。foo.itemsize 返回 8，表示每个元素由 8 字节构成。

```
In [2]: foo = np.array([[0, 1, 2, 3, 4], [5, 6, 7, 8, 9]])

In [3]: foo.ndim
Out[3]: 2

In [4]: foo.shape
Out[4]: (2, 5)

In [5]: foo.dtype
Out[5]: dtype('int64')

In [6]: foo.itemsize
Out[6]: 8
```

图 11-3 ndarray 对象的基本属性

这里需要说明的是，int64 不是在 Python 中定义的基础数据类型，而是 ndarray 的一种元素类型。除了 int64 类型，ndarray 还定义了以下几种数据类型，如表 11-2 所示。

表 11-2 ndarray 定义的数据类型

数据类型	说 明
bool	布尔类型，取值为 True 或 False
intc	与 C 语言中的 int 类型一致，一般是 int32 或 int64
intp	用于索引的整数，与 C 语言中的 size_t 一致，一般是 int32 或 int64
int8	字节长度的整数，取值范围：[-128, 127]
int16	16 位长度的整数，取值范围：[-32768, 32767]
int32	32 位长度的整数，取值范围：[-2^31, 2^31-1]
int64	64 位长度的整数，取值范围：[-2^63, 2^63-1]
uint8	8 位无符号整数，取值范围：[0, 255]
uint16	16 位无符号整数，取值范围：[0, 65535]
uint32	32 位无符号整数，取值范围：[0, 2^32-1]
uint64	64 位无符号整数，取值范围：[0, 2^64-1]
float16	16 位半精度浮点数：1 位符号位，5 位指数，10 位尾数
float32	32 位半精度浮点数：1 位符号位，8 位指数，23 位尾数
float64	64 位半精度浮点数：1 位符号位，11 位指数，52 位尾数
complex64	复数类型，实部和虚部都是 32 位浮点数
complex128	复数类型，实部和虚部都是 64 位浮点数

在 Python 的基础语法中，仅支持整数、浮点数和复数 3 种数据类型。而整数类型是没有划分的，浮点数也只有一种，复数同样只有一种。那 ndarray 为什么要支持这么多种数据类型呢？这和科学计算的特性是分不开的。科学计算涉及的数据较多，对存储和性能都有较高的要求。所以，为了在极端情况下解决特殊问题，ndarray 将数据类型

划分得如此细致，以适用于不同的场景。同时，对数据类型进行精细定义，有助于 NumPy 库合理使用存储空间并优化性能，也有助于程序员评估程序规模，预测程序所使用的空间大小。

可以使用 Python 中的列表、元组等类型来创建 ndarray 数组；也可以使用 NumPy 库中的函数来创建 ndarray 数组，如 arange()函数、ones()函数等；还可以从字节流（Raw Bytes）中创建 ndarray 数组，或从文件中读取特定格式来创建 ndarray 数组。

使用 Python 中的列表、元组等类型创建 ndarray 数组十分简单，只需要使用 np.array()函数就可以了，如【范例 11-4】所示。可以将一个列表或元组当作参数传递给 np.array()函数。如果需要，那么在创建数组时还可以使用 dtype 参数指定元素的数据类型。比如，这里指定元素的数据类型为 64 位长度的整数。当省略 dtype 参数时，NumPy 库将视情况关联一种数据类型。

【范例 11-4】ndarrray 数组初始化。

```
01  foo = np.array(list/tuple, dtype=np.int64)
```

在如图 11-4 所示的例子中，首先用列表[0,1,2,3]创建了一个 ndarray 类型的对象 foo，将其打印到屏幕上后，又用元组对它进行了重新创建，最后尝试用列表和元组的混合类型创建 ndarray 类型的对象。可以看出，在混合创建时，因为数据中存在小数，所以 ndarray 自动将 dtype 推断为浮点数类型。

```
In [9]: foo = np.array([0, 1, 2, 3])

In [10]: print(foo)
[0 1 2 3]

In [11]: foo = np.array((4, 5, 6, 7))

In [12]: print(foo)
[4 5 6 7]

In [13]: foo = np.array([[1, 2], [3, 4], (0.5, 0.6)])

In [14]: print(foo)
[[1.  2. ]
 [3.  4. ]
 [0.5 0.6]]
```

图 11-4　创建 ndarray 数组的几种方法

使用 NumPy 库中的函数创建 ndarray 数组是一种常用的方法。这里罗列出了 NumPy 库提供的基本创建函数，如表 11-3 所示。

表 11-3　ndarray 数组的基本创建函数

函　数	说　明
np.arange(n)	类似 range()函数，返回 ndarray 类型，元素值为 0～n-1

续表

函　　数	说　　明
np.ones(shape)	根据 shape 生成一个全 1 数组，shape 是元组类型
np.zeros(shape)	根据 shape 生成一个全 0 数组，shape 是元组类型
np.full(shape, val)	根据 shape 生成一个数组，每个元素值都是 val
np.eye(n)	创建一个 $n \times n$ 单位矩阵，对角线上的元素值为 1，其余的元素值为 0

在如图 11-5 所示的例子中，使用 np.arange()函数来生成一个长度为 10 的一维数组，在没有指定 dtype 参数的情况下，元素的默认类型为整数；使用 np.ones()函数来生成一个元素值均为 1 的二维数组，其中第一个维度有 3 个方向，每个方向有 5 个元素，在没有指定 dtype 参数的情况下，元素的默认类型为浮点数；使用 np.zeros()函数来生成一个元素值均为 0 的二维数组，并指定 dtype 参数的值为 np.int64；使用 np.eye()函数来生成一个对角线上的元素值为 1、其余的元素值为 0 的特殊二维数组。

```
In [15]: np.arange(10)
Out[15]: array([0, 1, 2, 3, 4, 5, 6, 7, 8, 9])

In [16]: np.ones((3, 5))
Out[16]:
array([[1., 1., 1., 1., 1.],
       [1., 1., 1., 1., 1.],
       [1., 1., 1., 1., 1.]])

In [17]: np.zeros((3, 5), dtype=np.int64)
Out[17]:
array([[0, 0, 0, 0, 0],
       [0, 0, 0, 0, 0],
       [0, 0, 0, 0, 0]])

In [18]: np.eye(3)
Out[18]:
array([[1., 0., 0.],
       [0., 1., 0.],
       [0., 0., 1.]])
```

图 11-5　使用基本创建函数创建 ndarray 数组

除这几个基本创建函数以外，还有几个和它们十分类似的函数，如表 11-4 所示，这几个函数在进行科学计算时十分重要。

表 11-4　ndarray 数组的其他创建函数

函　　数	说　　明
np.ones_like(a)	根据数组 a 的形状生成一个全 1 数组
np.zeros_like(a)	根据数组 a 的形状生成一个全 0 数组
np.full_like(a, val)	根据数组 a 的形状生成一个数组，每个元素值都是 val

使用 NumPy 库提供的特殊创建函数来创建 ndarray 数组，如表 11-5 所示。

表 11-5　ndarray 数组的特殊创建函数

函　数	说　明
np.linspace()	根据起止数据等间距地填充数据，形成数组
np.concatenate()	将两个或多个数组合并成一个新的数组

在如图 11-6 所示的例子中，使用 np.linspace(1, 10, 4)函数来生成数组，其中 1 表示数组元素的起始值，10 表示数组元素的终止值，4 表示想要生成的元素的个数。这时候，np.linspace()函数会在起始值和终止值之间等间距地生成元素的值，从而达到特殊的数组填充效果。np.linspace()函数有一个参数 endpoint，表示最后一个元素 10 是不是生成的 4 个元素中的 1 个。默认 endpoint 参数的值为 True。而如果手动将 endpoint 参数的值设置为 False，那么 10 将不作为最后一个元素出现，所以这时候间距的差值也会相应地发生改变。

```
In [21]: foo = np.linspace(1, 10, 4)

In [22]: foo
Out[22]: array([ 1.,  4.,  7., 10.])

In [23]: foo = np.linspace(1, 10, 4, endpoint=False)

In [24]: foo
Out[24]: array([1.  , 3.25, 5.5 , 7.75])
```

图 11-6　使用 np.linspace()函数创建特殊的 ndarray 数组

np.concatenate()函数可以将两个数组合并。比如，在如图 11-7 所示的例子中，将两个 foo 数组合并成了一个数组 foo2，在 foo2 数组中就有了两个 foo 数组中的数据。

```
In [25]: foo2 = np.concatenate((foo, foo))

In [26]: foo2
Out[26]: array([1.  , 3.25, 5.5 , 7.75, 1.  , 3.25, 5.5 , 7.75])
```

图 11-7　使用 np.concatenate()函数创建特殊的 ndarray 数组

有的读者可能会有疑问，为什么每次使用 NumPy 库提供的函数生成 ndarray 数组，在不指定 dtype 参数的情况下生成的都是浮点数呢？这是因为，在科学计算中，浮点数运用得十分广泛。比如，在对一些数据进行观测时，如温度值、电流值，一般收集到的数据都是浮点数。而且在后期的数据处理中，难免会遇到数组的运算，在运算过程中生成浮点数的可能性是很大的，如果默认使用整数类型，那么在运算时可能会在用户不知情的情况下导致精度的丢失。

对于创建后的 ndarray 数组，可以对其进行维度和元素类型的变换。同样，NumPy 库提供了一些十分实用的数组变换函数，如表 11-6 所示。

表 11-6　ndarray 数组变换函数

函　　数	说　　明
.reshape()	不改变数组元素，返回一个 shape 形状的数组，原数组不变
.resize()	与.reshape()函数的功能一致，但它会修改原数组
.swapaxes(ax1, ax2)	将数组 *n* 个维度中的两个维度进行调换
.flatten()	对数组进行降维，返回折叠后的一维数组，原数组不变

在如图 11-8 所示的例子中，首先生成一个 foo 数组，然后使用 foo.reshape()函数改变它的维度，改变后的数组最外层有 3 个元素，每个元素中又有 8 个元素。但是，这时重新输出 foo 数组本身，发现它其实并没有被改变。也就是说，.reshape()函数不改变原数组本身的状态。

如果想要改变原数组 foo 的值，则可以使用 foo.resize()函数。这时再输出 foo 数组，可以看到 foo 数组的结构已经发生了改变，如图 11-9 所示。

```
In [27]: foo = np.ones((2, 3, 4), dtype=np.int64)

In [28]: foo.reshape((3, 8))
Out[28]:
array([[1, 1, 1, 1, 1, 1, 1, 1],
       [1, 1, 1, 1, 1, 1, 1, 1],
       [1, 1, 1, 1, 1, 1, 1, 1]])

In [29]: foo
Out[29]:
array([[[1, 1, 1, 1],
        [1, 1, 1, 1],
        [1, 1, 1, 1]],

       [[1, 1, 1, 1],
        [1, 1, 1, 1],
        [1, 1, 1, 1]]])
```

图 11-8　重建二维数组

```
In [30]: foo.resize((3, 8))

In [31]: foo
Out[31]:
array([[1, 1, 1, 1, 1, 1, 1, 1],
       [1, 1, 1, 1, 1, 1, 1, 1],
       [1, 1, 1, 1, 1, 1, 1, 1]])
```

图 11-9　重构数组

同样，在使用 foo.flatten()函数对数组进行降维时，原数组的值也没有发生改变。为了保存降维后的数组，可以新建一个数组对象。如图 11-10 所示，新建 foo2 数组来保存 foo 数组降维后的状态。

```
In [32]: foo.flatten()
Out[32]:
array([1, 1, 1, 1, 1, 1, 1, 1, 1, 1, 1, 1, 1, 1, 1, 1, 1, 1, 1, 1, 1, 1,
       1, 1])

In [33]: foo
Out[33]:
array([[1, 1, 1, 1, 1, 1, 1, 1],
       [1, 1, 1, 1, 1, 1, 1, 1],
       [1, 1, 1, 1, 1, 1, 1, 1]])

In [34]: foo2 = foo.flatten()

In [35]: foo2
Out[35]:
array([1, 1, 1, 1, 1, 1, 1, 1, 1, 1, 1, 1, 1, 1, 1, 1, 1, 1, 1, 1, 1, 1,
       1, 1])
```

图 11-10　对数组降维

如果想改变一个数组中所有元素的类型，那么 NumPy 也提供了一个相应的函数，如表 11-7 所示。

表 11-7　ndarray 数组改变元素类型函数

函　数	说　明
.astype(new_type)	修改一个数组中所有元素的类型为 new_type

在如图 11-11 所示的例子中，首先生成一个整型数组 foo，然后使用 foo.astype()函数将它的元素类型改为浮点型并用 foo2 数组存储，最后打印 foo2 数组到显示器上，可以发现数组中的元素已经由整型的 0 全部变成了浮点型的 0。也可以注意到，.astype()函数不会修改原数组的值。

```
In [36]: foo = np.zeros((2, 3, 4), dtype=np.int64)

In [37]: foo
Out[37]:
array([[[0, 0, 0, 0],
        [0, 0, 0, 0],
        [0, 0, 0, 0]],

       [[0, 0, 0, 0],
        [0, 0, 0, 0],
        [0, 0, 0, 0]]])

In [38]: foo2 = foo.astype(np.float64)

In [39]: foo2
Out[39]:
array([[[0., 0., 0., 0.],
        [0., 0., 0., 0.],
        [0., 0., 0., 0.]],

       [[0., 0., 0., 0.],
        [0., 0., 0., 0.],
        [0., 0., 0., 0.]]])
```

图 11-11　改变数组元素类型

在如图 11-12 所示的例子中，首先使用 np.full()函数生成一个数组 foo，foo 是一个 2×3×4 的多维数组，每个元素值都是 233，并且用 dtype 参数规定每个元素的数据类型都是 int64；然后使用表 11-8 中的 foo.tolist()函数产生一个 Python 列表。Python 列表虽然长得和 ndarray 数组十分相似，但是在效率上要大打折扣。在一些对性能要求不高的场合，ndarray 数组向 Python 列表的转换也是十分常用的。

表 11-8　ndarray 数组转列表函数

函　数	说　明
.tolist()	将 ndarray 数组转换成一个 Python 列表

```
In [2]: foo = np.full((2, 3, 4), 233, dtype=np.int64)

In [3]: foo
Out[3]:
array([[[233, 233, 233, 233],
        [233, 233, 233, 233],
        [233, 233, 233, 233]],

       [[233, 233, 233, 233],
        [233, 233, 233, 233],
        [233, 233, 233, 233]]])

In [4]: foo.tolist()
Out[4]:
[[[233, 233, 233, 233], [233, 233, 233, 233], [233, 233, 233, 233]],
 [[233, 233, 233, 233], [233, 233, 233, 233], [233, 233, 233, 233]]]
```

图 11-12　数组向列表转换

生成 ndarray 数组只是第一步，更重要的是，要学会如何操作 ndarray 数组，来达到我们想要实现的效果。这里的 ndarray 数组操作主要有两种：索引和切片。索引指获取数组中特定位置元素的过程，也就是寻找数组中的某个元素。切片指获取数组中一组数据的过程，也就是获取数组元素子集的过程。

一维数组的索引和切片与 Python 列表的索引和切片类似。在如图 11-13 所示的例子中，首先建立一个数组 foo，然后通过索引获取 foo[3]的值，这个操作的书写方式和 Python 列表索引操作的书写方式一致，并且注意下标从 0 开始。接着通过 foo[1:3:2]来进行切片，这里 1、3、2 所在位置的值分别代表起始编号、终止编号（不包含该位置的值）、步长，在本例中代表切片从位置 1 开始，至位置 3 结束（不包含位置 3 的值），每隔两步取一个数，所以 foo[1:3:2]的结果是 array([2])，而 foo[1:4:2]的结果是 array([2, 4])。

```
In [7]: foo = np.array([1, 2, 3, 4, 5, 6])

In [8]: foo[3]
Out[8]: 4

In [9]: foo[1:3:2]
Out[9]: array([2])

In [10]: foo[1:4:2]
Out[10]: array([2, 4])
```

图 11-13　一维数组的索引和切片

有了一维数组的索引和切片的基础，再来看看多维数组的索引和切片。在如图 11-14 所示的例子中，首先创建一个具有 24 个元素的三维数组，然后对其进行切片。由于下标从 0 开始，所以 foo[1, 2, 3]代表取第一个维度的第二个元素，也就是 12～23 的部分。接着取第二个维度的第三个元素，也就是 20～23 的部分。最后取第三个维度的第四个元素，所以最终的取值为 23。foo[0, 1, 2]同理。当然，为了遵守 Python 的习惯，NumPy 库同样提供了 foo[−1, −2, −3]形式的负数切片格式，进行反向的切片取值。

```
In [11]: foo = np.arange(24).reshape((2, 3, 4))

In [12]: foo
Out[12]:
array([[[ 0,  1,  2,  3],
        [ 4,  5,  6,  7],
        [ 8,  9, 10, 11]],

       [[12, 13, 14, 15],
        [16, 17, 18, 19],
        [20, 21, 22, 23]]])

In [13]: foo[1, 2, 3]
Out[13]: 23

In [14]: foo[0, 1, 2]
Out[14]: 6

In [15]: foo[-1, -2, -3]
Out[15]: 17
```

图 11-14　多维数组的索引和切片

当然，和一维数组相同，也可以用冒号的形式来对多维数组进行切片操作。如图 11-15 所示，这里 foo[:, 1, -3]的意义是，对第一个维度没有限制，相当于不考虑第一个维度，而只考虑第二个维度和第三个维度的结果。还可以通过给定冒号的起止和结束，对一个维度进行切片。如 foo[:, 1:3, :]，我们不关心第一个维度和第三个维度，但对第二个维度，只取其中的 1～3 号元素（不包括 3 号元素）。在进行切片时，甚至可以加上步长。如 foo[:, :, ::2]，我们只关心第三个维度，而在此维度上，用::2 设置步长为 2，所以最后获取了第三个维度的一半数据。

```
In [16]: foo[:, 1, -3]
Out[16]: array([ 5, 17])

In [17]: foo[:, 1:3, :]
Out[17]:
array([[[ 4,  5,  6,  7],
        [ 8,  9, 10, 11]],

       [[16, 17, 18, 19],
        [20, 21, 22, 23]]])

In [18]: foo[:, :, ::2]
Out[18]:
array([[[ 0,  2],
        [ 4,  6],
        [ 8, 10]],

       [[12, 14],
        [16, 18],
        [20, 22]]])
```

图 11-15　多维数组范围切片

数组与标量之间的运算作用于数组中的每个元素。也就是说，数组中的每个元素都要与这个标量进行运算。

来看一个标量运算的例子。如图 11-16 所示，foo.mean()函数用来求 foo 数组的算术平均数。从运算结果中可以看出，foo 数组中的每个元素都与算术平均数进行了除法运算。

```
In [19]: foo = np.arange(24).reshape((2, 3, 4))

In [20]: foo.mean()
Out[20]: 11.5

In [21]: foo = foo / foo.mean()

In [22]: foo
Out[22]:
array([[[0.        , 0.08695652, 0.17391304, 0.26086957],
        [0.34782609, 0.43478261, 0.52173913, 0.60869565],
        [0.69565217, 0.7826087 , 0.86956522, 0.95652174]],

       [[1.04347826, 1.13043478, 1.2173913 , 1.30434783],
        [1.39130435, 1.47826087, 1.56521739, 1.65217391],
        [1.73913043, 1.82608696, 1.91304348, 2.        ]]])
```

图 11-16　标量运算

除标量运算外，NumPy 库还提供了一些一元函数。一元函数指的是对单一的 ndarray 数组进行相关运算的函数。这些函数有一个共同点，即它们对于数组的运算事实上是对数组中每个元素的运算。数组只是一个包含元素的集合，对数组的运算其实就是对元素的运算。下面列举常用的一元函数，如表 11-9 所示。

表 11-9　常用的一元函数

函　　数	说　　明
np.abs(x)、np.fabs(x)	计算数组各元素的绝对值
np.sqrt(x)	计算数组各元素的平方根
np.square(x)	计算数组各元素的平方
np.log(x)、np.log10(x)、np.log2(x)	计算数组各元素的自然对数、10 底数对数、2 底数对数
np.ceil(x)、np.floor(x)	计算数组各元素的 ceiling 值或 floor 值
np.rint(x)	计算数组各元素的四舍五入值
np.modf(x)	将数组各元素的整数和小数部分以两个独立数组的形式返回
np.cos(x)、np.cosh(x)	计算数组各元素的普通型和双曲型三角函数
np.sin(x)、np.sinh(x)	计算数组各元素的普通型和双曲型三角函数
np.tan(x)、np.tanh(x)	计算数组各元素的普通型和双曲型三角函数
np.exp(x)	计算数组各元素的指数值
np.sign(x)	计算数组各元素的符号值，1(+), 0, −1(−)

除这些常用的一元函数外，NumPy 库还提供了很多功能强大的一元函数，这里就不一一列举了。

下面列举一些一元函数的实际例子。如图 11-17 所示，首先生成数组 foo，然后通过 np.square(foo)函数将 foo 数组中的所有数据进行平方操作。这里要注意的是，几乎所有的一元函数都会新生成一个结果数组，而不直接改变原数组的值，所以必须通过在运算以后将结果赋值给原数组的方法来保留计算后的结果数据。在这里，将 np.sqrt(foo)后的值，即开平方后的数组通过赋值的方式赋给 foo 数组，从而改变了原数组的值。

```
In [23]: foo = np.arange(24).reshape((2, 3, 4))

In [24]: np.square(foo)
Out[24]:
array([[[  0,   1,   4,   9],
        [ 16,  25,  36,  49],
        [ 64,  81, 100, 121]],

       [[144, 169, 196, 225],
        [256, 289, 324, 361],
        [400, 441, 484, 529]]])

In [25]: foo = np.sqrt(foo)

In [26]: foo
Out[26]:
array([[[0.        , 1.        , 1.41421356, 1.73205081],
        [2.        , 2.23606798, 2.44948974, 2.64575131],
        [2.82842712, 3.        , 3.16227766, 3.31662479]],

       [[3.46410162, 3.60555128, 3.74165739, 3.87298335],
        [4.        , 4.12310563, 4.24264069, 4.35889894],
        [4.47213595, 4.58257569, 4.69041576, 4.79583152]]])

In [27]: np.modf(foo)
Out[27]:
(array([[[0.        , 0.        , 0.41421356, 0.73205081],
         [0.        , 0.23606798, 0.44948974, 0.64575131],
         [0.82842712, 0.        , 0.16227766, 0.31662479]],

        [[0.46410162, 0.60555128, 0.74165739, 0.87298335],
         [0.        , 0.12310563, 0.24264069, 0.35889894],
         [0.47213595, 0.58257569, 0.69041576, 0.79583152]]]),
 array([[[0., 1., 1., 1.],
         [2., 2., 2., 2.],
         [2., 3., 3., 3.]],

        [[3., 3., 3., 3.],
         [4., 4., 4., 4.],
         [4., 4., 4., 4.]]]))
```

图 11-17　部分一元函数的使用示例

而在之后的 np.modf(foo)函数中，所用的 foo 数组中的值就已经是开平方后的新值了。通过 np.modf()函数将原数组中的整数和小数部分进行分离，可以实现一些特殊的运算需求。

除一元函数外，NumPy 库也提供了一些二元函数，二元函数就是对两个数组进行运算的函数。其实 NumPy 库的设计理念是希望大家把数组当作一个数来对待，因此，NumPy 库提供的这些二元函数都可以用平时常用的运算符来表示它们之间的运算关系。下面列举一些常用的二元函数，如表 11-10 所示。

表 11-10　常用的二元函数

函　数	说　明
+、-、*、/、**	两个数组各元素进行对应运算
np.maximum(x, y)、np.fmax()	元素级的最大值计算
np.minimum(x, y)、np.fmin()	元素级的最小值计算
np.mod(x, y)	元素级的模运算
np.copysign(x, y)	将数组 y 中各元素的符号赋值给数组 x 中的对应元素
>、<、>=、<=、==、!=	算术比较，产生布尔型数组

在如图 11-18 所示的例子中，使用 np.maximum()函数求 foo 和 foo2 数组的最大值。这里需要注意的是，使用 np.arange()函数生成的数组是一个整数数组，而在开平方后得到的是一个浮点数数组。在求最大值时，为了让整数和浮点数能够进行比较，所有的整数都被提高类型到浮点数，所以最后的结果数组的值也都是浮点数。

可以使用 foo > foo2 来做算术比较的运算，比较结果是一个布尔型数组。如果 foo 数组中的元素大于 foo2 数组中的元素，则结果为 True；反之，结果为 False。

```
In [2]: foo = np.arange(24).reshape((2, 3, 4))

In [3]: foo2 = np.sqrt(foo)

In [4]: np.maximum(foo, foo2)
Out[4]:
array([[[ 0.,  1.,  2.,  3.],
        [ 4.,  5.,  6.,  7.],
        [ 8.,  9., 10., 11.]],

       [[12., 13., 14., 15.],
        [16., 17., 18., 19.],
        [20., 21., 22., 23.]]])

In [5]: foo > foo2
Out[5]:
array([[[False, False,  True,  True],
        [ True,  True,  True,  True],
        [ True,  True,  True,  True]],

       [[ True,  True,  True,  True],
        [ True,  True,  True,  True],
        [ True,  True,  True,  True]]])
```

图 11-18 部分二元函数的使用示例

11.3 图像的手绘效果

图像处理一直是计算机领域的热门方向。不知你是否曾经疑惑，Photoshop 究竟是如何让图片发生变化的？其实，运用本章所学的知识就可以达到 Photoshop 中的部分效果。下面通过图像手绘效果的真实例子来讲解如何通过 NumPy 库来对图像进行修改。

11.3.1 图像的数组表示

在计算机中，图像一般使用 RGB 色彩模式，即每个像素点的颜色由红（R）、绿（G）、蓝（B）组成。R、G、B 3 种颜色通道的变化和叠加得到各种颜色，3 种颜色的数值范围均为 0～255。叠加起来的色彩空间是 256^3，也就是我们常说的 1600 万色，

RGB 形成的颜色包括了人类视力所能感知的所有颜色。

Python 有一个非常强大的处理图像的库，叫 PIL（Python Image Library），这是一个具有强大图像处理能力的第三方库，与 NumPy 库一样都需要安装。可以通过 pip 安装 PIL 库。下面的例子将要使用这个库来进行图像的载入和保存操作。

【范例 11-5】引入 PIL 库。

```
01  pip install pillow
```

在使用时，可以用【范例 11-6】中的代码引入该库中的 Image 类，这是一种描述一幅图像的数据结构。

【范例 11-6】引入 Image 类。

```
01  from PIL import Image
```

图像对于计算机或计算机程序来说，其实就是一个由像素组成的二维矩阵，每个元素是一个 RGB 值。说到这里我们也就明白了，既可以用 NumPy 库中的 ndarray 数组来表示一幅图像，也可以用 PIL 库中的 Image 类来表示一幅图像，然后用数组来得到图像中每个像素的数值，最后对图像中每个像素的数值进行修改，从而达到修改图像的效果。

在修改图像之前，先用图 11-19 中的代码将图像导入并生成数组。接下来修改这幅图像。首先分别导入 PIL 库和 NumPy 库，直接加载一个 Image 对象，用这个对象的 open() 方法打开图像；然后生成数组对象 im；最后打印 im 对象的 shape、dtype 值。可以看到，该图像是一个三维数组，维度分别是高度、宽度和像素的 RGB 值。一个 RGB 值由 R、G、B 3 个 uint8 类型的整数组成，uint8 类型整数的取值范围正好对应 RGB 的 0～255 的取值范围。

```
In [1]: from PIL import Image

In [2]: import numpy as np

In [3]: im = np.array(Image.open("/Users/jiahuanshi/Desktop/照片/test.jpg"))

In [4]: print(im.shape, im.dtype)
(4000, 6000, 3) uint8
```

图 11-19　读取图像程序

读取图像后，获得像素的 RGB 值，经过像素运算，可以生成与原图像不同效果的图像。如图 11-20 所示是原图像，一座风景优美的小镇。我们尝试用图像变换的方法生成图 11-20 的负片。

图 11-20 原图像

如图 11-21 所示，首先导入 PIL 库中的 Image 类和 NumPy 库，用 Image 类中的 open() 方法打开实例图像，并将每个像素的 RGB 值保存到 im 数组中；然后用一个[255, 255, 255] 矩阵对 im 数组做减法，获得新的 RGB 值，存放到 foo 数组中；最后用 fromarray()函数重新将 foo 数组保存为图像类型，并使用 save()函数生成修改后的图像文件。

```
In [1]: from PIL import Image

In [2]: import numpy as np

In [3]: im = np.array(Image.open("/Users/jiahuanshi/Desktop/照片/test.jpg"))

In [4]: print(im.shape, im.dtype)
(4000, 6000, 3) uint8

In [5]: foo = [255, 255, 255] - im

In [6]: im2 = Image.fromarray(foo.astype('uint8'))

In [7]: im2.save("/Users/jiahuanshi/Desktop/test.jpg")
```

图 11-21 负片效果程序

对 RGB 值进行数学运算，就得到了我们想要的负片效果，如图 11-22 所示。

图 11-22 负片效果图

11.3.2 图像的手绘效果实现

手绘效果有如下几个特征：

- 图像中只有黑、白、灰色。
- 边界线条较重，具有线条感。
- 相同或相近色彩趋于白色。
- 略微具有光源效果。

手绘效果是在对图像进行灰度化的基础上，由立体效果和明暗效果叠加而成的，灰度实际上就代表了图像的明暗变化，而梯度值表示的是明暗的变化率。所以，可以通过调整像素的梯度值来间接改变明暗程度，通过添加虚拟深度值来实现立体效果。

【范例 11-7】实现图像的手绘效果。

```
01  from PIL import Image
02  import numpy as np
03
04  foo = np.asarray(Image.open('/Users/jiahuanshi/Desktop/照片/test.jpg').
05  convert('L')).astype('float')
06
07  deep = 10.
08  grad = np.gradient(foo)              #提取图像灰度的梯度值
09  gradX, gradY = grad
10  gradX = gradX*depth/100.
11  gradY = gradY*depth/100.
12  F = np.sqrt(gradX**2 + gradY**2 + 1.)
13  uniX = gradX/F
14  uniY = gradY/F
15  uniZ = 1./F
16
17  lightEL = np.pi/2.2
18  lightAZ = np.pi/4.
19  dx = np.cos(lightELl)*np.cos(lightAZ)
20  dy = np.cos(lightEL)*np.sin(lightAZ)
21  dz = np.sin(lightEL)
22
23  b = 255*(dx*uniX + dy*uniY + dz*uniZ)
24  b = b.clip(0,255)
25
26  im = Image.fromarray(b.astype('uint8'))
27  im.save('/Users/jiahuanshi/Desktop/照片/test2.jpg')
```

首先构建虚拟深度值 deep 的范围，在这里先设置为 10。然后使用 NumPy 库中的 gradient()函数来提取图像灰度的梯度值，提取出的梯度值是一个包含 x 和 y 方向的数据对，根据深度调整 x 和 y 方向上的梯度值，除以 100 对 deep 进行归一化处理。

接下来想象一个模型，如图 11-23 所示。在一个三维立方体的斜上方有一个虚拟光源，立方体的深度为 deep，光源相对于立方体中心的位置由两个角度来决定，分别是俯视角 EL 和方位角 AZ。以立方体中心为原点，建立简单的柱坐标系，使用 NumPy 库将这两个角度 EL 和 AZ 以弧度的形式表现出来，其中 np.cos(vecEL)为单位光源在地平面上的投影长度，再将它们分别投影到 x、y、z 轴上，dx、dy、dz 就是光源在坐标轴中具体位置的表示，在这里，将其视为光源在 3 个方向上对物体明暗的影响程度。

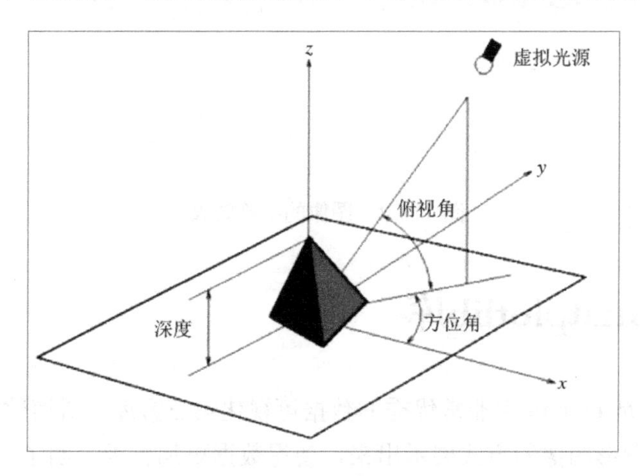

图 11-23　光源对图像的影响

在之前的代码中，已经对 deep 进行了归一化处理，并求出了相对修正过的 x 方向的梯度。接下来将梯度使用单位 1 表示，继续对它们进行整体的归一化处理，这里求出的 uni$X$、uni$Y$、uni$Z$ 实际上就表示了图像平面上的单位法向量。然后将归一化后的各方向梯度分别乘以光源的影响因子 dx、dy、dz，再投影到 0～255 的灰度范围上，完成梯度还原成灰度的步骤。

先前做过的两步归一化处理都是为了将影响因子局限在 0～1 的范围内，以免投影到梯度范围时产生溢出。但是，根据取值的不同，还是会出现轻微数据溢出的情况，也就是某个像素点的灰度值超出了 0～255 的范围，在这样的情况下进行图像还原，就会出现错误。所以，用 clip()函数将超出 0～255 范围的数据修剪掉，从而避免错误的产生。最后使用 fromarray()函数对图像进行重构，并保存，图像的手绘效果处理程序就算完成了。

如图 11-24 所示就是最后得到的图像的手绘效果。

图 11-24　图像的手绘效果

11.4　使用matplotlib库

matplotlib 库是 Python 中非常优秀的数据可视化第三方库。所谓数据可视化，就是将数据以特定的图形图像的方式展示出来，使得数据更加直观、明了。

matplotlib 库支持超过 100 种数据可视化的显示效果。同时，对于每种显示效果，用户也有一定的自定义修改空间。所以说，matplotlib 库的数据可视化功能十分强大。

11.4.1　matplotlib.pyplot 库简介

matplotlib 库由各种可视化类构成，每种可视化的显示效果都被封装成了一组类。matplotlib 库的内部实现结构复杂，但在使用方面又受 MATLAB 启发。因此，笔者希望 matplotlib 库能被用户简单地使用，而不用去关心其内部复杂的具体实现过程。

matplotlib 库提供了一个子库 pyplot，它是为 matplotlib 库中所有可视化类提供命令操作的子库。也就是说，用户通过调用 pyplot 库，就能使用 matplotlib 库中所有的可视化类。pyplot 库相当于 matplotlib 库为用户提供的可交互接口。所以，我们在使用 matplotlib 库时，重点使用的其实是 pyplot 库。

可以通过一行代码很方便地引入 pyplot 库。由于库名过长，所以同样需要给它起一个别名 plt。

【范例 11-8】引入 pyplot 库。

```
01  import matplotlib.pyplot as plt
```

下面通过一个最简单的例子来展示 pyplot 库的基本用法。如【范例 11-9】所示，在这段代码中创建了一个二维直角坐标系，并且输入了一个列表作为纵坐标的值显示出来。这里将重点放在 plt 中的 plot()函数上。plot()函数在只有一个输入列表或数组时，这个参数会被当作 y 轴来处理，此时 x 轴的值默认为这个列表的索引，即下标。

【范例 11-9】pyplot 库的简单展示。

```
01  import matplotlib.pyplot as plt
02  plt.plot([1, 5, 3, 7, 5, 3])
03  plt.ylabel("num")
04  plt.show()
```

【范例 11-9】运行效果如图 11-25 所示。

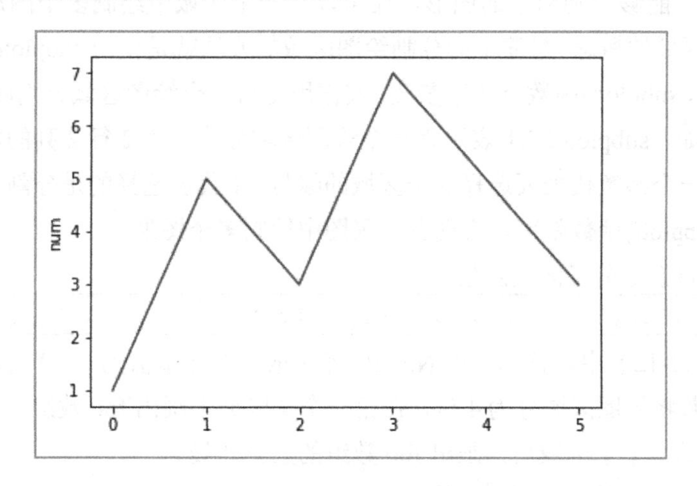

图 11-25 【范例 11-9】运行效果

当使用两个列表或数组进行初始化时，第一个列表或数组的值就会作为 x 轴的值，而第二个列表或数组的值会自动变成 y 轴的值。

【范例 11-10】修改 x 轴的值。

```
01  import matplotlib.pyplot as plt
02  plt.plot([0, 2, 4, 6 ,8, 10],[1, 5, 3, 7, 5, 3])
03  plt.ylabel("num")
04  plt.show()
```

【范例 11-10】运行效果如图 11-26 所示。

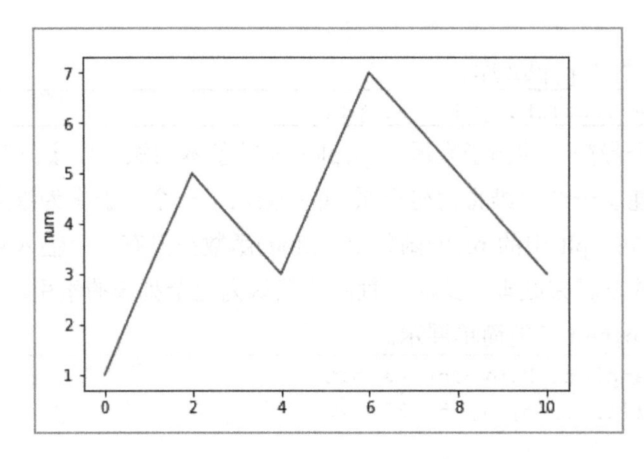

图 11-26 【范例 11-10】运行效果

pyplot 除了能够绘制简单的图形，还可以在一个区域中绘制多个图形，这里涉及 pyplot 的绘图区域的概念。最简单的分割绘图区域的办法就是使用 subplot()函数。如【范例 11-11】所示，subplot()函数有 3 个参数，其作用是将一个绘图区域分割成 nrows×ncols 个子区域。比如，subplot(2,2,1)表示将一个绘图区域分成一个 2 行 2 列的区域，共 4 个子区域，最后一个参数代表要选择的子区域的编号，1 代表选择的是分割后的第一个子区域。通过 subplot()函数就可以实现在一张图中绘制多个图形。

【范例 11-11】划分子区域函数。

```
01  plt.subplot(nrows, ncols, plot_number)
```

在【范例 11-12】中，首先使用 NumPy 库生成一个元素值为 0～9 的数组，然后使用 subplot()函数将绘图区域分为 4 份，在第一个子区域上画出 foo 数组的平方曲线，切换绘图区域到第二个子区域后，画出 foo 数组的余弦曲线。

【范例 11-12】函数划分区域实例。

```
01  import numpy as np
02  import matplotlib.pyplot as plt
03
04  foo = np.arange(0, 10)
05  plt.subplot(2, 2, 1)
06  plt.plot(foo, np.square(foo))
07  plt.subplot(2, 2, 2)
08  plt.plot(foo, np.cos(foo))
```

【范例 11-12】运行效果如图 11-27 所示，满足了在一个绘图区域上同时绘制两个图形的需求，这在进行数据比较时是十分有用的。

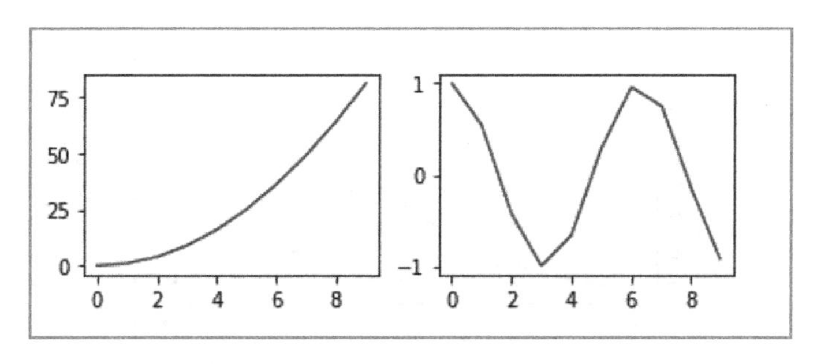

图 11-27 【范例 11-12】运行效果

11.4.2 matplotlib.pyplot 库深入

plot()函数在绘制坐标系时十分常用，如【范例 11-13】所示，它的主要参数有以下几个：x 代表 *x* 轴的值，一般是列表或数组；y 代表 *y* 轴的值，类型也是列表或数组；format_string 指控制曲线样式的字符串，可以通过这个参数控制曲线是实线还是虚线；**kwargs 参数是第二组或更多组的(x, y, format_string)，用于在一个坐标系中绘制多条曲线。

在绘制多条曲线时，参数 x 不可或缺。但是，在绘制单条曲线时，可以省略参数 x 而让程序自动用列表的索引代替。

【范例 11-13】曲线绘制函数。

```
01  plt.plot(x, y, format_string, **kwargs)
```

下面通过一个例子讲解如何在同一个坐标系中绘制多条曲线。如【范例 11-14】所示，首先生成一个 foo 数组，然后分别用 plot()函数在一张图中进行绘制，包括 foo 数组的平方图、2 倍图、平方根图。

【范例 11-14】曲线绘制函数示例。

```
01  import numpy as np
02  import matplotlib.pyplot as plt
03  foo = np.arange(0, 10)
04  plt.plot(foo, np.square(foo), foo, foo*2, foo, np.sqrt(foo))
05  plt.show()
```

【范例 11-14】运行效果如图 11-28 所示。

format_string 可以控制曲线的样式，由颜色字符、风格字符和标记字符组成。下面列举一些颜色字符、风格字符、标记字符。曲线颜色字符如表 11-11 所示。

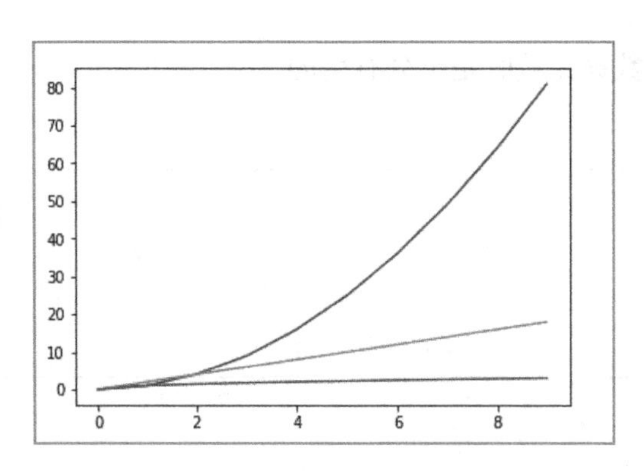

图 11-28 【范例 11-14】运行效果

表 11-11 曲线颜色字符

颜色字符	说　明	颜色字符	说　明
'b'	蓝色	'm'	洋红色
'g'	绿色	'y'	黄色
'r'	红色	'k'	黑色
'c'	青绿色	'w'	白色
'#ffffff'	RGB 数值颜色	'0.5'	灰度值字符串

风格字符可以改变曲线的样式。在日常使用中，最好对不同的曲线采用不同的样式。因为在科学计算的使用场景中，在很多情况下，打印机都是黑白打印机，这时候，有的颜色区分度就不是那么高了。为了保证不同数据的辨识度，采用不同的风格字符来改变曲线的样式，是一个很有必要的选择。曲线风格字符如表 11-12 所示。

表 11-12 曲线风格字符

风格字符	说　明
'-'	实线
'--'	破折线
'-.'	点画线
':'	虚线
" ''	无线条

标记字符有很多种，这里只列出其中的一部分，如表 11-13 所示。

表 11-13 曲线标记字符

标记字符	说　明	标记字符	说　明	标记字符	说　明
'1'	下花三角	'.'	点标记	'h'	竖六边形
'2'	上花三角	','	像素标记	'H'	横六边形

续表

标记字符	说　明	标记字符	说　明	标记字符	说　明
'3'	左花三角	'o'	实心圆标记	'+'	十字
'4'	右花三角	'v'	倒三角标记	'x'	x 标记
's'	实心方形	'^'	上三角标记	'D'	菱形标记
'p'	实心五角	'>'	右三角标记	'd'	瘦菱形
'*'	星形标记	'<'	左三角标记	'|'	垂直线

下面通过一个简单的例子来看看部分字符的效果。如【范例 11-15】所示，仍然使用刚才的图形，这次加入效果字符串，将平方曲线设置为黑色、虚线、实心圆标记，将 2 倍曲线设置为点画线、十字标记。

【范例 11-15】修改线条外观。

```
01  import numpy as np
02  import matplotlib.pyplot as plt
03  foo = np.arange(0, 10)
04  plt.plot(foo, np.square(foo), 'k:o', foo, foo*2, '-.+')
05  plt.show()
```

【范例 11-15】运行效果如图 11-29 所示。

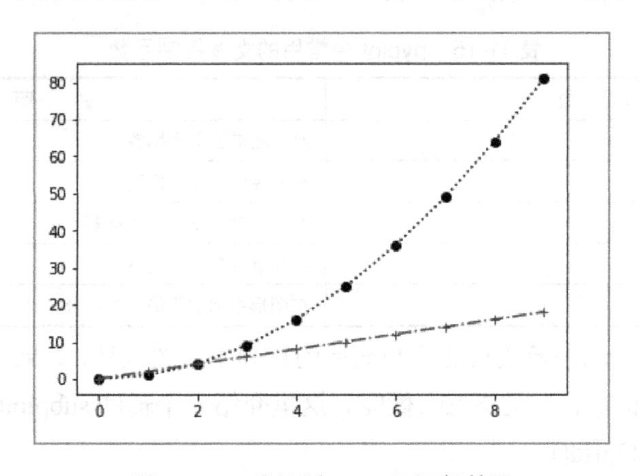

图 11-29 【范例 11-15】运行效果

pyplot 默认不支持中文显示，所以，如果希望在坐标系中显示中文，则需要增加额外的代码辅助。这里介绍两种方法来支持中文显示。

（1）通过 rcParams 修改字体来实现。rcParams 是 matplotlib 用来改变全局字体的相关资源库。可以直接使用如【范例 11-16】所示的代码修改字体为中文字体，这里 SimHei 就是中文的黑体。

【范例 11-16】修改字体。

```
01  import matplotlib
02  matplotlib.rcParams['font.family'] = 'SimHei'
```

rcParams 具有如下几个常用属性，可以通过【范例 11-16】中的方法对这些属性进行修改，如表 11-14 所示。

表 11-14　rcParams 常用属性

属　性	说　明
'font.family'	字体名称
'font.style'	字体风格，正常'normal'，或斜体'italic'
'font.size'	字体大小，整数字号或者'large'、'x-small'

（2）在有中文输出的地方，增加一个属性 fontproperties，如【范例 11-17】所示。如果在 *x* 轴上有中文字体，那么，在设置 *x* 轴标签的同时，也要设置 fontproperties 为相应的字体类型。

【范例 11-17】修改 *x* 轴标签字体。

```
01  plt.xlabel('x 轴, foo', fontproperties="SimHei", fontsize=20)
```

pyplot 中常用的文本控制函数如表 11-15 所示。

表 11-15　pyplot 中常用的文本控制函数

函　数	说　明
plt.xlabel()	对 *x* 轴增加文本标签
plt.ylabel()	对 *y* 轴增加文本标签
plt.title()	对图形整体增加文本标签
plt.text()	在任意位置增加文本
plt.annotate()	在图形中增加带箭头的注释

之前介绍的 subplot()函数只能绘制简单的行列子绘图区域，如果想设计大小不一样的、复杂的子绘图区域，那又该怎么做呢？这里介绍一个辅助 subplot()函数进行子区域绘图的函数 subplot2grid()。

【范例 11-18】网格划分函数。

```
01  plt.subplot2grid(GridSpec, CurSpec, colspan=1, rowspan=1)
```

如【范例 11-18】所示，subplot2grid()函数可以有效地划分网格，并选中其中自定义的网格数量。它的基本理念是：首先在一个区域设定规则的网格，然后选择其中的网格，并根据选择的网格确定占用的行或列的区域，进而实现对一个自定义网格的使用。在这个函数中，所有的网格编号从 0 开始。

如果想实现如图 11-30 所示的布局，那么应该如何来进行编码呢？

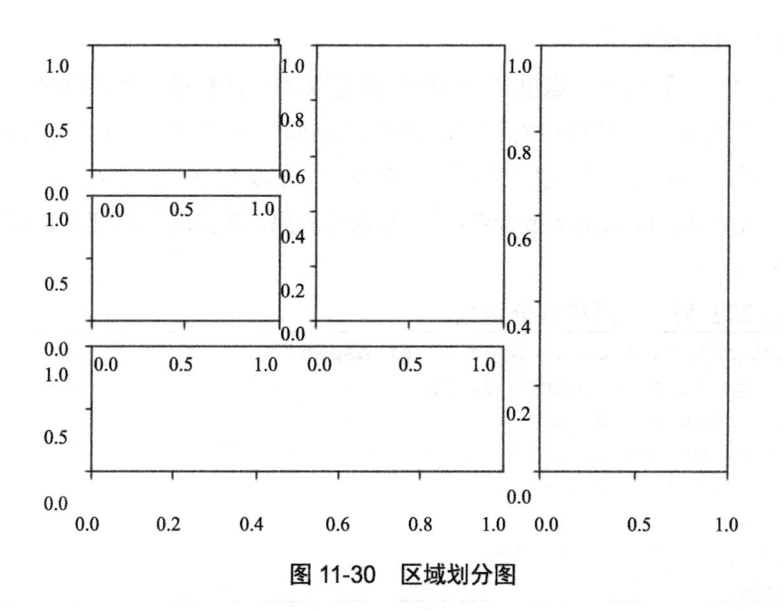

图 11-30 区域划分图

如【范例 11-19】所示，先来看第一行代码，这里的(3,3)代表想要划分的绘图区域总的大小，对于一个完整的绘图区域，将它划分为 9 个等大的子区域；(0,0)代表选中这 9 个区域中左上角的那个区域作为出发点，这样绘图的结果也就是图 11-30 中左上角的这一片区域了。

再来看第二行代码，(3,3)同样代表划分为 9 个等大的子区域；(0,1)代表选中图像上方中部的子区域作为出发点；rowspan 代表从出发点开始，沿垂直方向，也就是行方向所占据的子区域的数量，这里沿垂直方向占据了 2 个子区域。

其他行的代码以此类推，最终得到的就是经过划分的、大小不尽相同的 5 个子区域。

【范例 11-19】网格划分函数示例。

```
01  plt.subplot2grid((3, 3), (0, 0))
02  plt.subplot2grid((3, 3), (0, 1), rowspan=2)
03  plt.subplot2grid((3, 3), (0, 2), rowspan=3)
04  plt.subplot2grid((3, 3), (1, 0))
05  plt.subplot2grid((3, 3), (2, 0), colspan=2)
06  plt.show()
```

但是，在使用 subplot2grid()函数时也发现了一个问题，那就是每次都要指定(3,3)的大小，非常麻烦。当然，子区域划分不仅仅这一个函数可以完成，还可以使用一个更简单的函数。

这个函数就是 matplotlib.gridspec()。比起 subplot2grid()函数，这个函数不用每次都设定划分范围，而使用 gridspec.GridSpec()函数提前设定了划分范围，然后就可以使用

subplot()函数来进行规划了。

如【范例 11-20】所示，这里 foo[0,0]代表选取第一行和第一列的部分，也就是整个区域中的左上角部分，从而得到和 plt.subplot2grid((3, 3), (0, 0))同样的划分效果。

foo[0:2,1]代表在行上选取前两行，在列上选取中间的一列，从而得到和 plt.subplot2grid((3, 3), (0, 1), rowspan=2)同样的划分效果。这里所用的切片语法遵循一般的 Python 语法规范。

【范例 11-20】另一个网格划分函数。

```
01  import matplotlib.gridspec as gridspec
02  foo = gridspec.GridSpec(3, 3)
03  plt.subplot(foo[0, 0])
04  plt.subplot(foo[0:2, 1])
05  plt.subplot(foo[0:, -1])
06  plt.subplot(foo[1, 0])
07  plt.subplot(foo[2, 0:2])
08  plt.show()
```

我们不可能在有限的时间内讲解每种作图方法和每种属性的使用，在这里仅仅列出常用的基础图表函数，如表 11-16 所示。

表 11-16 pyplot 中常用的基础图表函数

函　数	说　明
plt.plot()	绘制坐标图
plt.boxplot()	绘制箱形图
plt.bar()	绘制条形图
plt.barh()	绘制横向条形图
plt.polar()	绘制极坐标图
plt.pie()	绘制饼图
plt.psd()	绘制功率谱密度图
plt.specgram()	绘制谱图
plt.cohere()	绘制 *x-y* 的相关性
plt.scatter()	绘制散点图，其中，*x* 和 *y* 长度相等
plt.step()	绘制步阶图
plt.hist()	绘制直方图
plt.contour()	绘制等值图
plt.vlines()	绘制垂直图
plt.stem()	绘制柴火图
plt.plot_date()	绘制数据日期

11.5　综合案例1：绘制极坐标图

极坐标的概念属于数学范畴，本书不再做过多的解释，不明白的读者请自行查阅相关数学资料。

如【范例 11-21】所示，首先引入 NumPy 库和 matplotlib 库，使用 NumPy 库来给出数据，使用 matplotlib 库来绘制这张极坐标图，这里 *N*=20 表示的是绘制极坐标图中数据的个数。使用 NumPy 库中的 linspace()函数从 0 到 2pi 按照个数等分出 *n* 个不同的角度。

然后使用 random 中的 rand()函数来生成每个角度所对应的值，再给出 pi/4 乘以一个 random 的参数，创造出一个随机的宽度值，等同于生成了一个数组。

下面重点看一下如何绘制这张极坐标图。这里在使用 subplot()函数来划分绘图区域的同时，使用 projection="polar"来给出绘制极坐标图的指示，其中 polar 就是极坐标的意思，并将这个绘图区域转换成了一个对象 foo。

foo 对象使用 bar()方法输入了 theta、radii、width 3 个参数，分别对应极坐标中的 left、height、width。其中，left 是指在绘制极坐标系中的颜色区域时从何处开始，表示的是图中的某个位置；height 是指从中心点向边缘绘制的长度；width 是指每个绘图区域的面积，这个面积是在角度范围内辐射的面积。在给定这 3 个参数后，极坐标图就可以确定了。所以说，bar()方法实现了对极坐标图的绘制。

之后可以用一个 for 循环设定不同极坐标区域的颜色，从而产生视觉上的不同效果。让每个极坐标区域的颜色和高度相关，也就是 radii 参数，高度越大的区域颜色越浅，高度越小的区域颜色越深。

【范例 11-21】绘制极坐标图。

```
01  import numpy as np
02  import matplotlib.pyplot as plt
03
04  N = 20
05  theta = np.linspace(0.0, 2*np.pi, N, endpoint=False)
06  radii = 10 * np.random.rand(N)
07  width = np.pi / 4 * np.random.rand(N)
08
09  foo = plt.subplot(1, 1, 1, projection="polar")
10  bars = foo.bar(theta, radii, width=width, bottom=0.0)
11
12  for r, bar in zip(radii, bars):
```

```
13        bar.set_facecolor(plt.cm.viridis(r/10.))
14        bar.set_alpha(0.5)
15
16    plt.show()
```

极坐标图绘制结果如图 11-31 所示。

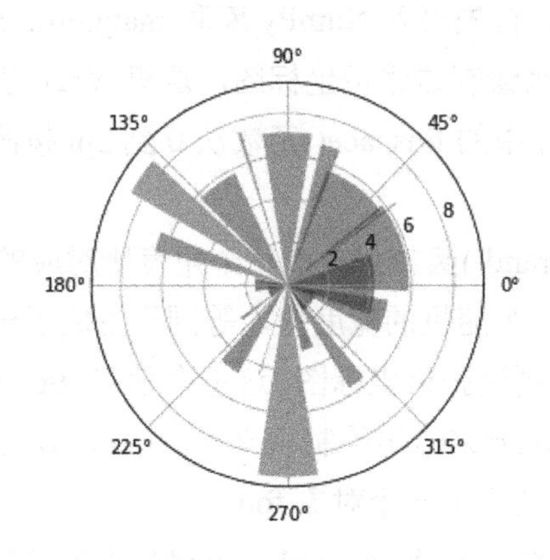

图 11-31 极坐标图绘制结果

11.6 综合案例2：绘制股票K线图

股票 K 线图如图 11-32 所示。如何绘制一张 K 线图？K 线图具有 4 个数据：开盘价、最高价、收盘价、最低价。当日股价上涨，K 线是红色的；当日股价下跌，K 线是绿色的。图中竖线较粗的部分分别是开盘价和收盘价，而粗线两端引出的细线则代表的是最高价和最低价。

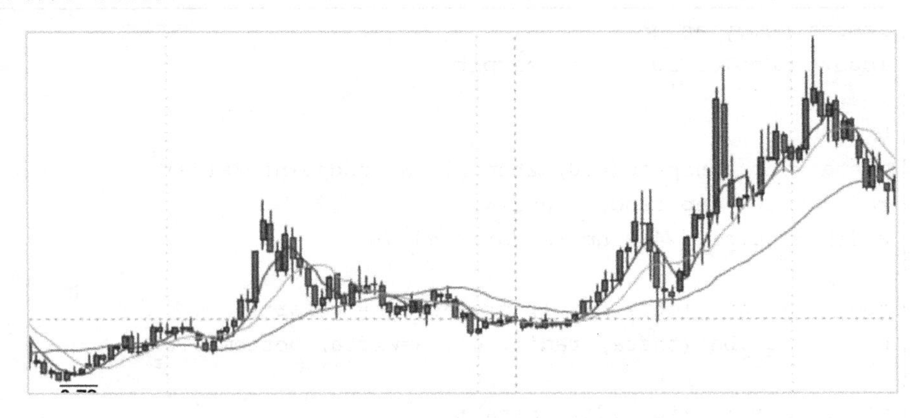

图 11-32 股票 K 线图

绘制股票 K 线图的代码如【范例 11-22】所示。导入 date2num 库，用来在进行数据处理时修改日期格式。导入 matplotlib 库，用来提供绘制股票 K 线图的能力。当然，绘制股票 K 线图还要有数据，专业的股票数据通过自己模拟当然是不现实的，这里通过一个名为 tushare 的库来获取专业的股票数据，为绘图提供基本的数据资源。导入 mpl_finance 库，用来将从 tushare 库中获取的数据转换为 matplotlib 库可以识别的格式。导入 datetime 库，用来转换日期格式。

首先使用 tushare 库来获取某只股票的 K 线数据，这里的第一个参数是股票的代码，第二个参数是 K 线数据开始的时间。这里获取的是三峡水利的 2018 年度 K 线数据。

这里得到的数据是特殊格式的，需要将它转换成一个二维矩阵，方便后续的数据处理。需要注意的是，在得到的数据中，日期是用标准格式显示的，但是 matplotlib 库在绘图时要求日期使用浮点数表示。所以需要通过 datetime 库和 date32time 库来将所有的日期转换成 matplotlib 库可以识别的格式。

接下来开始绘图。首先创建一张画布，在创建的同时指定画布的大小。这里将画布指定为宽度较大的格式，因为要绘制的图像包含多个月份的信息，所以在横向上要长一些。然后使用 mpf.candlestick_ochl()函数来绘制图像，其中，第一个参数是在哪里绘图；第二个参数是绘图时所使用的数据来源；第三个参数是绘图时 K 线中红绿矩形的宽度，这里设置为 0.6mm；第四个参数是当天收盘价高于开盘价时矩形所对应的颜色；第五个参数是当天收盘价低于开盘价时矩形所对应的颜色；第六个参数代表矩形的不透明度，这里设置为 1.0，即不透明。

grid()函数用于为图像提供一个网格的背景参考线，方便对比每日数据之间的变化量。xaxis_date()函数用于将刚才修改为浮点数格式的日期重新解释为正常的、可阅读的日期格式。因为日期比较长，为了使图表显得美观，使用 xticks()函数将 x 轴上的数据进行 30° 旋转，使它们不会直接相撞。同时修改图表的标题，以及 x 轴和 y 轴的标签。

【范例 11-22】绘制股票 K 线图。

```
01  from matplotlib.pylab import date2num
02  import matplotlib.pyplot as plt
03  import mpl_finance as mpf
04  import tushare as ts
05  import datetime
06
07  #获取三峡水利的 2018 年度 K 线数据
08  data = ts.get_k_data('600116','2018-01-01')
09
10  #更改日期格式
```

```
11  def date_to_num(dates):
12      num_time = []
13      for date in dates:
14          date_time = datetime.datetime.strptime(date,'%Y-%m-%d')
15          num_date = date2num(date_time)
16          num_time.append(num_date)
17      return num_time
18  
19  #转换为二维矩阵
20  mat_data = data.as_matrix()
21  mat_data[:,0] = date_to_num(mat_data[:,0])
22  
23  #绘图
24  fig, ax = plt.subplots(figsize=(15,5))
25  fig.subplots_adjust(bottom=0.5)
26  mpf.candlestick_ochl(ax, mat_data, width=0.6, colorup='g',
27  colordown='r', alpha=1.0)
28  
29  #设置显示细节
30  plt.grid(True)
31  x.xaxis_date()
32  plt.xticks(rotation=30)
33  plt.title('sanxia 2018')
34  plt.xlabel('Date')
35  plt.ylabel('Price')
36  
37  #显示
38  plt.show()
```

股票 K 线图绘制结果如图 11-33 所示。

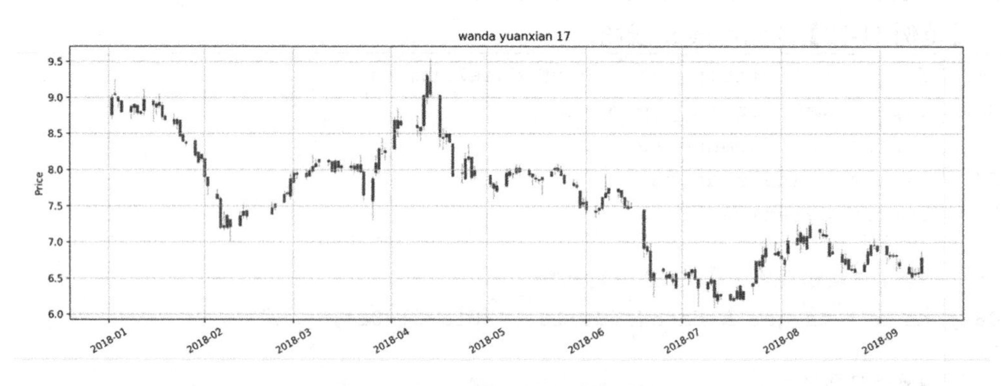

图 11-33　股票 K 线图绘制结果

12

第 12 章

基于 PyQt 5 技术的 GUI 编程

我们在前面学习了 Python 中的一些语法元素结构和语法规则。对于开发人员来说，程序的内部结构不容小觑，但程序的门面也是十分重要的。Python 是使用极为广泛、简单的编程语言，而 Qt 又是非常优秀的开发库，那么二者的产物 PyQt 一定是十分强大的。本章就来学习 PyQt 5 技术。

本章重点知识：

- GUI 概述。
- PyQt 简介及安装。
- Qt Designer 入门。
- PyQt 5 基本窗口空间的使用方法。
- GUI 的布局管理。

12.1 GUI概述

在目前的软件设计过程中，图形用户界面（GUI）的设计是十分重要的。图形用户界面的美观、精简在很大程度上提高了软件的使用量。

12.1.1 GUI 是什么

图形用户界面（GUI）是一种人与计算机通信的界面显示格式，允许用户使用鼠标等输入设备操纵屏幕上的图标或菜单选项，以选择命令、调用文件、启动程序或执行其他一些日常任务。与通过键盘输入文本或字符命令来完成例行任务的字符界面相比，图形用户界面有许多优点。图形用户界面由窗口、下拉菜单、对话框及其相应的控制机制构成，在各种新式应用程序中都是标准化的，即相同的操作总是以同样的方式来完成的。在图形用户界面中，用户看到和操作的都是图形对象，应用的是计算机图形学的技术。

12.1.2 GUI 工具集

从 Python 语言的诞生之日起，就有许多优秀的 GUI 工具集整合到 Python 中，这些优秀的 GUI 工具集使得 Python 可以在图形界面编程领域大展身手。由于 Python 的流行，许多应用程序都是由 Python 结合那些优秀的 GUI 工具集编写的。下面介绍在 Python 中经常使用的 GUI 工具集。

1. Tkinter

Tkinter 是绑定了 Python 的 Tk GUI 工具集，也就是 Python 包装的 Tcl 代码，通过内嵌在 Python 解释器中的 Tcl 解释器实现，将对 Tkinter 的调用转换成 Tcl 命令，然后交给 Tcl 解释器进行解释，从而实现 Python 的 GUI 界面。

Tkinter 的优点：历史悠久；Python 事实上的标准 GUI；Python 中使用 Tk GUI 工具集的标准接口；已经包括在标准的 Python Windows 安装中；著名的 IDLE 就是使用 Tkinter 实现的；GUI 的创建很简单，学起来和用起来也简单。

2. wxPython

wxPython 是 Python 对跨平台的 GUI 工具集 wxWidgets（用 C++编写）的包装，作为 Python 的一个扩展模块来实现。

wxPython 的优点：比较流行的 Tkinter 的替代品，在各种平台上的表现都很好。

3. PyGTK

PyGTK 是一系列的 Python 对 GTK+ GUI 库的包装。

PyGTK 的优点：比较流行的 Tkinter 的替代品，许多 Gnome 下的著名应用程序的 GUI 都是使用 PyGTK 实现的，如 BitTorrent、GIMP 和 Gedit 都有可选的实现。但在 Windows 平台上似乎表现得不太好，这一点也无可厚非，毕竟使用的是 GTK 的 GUI 库。

4. PyQt

PyQt 是 Python 对跨平台的 GUI 工具集 Qt 的包装，实现了 440 个类及 6000 个函数或方法。PyQt 是作为 Python 的插件实现的。

PyQt 的优点：比较流行的 Tkinter 的替代品，功能非常强大，可以用 Qt 开发多么漂亮的界面，就可以用 PyQt 开发多么漂亮的界面；对跨平台的支持性很好，不过在商业授权上似乎存在一些问题。

5. PySide

PySide 是另一个 Python 对跨平台的 GUI 工具集 Qt 的包装，捆绑在 Python 中，最初由 Boost C++库实现，后来迁移到 Shiboken 中。

PySide 的优点：比较流行的 Tkinter 的替代品，和 PyQt 有相似之处。

12.2　PyQt简介及安装

PyQt 实现一个 Python 模块集，它是一个多平台的工具包，可以运行在所有的主流操作系统上，包括 UNIX、Windows 和 Mac。本节主要讲解什么是 PyQt，以及它是如何安装的。

12.2.1　PyQt 简介

Qt 是在 1991 年由 Qt Company 开发的跨平台 C++图形用户界面应用程序开发框架。它既可以开发 GUI 程序，也可以开发非 GUI 程序，如控制台工具和服务器。PyQt 是 Python 编程语言和 Qt 库的成功融合。Qt 库是目前最强大的库之一。PyQt 是由 Phil Thompson 开发的。

12.2.2　PyQt 安装

对于 PyQt 5 的安装，有两种实现方式，这里仅介绍较为方便操作的一种——使用 pip install 安装。前面已经介绍了 Python 的安装与环境搭建，若在此前的安装过程中选择了 pip 选项，这里就不用重复安装 Python 了，仅需安装 PyQt 5。请先确认计算机的操作系统类型，此处以 64 位为例。

（1）登录 Python 官网，选中 Windows x86-64 executable installer，将其下载，如图 12-1 所示。由于下载的安装文件是可执行文件，所以直接安装即可（安装时请选择 pip 选项）。

Files

Version	Operating System	Description	Mi
Gzipped source tarball	Source release		e9
XZ compressed source tarball	Source release		b9
Mac OS X 64-bit/32-bit installer	Mac OS X	for Mac OS X 10.6 and later	ce
Windows help file	Windows		a8
Windows x86-64 embeddable zip file	Windows	for AMD64/EM64T/x64, not Itanium processors	b1
Windows x86-64 executable installer	Windows	for AMD64/EM64T/x64, not Itanium processors	89
Windows x86-64 web-based installer	Windows	for AMD64/EM64T/x64, not Itanium processors	b6
Windows x86 embeddable zip file	Windows		cf
Windows x86 executable installer	Windows		38
Windows x86 web-based installer	Windows		39

图 12-1　下载安装文件

（2）安装完成后，进入 Python 3.6 安装目录下的 Scripts 文件夹，在空白处按“Shift”键的同时单击鼠标右键，在弹出的快捷菜单中选择“在此处打开命令窗口”命令，如图 12-2 所示。

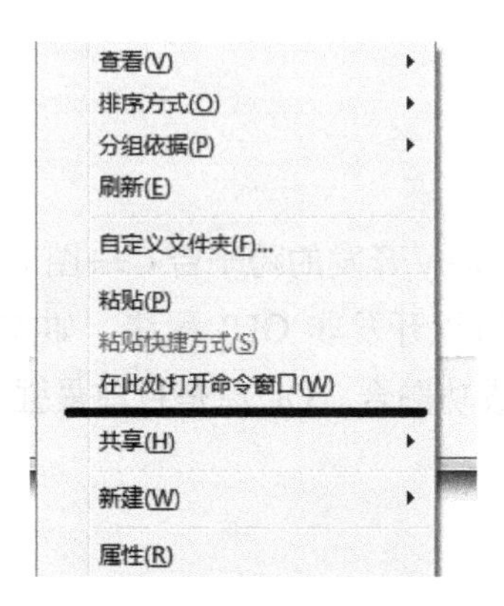

图 12-2　打开命令窗口

在命令窗口中显示安装成功，如图 12-3 所示。

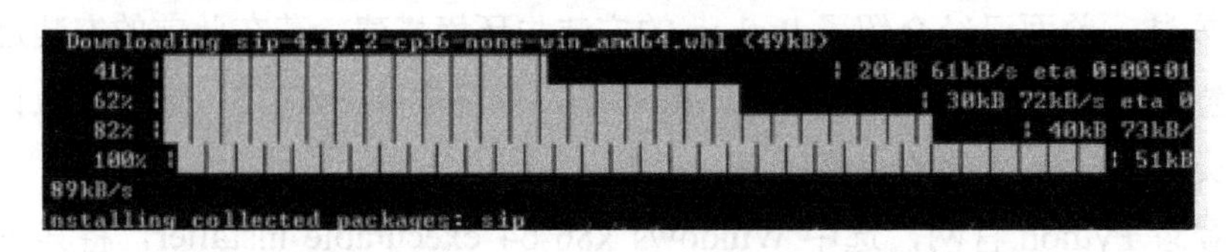

图 12-3　安装成功

如果没有安装成功，则可以尝试打开 cmd，输入 pip install wheel。

（3）下面就可以使用命令 pip3 install PyQt5 安装 PyQt 5 了。

（4）可用以下代码进行检验。

【范例 12-1】代码如下：

```
01  import sys
02  from PyQt5 import QtWidgets,QtCore
03
04  app = QtWidgets.QApplication(sys.argv)
05  widget = QtWidgets.QWidget()
06  widget.resize(360,360)
07  widget.setWindowTitle("hello,pyqt5")
08  widget.show()
09  sys.exit(app.exec_())
```

（5）如果成功弹出窗口，则代表安装成功。

12.3　Qt Designer入门

Qt Designer 采用图形化的方法来编写界面程序，使用起来非常方便。本节将详细介绍 Qt Designer 的用法。

12.3.1　Qt Designer 简介

Qt Designer 即 Qt 设计师，是一个强大的、灵活的可视化 GUI 设计工具，是 Python 设计中一个非常实用的工具，使得人们编写 Qt 界面不仅可以使用纯代码，还可以在可视化的基础上进行设置。

Qt Designer 的优点：使用简单，可通过拖曳组件等完成界面设计，随时查看结果图；易于转换为 Python 文件。

12.3.2　Qt Designer 安装

在安装 PyQt 5 后，系统会默认安装 Qt Designer。

Qt Designer 的默认安装路径为 E:\python\python\Lib\site-packages\PyQt5\designer.exe。

如果在默认安装路径下没有找到 designer.exe 文件，那么在 cmd 中输入 pip3 install PyQt5-tools，在 D:\Program Files\python3.6\Lib\site-packages\pyqt5-tools 目录中可以找到，如图 12-4 所示。

此电脑 > 本地磁盘 (D:) > Program Files > python3.6 > Lib > site-packages > pyqt5-tools

名称	修改日期	类型	大小
plugins	2018/2/2 21:22	文件夹	
printsupport	2018/2/2 21:22	文件夹	
qmltooling	2018/2/2 21:22	文件夹	
scenegraph	2018/2/2 21:22	文件夹	
sqldrivers	2018/2/2 21:22	文件夹	
translations	2018/2/2 21:22	文件夹	
assistant.exe	2018/2/2 21:22	应用程序	1,183 KB
build_id	2018/2/2 21:22	文件	1 KB
canbusutil.exe	2018/2/2 21:22	应用程序	36 KB
D3Dcompiler_47.dll	2018/2/2 21:22	应用程序扩展	4,077 KB
designer.exe	2018/2/2 21:22	应用程序	520 KB
dumpcpp.exe	2018/2/2 21:22	应用程序	205 KB
dumpdoc.exe	2018/2/2 21:22	应用程序	167 KB

图 12-4 Qt Designer 的启动文件 designer.exe 的位置

打开该文件后，会自动弹出“新建窗口”对话框，如图 12-5 所示。

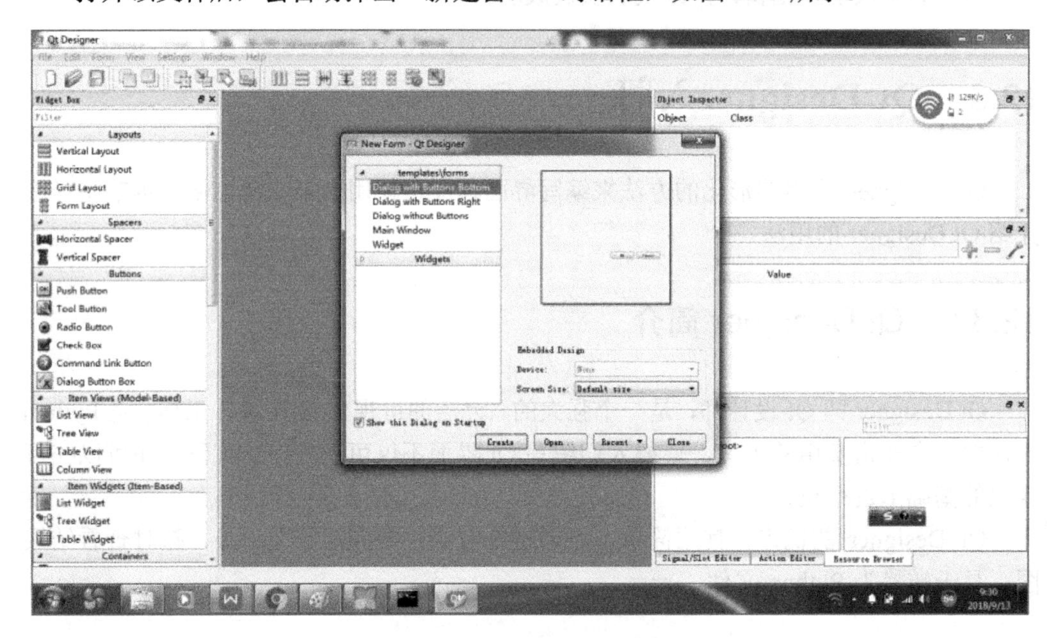

图 12-5 “新建窗口”对话框

12.3.3 窗口的基本介绍

窗口中的 Widget Box 区域如图 12-6 所示。该区域提供了很多控件，每个控件都有自己的名称，可提供不同的功能。

图 12-7 表示新建窗口，可从 Widget Box 区域的 Buttons 卷展栏中拖曳按钮到其中。

图 12-6　Widget Box 区域

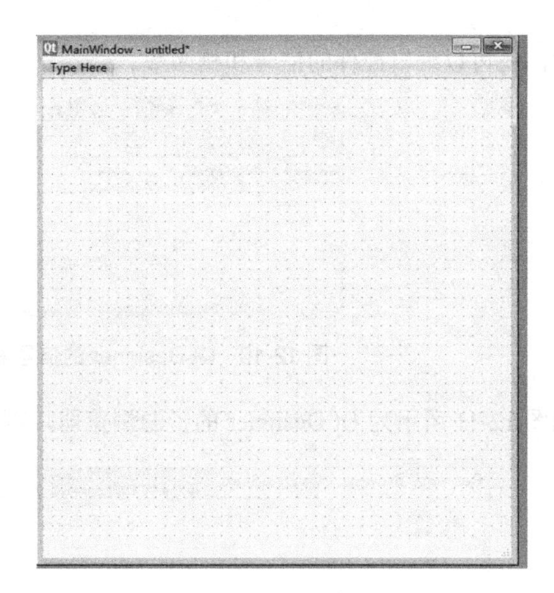

图 12-7　新建窗口

如图 12-8 所示，可以查看主窗口放置的对象列表。

如图 12-9 所示为 Qt Designer 的属性编辑器，如 geometry 控制相对坐标系、sizePolicy 控制大小策略、font 控制字体等。

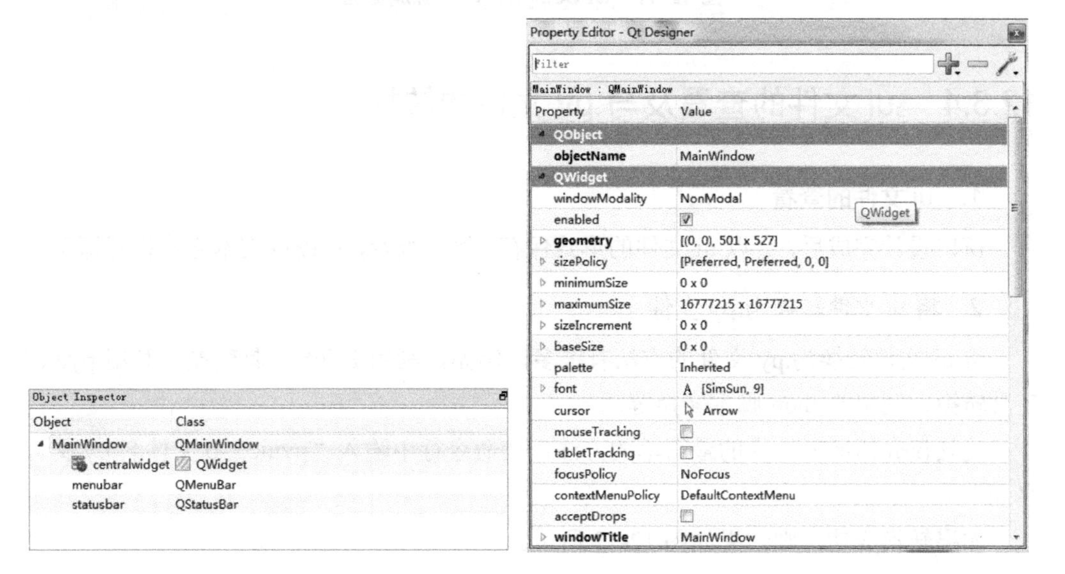

图 12-8　主窗口放置的对象列表　　　　图 12-9　Qt Designer 的属性编辑器

如图 12-10 所示为 Qt Designer 的信号/槽编辑器，可以为控件添加自定义的信号和槽函数，还可以编辑控件的信号和槽函数。

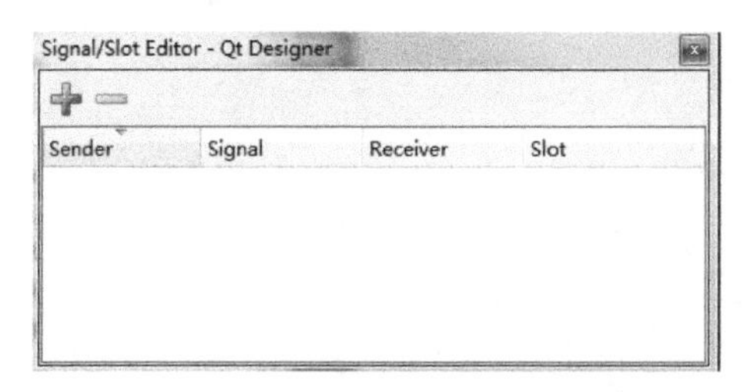

图 12-10　Qt Designer 的信号/槽编辑器

如图 12-11 所示为 Qt Designer 的资源浏览器，可以为控件添加图片。

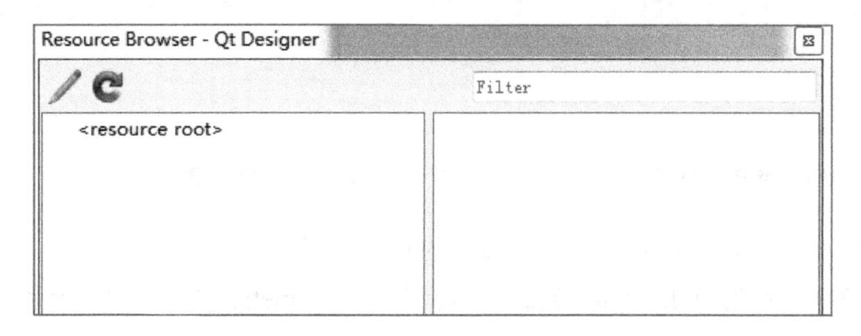

图 12-11　Qt Designer 的资源浏览器

12.3.4　.ui 文件的查看及与.py 文件的转换

1. .ui 文件的查看

窗口设计完成后，会以.ui 文件的形式保存。如需查看，只需以文本方式打开即可。

2. 将.ui 文件转换为.py 文件

将.ui 文件转换为.py 文件的方法有很多，例如，利用 Eric6 工具转换、利用 pyuic5 工具转换、利用 Python 脚本转换等。

此处仅介绍笔者认为的最简单的方法：在命令行中输入“pyuic5 -o 文件名.py 文件名.ui”。

如果转换成功，则结果如图 12-12 所示。

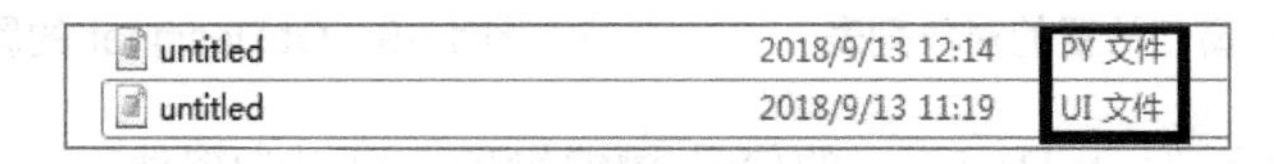

图 12-12　文件格式转换成功

12.4　PyQt 5基本窗口空间的使用方法

本节主要介绍 Qt 中用来创建窗口的 3 个基类（QMainWindow、QWidget 和 QDialog），以及 Qt 中主要控件的用法。

12.4.1　Qt 中的 3 个基类

1. QMainWindow 类

QMainWindow 类提供一个主应用程序窗口。QMainWindow 类经常被继承，使得封装中央部件、菜单、工具条、状态栏等变得很容易。

QMainWindow 类中比较重要的方法如下。

- addToolBar()：添加工具栏。
- centralWidget()：返回窗口中心的一个控件，未设置时返回 NULL。
- menuBar()：返回主窗口的菜单栏。
- setCentralWidget()：设置窗口中心的控件。
- setStatusBar()：设置状态栏。
- statusBar()：获得状态栏对象后，调用状态栏对象的 showMessage(message,int timeout=0)方法显示状态栏信息。其中，第一个参数是要显示的状态栏信息；第二个参数是状态栏信息停留的时间，单位是毫秒，默认值是 0，表示一直显示状态栏信息。

【范例 12-2】窗口的详细创建。具体代码如下：

```
01  import sys
02  from PyQt5.QtWidgets import QMainWindow , QApplication
03  from PyQt5.QtGui import QIcon
04  class MainWidget(QMainWindow):
05      def __init__(self,parent=None):
06          super(MainWidget,self).__init__(parent)
07          #设置主窗口标签
08          self.setWindowTitle("QMainWindow 例子")
09          self.resize(400, 200)
10          self.status = self.statusBar(www.boshenyl.cn )
11          self.status.showMessage("这是状态栏提示",5000)
12  if __name__ == "__main__":
13      app = QApplication(sys.argv)
```

```
14      app.setWindowIcon(QIcon("www.yszx11.cn/ /images/cartoon1.ico"))
15      main = MainWidget(www.mhylpt.com/)
16      main.show()
17      sys.exit(app.exec_())
```

【范例 12-3】窗口的移动和关闭。具体代码如下：

```
01  import sys
02  from PyQt5.QtWidgets import
03  QDesktopWidget,QMainWindow,QHBoxLayout,QPushButton,QApplication,QWidget
04  class WinForm(QMainWindow):
05      def __init__(self,parent=None):
06          super(WinForm, self).__init__(parent)
07          self.setWindowTitle('调整窗口位置和关闭窗口')
08          self.resize(370,250)
09          self.center(www.wanmeiyuele.cn )
10          self.button1 = QPushButton('关闭主窗口')
11          self.button1.clicked.connect(self.onButtonClick)
12          layout = QHBoxLayout()
13          layout.addWidget(self.button1)
14          main_frame = QWidget()
15          main_frame.setLayout(layout)
16          self.setCentralWidget(main_frame)
17      def center(self):
18          screen = QDesktopWidget().screenGeometry()
19          size = self.geometry(www.caibaoyule.cn )
20  
21  self.move((screen.width()-size.width())/2,(screen.height()-size.
22  height())/2)
23      def onButtonClick(self):
24          sender = self.sender()
25          print(sender.text(www.jyz521.com/)+'被单击了')
26          qApp = QApplication.instance()
27          qApp.quit(www.365soke.cn)
28  if __name__ == '__main__':
29      app = QApplication(sys.argv)
30      form = WinForm()
31      form.show()
32      sys.exit(app.exec_())
```

2. QWidget 类

QWidget 类是所有用户界面对象的基类，窗口部件是用户界面的一个基本单元，它从窗口系统接收鼠标、键盘和其他消息，并在屏幕上绘制自己。一个窗口部件可以被它的父窗口或其他窗口挡住一部分。

QWidget 类直接提供的成员函数：x()、y()用于获取窗口左上角的坐标，width()、height()用于获取窗口的宽度和高度。

QWidget 类中的 frameGeometry()方法提供的成员函数：x()、y()用于获取客户区左上角的坐标，width()、height()用于获取客户区的宽度和高度。

QWidget 类中的 frameGeometry()方法提供的成员函数：x()、y()用于获取窗口左上角的坐标，width()、height()用于获取包含客户区、标题栏和边框在内的整个窗口的宽度和高度。

3．QDialog 类

QDialog 类是对话框窗口的基类。对话框窗口是主要用于短期任务和用户进行短期通信的顶级窗口。QDialog 可以是模态对话框或非模态对话框。QDialog 支持扩展并带有返回值，并且可以带有默认值。

QDialog 类的子类主要有 QMessageBox、QFileDialog、QFontDialog、QInputDialog、QColorDialog、QErrorMessage、QProgressDialog、QTabDialog、QWizard 等。

12.4.2　Qt 中的主要控件

1．QLabel

QLabel 对象作为一个占位符，既可以显示不可编辑的文本或图片，也可以放置一个 GIF 动画，还可以用来提示标记为其他控件。纯文本、链接或富文本可以显示在标签上。QLabel 是界面中的标签类，它继承自 QFrame 类。

2．QLineEdit

QLineEdit 类是一个单行文本框控件，可以输入单行字符串。如果需要输入多行字符串，则使用 QTextEdit 类。

QLineEdit 类中的常用信号如下。

- selectionChanged：当信号选择改变时，这个信号会被发射。
- textChanged：当修改文本内容时，这个信号会被发射。
- editingFinished：当编辑文本结束时，这个信号会被发射。

3. QAbstractButton

QAbstractButton 是按钮类的基类，提供了按钮的通用性功能。QAbstractButton 类为抽象类，不能实例化，必须由其他的按钮类来继承，从而实现不同的功能、不同的表现形式。

常见的按钮类包括 QPushButton、QToolButton、QRadioButton 和 QCheckBox。这些按钮类均继承自 QAbstractButton 类，根据各自的使用场景，通过图形展现出来。

4. QPainter

QPainter 类提供了许多高度优化的函数去完成大部分的 GUI 绘制工作。它可以绘制从简单的线条到复杂的形状。在通常情况下，QPainter 在 widget 当中的 painter 事件中使用。

QPainter 类的核心功能是绘制，并且提供了最简单的绘制函数，如 drawPoint()、drawPoints()、drawLine()、drawRect()、drawWinFocusRect()、drawRoundRect()、drawEllipse()、drawArc()、drawPie()、drawChord()、drawLineSegments()、drawPolyline()、drawPolygon()等。

5. QPen

QPen 类定义了如何用 QPainter 绘制直线和复杂图形的轮廓。该类提供了 style()、width()、brush()、capStyle()、joinStyle()等方法。

6. QBrush

QBrush 类定义了 QPainter 类的填充模式，具有样式、颜色、渐变、纹理等属性。

7. QPixmap

QPixmap 类用于绘图设备的图像显示，它既可以作为一个 QPainterDevice 对象，也可以加载到一个控件中，通常是标签或按钮，用于在标签或按钮上显示图像。

QPixmap 类可以读取的图像文件类型有 BMP、GIF、JPG 等。

QPixmap 类中的常用方法如下。

- copy()：从 QRect 对象复制到 QPixmap 对象。
- fromImage()：将 QImage 对象转换为 QPixmap 对象。
- grabWidget()：由给定的一个窗口小控件创建一张像素图。
- grabWindow()：在窗口中创建数据的像素图。
- load()：加载图像文件作为 QPixmap 对象。
- save()：将 QPixmap 对象保存为文件。

- toImage()：将 QPixmap 对象转换为 QImage 对象。

8. QCalendar

QCalendar 是一个日历控件，它提供了一个基于月份的视图，允许用户通过鼠标或键盘选择日期，默认选中的是当天的日期。也可以限定日历的日期范围。

12.5　GUI的布局管理

GUI 的布局管理是 GUI 开发中非常重要的一个环节。一个设计良好的 GUI 界面，其对应的布局管理也是必不可少的。其中，布局管理就是管理窗口中部件的放置。常用两种方式来实现布局：绝对位置布局（Absolute Layout）和布局类（QLayout）。

12.5.1　绝对位置布局

组件不放在布局管理器中，而通过函数 setGeometry(x,y,width,height)来设定组件相对其父窗口的位置。其中，x,y 是组件左上角的坐标，width,height 是组件的宽和高。

在绝对位置布局中，resize()函数可以调整组件尺寸，setGeometry()函数可以调整组件位置和尺寸，甚至重载 sizeHint()函数也可以设定组件尺寸。

采用绝对位置布局方式，组件的位置和尺寸固定，并不会随着父窗口位置和尺寸的改变而发生改变。

【范例 12-4】绝对位置布局的实现。具体代码如下：

```
01  import sysfrom PyQt5.QtWidgets import QWidget, QLabel, QApplication
02  class Example(QWidget):
03      def __init__(self):
04          super().__init__()
05          self.initUI()
06      def initUI(self):
07          #使用move()方法定位了每个元素，使用x,y坐标。x,y坐标的原点是程序的左上角
08          lbl1 = QLabel('Zetcode', self)
09          #这个元素的左上角就在从这个程序的左上角开始的(15, 10)的位置
10          lbl1.move(15, 10)
11          lbl2 = QLabel('tutorials', self)
12          lbl2.move(35, 40)
13
14          lbl3 = QLabel('for programmers', self)
```

```
15          lbl3.move(55, 70)
16
17          self.setGeometry(300, 300, 250, 150)
18          self.setWindowTitle('Absolute')
19          self.show()
20  if __name__ == '__main__':
21
22      app = QApplication(sys.argv)
23      ex = Example()
24      sys.exit(app.exec_())
```

12.5.2 布局类简介

常用的布局类如下：

- 水平布局管理器（QHBoxLayout）可以把添加的控件以水平的顺序依次排开。
- 垂直布局管理器（QVBoxLayout）可以把添加的控件以垂直的顺序依次排开。
- 网格布局管理器（QGridLayout）可以以网格的形式把添加的控件以一定矩阵排列。
- 窗体布局管理器（QFormLayout）可以以两列的形式排列所添加的控件。

使用布局管理器的优点是，组件的布局根据用户设置和系统自行布局确定位置和尺寸，布局方式灵活，且组件的尺寸可以根据情况发生恰当的改变，布局美观。

12.5.3 布局类进阶

1. 水平（垂直）布局管理器［QHBoxLayout（QVBoxLayout）］

QHBoxLayout：按照从左到右的顺序添加控件。

QVBoxLayout：按照从上到下的顺序添加控件。

QHBoxLayout 和 QVBoxLayout 的用法基本相同。这里以水平布局管理器（QHBoxLayout）为例来进行说明。

QHBoxLayout 类中的常用方法如下。

- addLayout(self,QLayout,stretch=0)：在窗口的右边添加布局，使用 stretch 进行伸缩，默认伸缩量为 0。
- addWidget(self,QWidget,stretch,Qt.Alignment alignment)：在布局中添加控件，其中 stretch 只适用于 QBoxLayout，控件和窗口会随着伸缩量的变大而增大；

alignment 用于指定对齐方式。

- addSpacing(self,int)：设置各控件的上下间距。通过该方法可以增加额外的空间。

【范例 12-5】实现水平布局。具体代码如下：

```
01  import sys
02  from PyQt5.QtWidgets import QApplication, QWidget, QPushButton,
03  QHBoxLayout, QVBoxLayout
04  class Exp(QWidget):
05      def __init__(self):
06          super().__init__()
07          self.initUI()
08      def initUI(self):
09          okbutton = QPushButton('Ok')
10          cancelbutton = QPushButton('Cancel')
11          hbox = QHBoxLayout()
12          hbox.addStretch()
13          hbox.addWidget(okbutton)
14          hbox.addWidget(cancelbutton)
15          vbox = QVBoxLayout()
16          vbox.addStretch()
17          vbox.addLayout(hbox)
18          self.setLayout(vbox)
19          self.setGeometry(300, 300, 300, 200)
20          self.setWindowTitle('Layout Management')
21          self.show()
22  if __name__ == '__main__':
23      app = QApplication(sys.argv)
24      ex = Exp()
25      sys.exit(app.exec_())
```

2. 网格布局管理器（QGridLayout）

QGridLayout 将窗口分隔成行和列的网格来进行排列。通常可以使用 addWidget()函数将被管理的控件（Widget）添加到窗口中，或者使用 addLayout()函数将布局（Layout）添加到窗口中。也可以使用 addWidget()函数对所添加的控件设置行数和列数的跨越，最终实现网格占据多个窗格。QGridLayout 类中的常用方法如下。

- addWidget(QWidget widget,int row,int column,int alignment=0)：给网格布局添加控件，设置指定的行和列。起始位置的默认值为(0,0)。其中，widget 表示所添加的控件；row 表示控件的行数，默认从 0 开始；column 表示控件的列数，默认从 0 开始；alignment 表示对齐方式。

- addWidget(QWidget widget,int fromRow,int fromColumn,int rowSpan,int columnSpan, Qt.Alignment alignment=0)：当所添加的控件跨越很多行或列时，使用这个函数。其中，widget 表示所添加的控件，fromRow 表示控件的起始行数，fromColumn 表示控件的起始列数，rowSpan 表示控件跨越的行数，columnSpan 表示控件跨越的列数，alignment 表示对齐方式。该方法用于设置控件在水平和垂直方向的间隔。

【范例 12-6】实现网格布局。具体代码如下：

```
01  import sys
02  from PyQt5.QtWidgets import (QApplication, QWidget,
03  QPushButton, QGridLayout)
04  class Example(QWidget):
05   def __init__(self):
06    super().__init__()
07    self.initUI()
08   def initUI(self):
09    grid = QGridLayout()
10    self.setLayout(grid)
11    names = ['(', ')', '%', 'C',
12    '7', '8', '9', '/',
13    '4', '5', '6', '*',
14    '1', '2', '3', '-',
15    '0', '.', '=', '+',]
16    positions = [(i, j) for i in range(5) for j in range(4)]
17    for position, name in zip(positions, names):
18     if name == '':
19      continue
20     button = QPushButton(name)
21     grid.addWidget(button, *position)
22    self.move(300, 150)
23    self.setWindowTitle('计算器')
24    self.show()
25  if __name__ == '__main__':
26   app = QApplication(sys.argv)
27   ex = Example()
28   sys.exit(app.exec_())
```

第 13 章

13

使用 Python 开发交互式游戏

大家经常玩各类游戏，是否想过自己开发一款 Python 游戏呢？本章将学习使用 Pygame 这个有趣而且功能强大的游戏模块创建属于自己的游戏。使用 Pygame 模块可以轻松地创建出具有图形、动画乃至声音等元素的交互式复杂游戏。本章从 Python 开发游戏的环境构建开始讲起，逐步引导读者完成一款交互式接弹球计分游戏。

本章重点知识：

- 构建 Python 游戏开发环境。
- 了解 Python 游戏最简结构。
- 制作接弹球计分游戏初始部分。
- 制作接弹球计分游戏主体循环部分。
- 优化游戏接弹球速度。

13.1 Pygame简介与安装

Pygame 是一个用来开发游戏的 Python 模块，在 SDL 的基础上提供了各种接口，从而使用户能够使用 Python 语言创建各种各样的游戏或多媒体程序。Pygame 支持多种操作系统，是一款开源的软件。

SDL（Simple DirectMedia Layer）是一套开放源代码的跨平台多媒体开发函数库，支持访问计算机多媒体硬件（声音、视频、输入等）。开发者只需用相同或相似的程序代码，就可以开发出适合多个平台（Linux、Windows、Mac OS X 等）的软件。SDL 非常强大，但也有不足，它基于 C 语言，不便使用，因此才采用 Pygame 模块来提高使用函数库的便捷性。目前，SDL 多用于开发游戏、模拟器、媒体播放器等多媒体应用领域。

13.1.1 检测是否安装 Pygame 模块

在开始游戏编码前，需要检测一下本机的 Python 环境，看是否能适应游戏开发及运行。具体方法如下。

打开 Python 的集成开发环境 IDLE，在交互式环境界面的命令提示符“>>>”后输入“import pygame”命令，如果不报错，并返回如下第 2、3 行所示的 Pygame 模块信息，就说明 pygame 模块安装成功了。

```
01  >>> import pygame
02  pygame 1.9.4
03  Hello from the pygame community. https://www.pygame…
```

如果 Python 返回如下第 2 行所示的信息，则说明 Pygame 模块未被安装或者安装错误，需要重新安装。

```
01  >>> import pygame
02  ImportError: no module named pygame
```

在后面的内容中将学习到 Pygame 模块的安装。

13.1.2 安装 pip

Pygame 在 Python 中是通过一个包管理工具 pip 来安装并管理的。pip 是一个负责下载和安装 Python 包的程序。pip 在 Windows 系统下 Python 3.5 以上的版本中已经集成到 Python 软件中，在默认条件下，在安装 Python 的同时 pip 也一并被安装。检查系统中是否已安装 Python 包管理工具 pip 的方法如下：

在命令提示符“>”后输入“pip”并回车确认，如果反馈如图 13-1 所示的 pip 信息，则说明 pip 已经安装成功。

如果上述检测失败，或者使用的是 Linux 或 iOS X 操作系统，就需要先安装 pip，再安装 Pygame 模块。pip 的安装方法如下。

步骤 1：在浏览器的地址栏中输入 Bootstrap 网址，此时 get-pip.py 的代码将在浏览器中显示，如图 13-2 所示。请将全部代码复制并粘贴到文本编辑器如记事本中，再将文件保存为 get-pip.py，注意扩展名为.py。

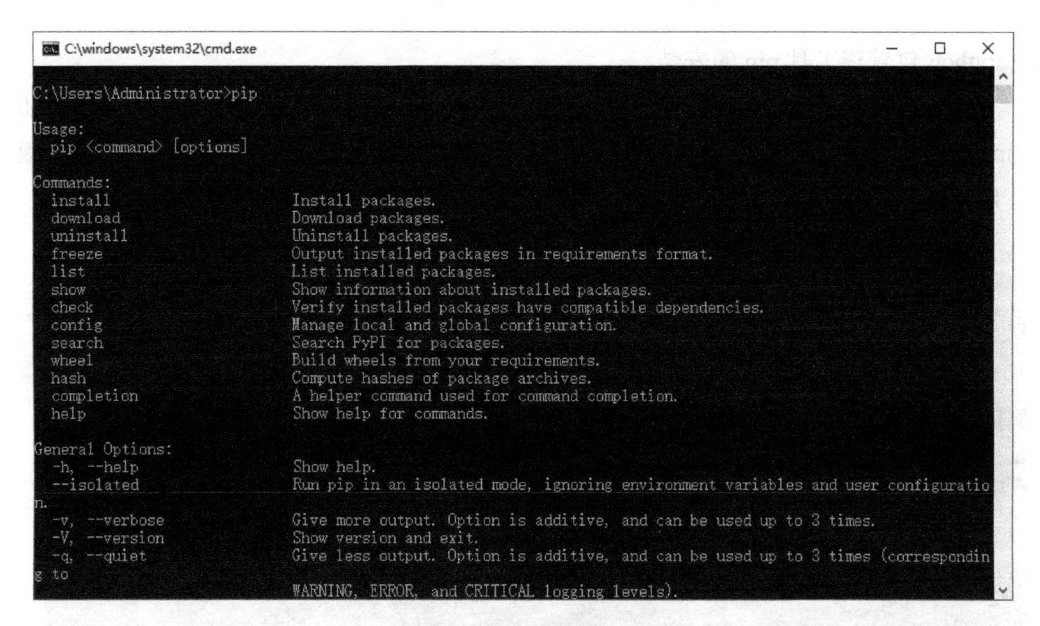

图 13-1　检测是否安装 pip

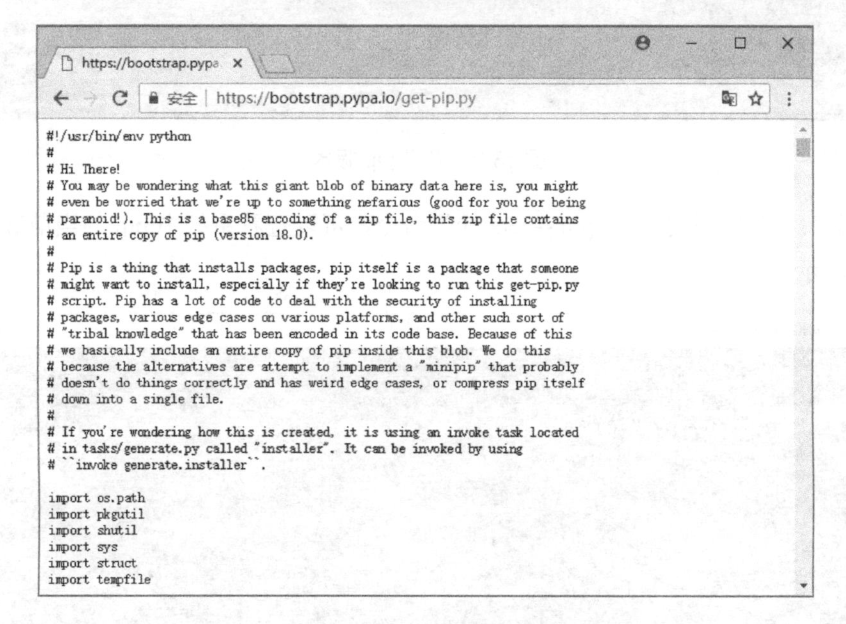

图 13-2　get-pip.py 的代码在浏览器中显示

提示：如果出现保存文件对话框，则直接选择保存 get-pip.py 文件，不需要再执行复制代码、保存文件操作。

步骤 2：将命名为 get-pip.py 的文件保存到计算机中，以管理员身份运行，以便完成 Python 包管理工具 pip 的安装。

步骤 3：通常 Python 自带的 pip 版本较低。可以在命令行执行“python -m pip install --upgrade pip”或“pip install -U pip”命令完成对 pip 版本的联网升级。本例将完成从版本 10.0.1 升级到版本 18.0，如图 13-3 所示。

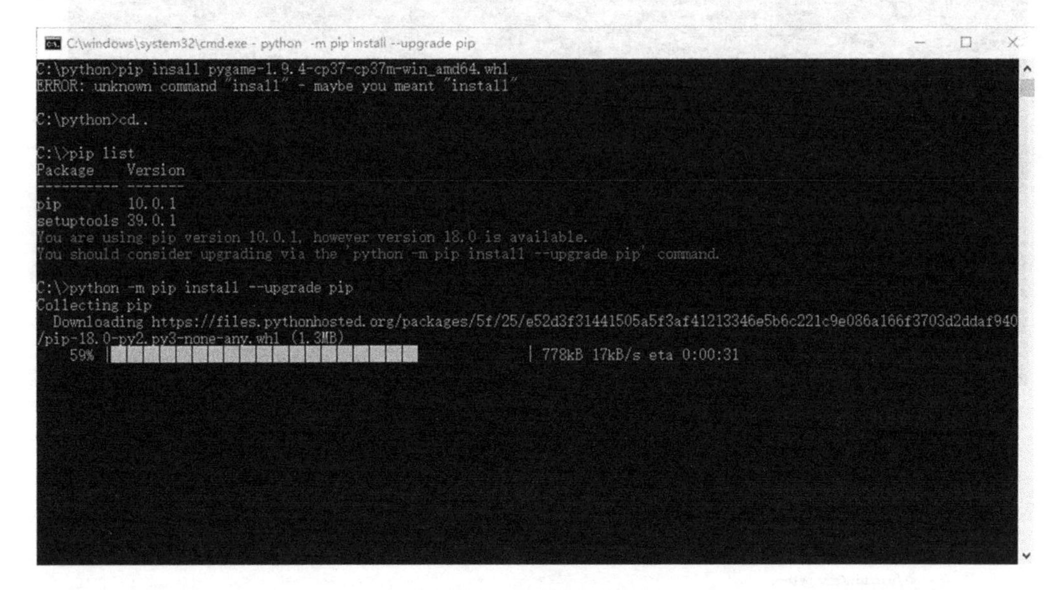

图 13-3　升级 pip 版本

步骤 4：在命令行执行“pip --version”命令，可以查看系统中 pip 的当前版本，如图 13-4 所示。

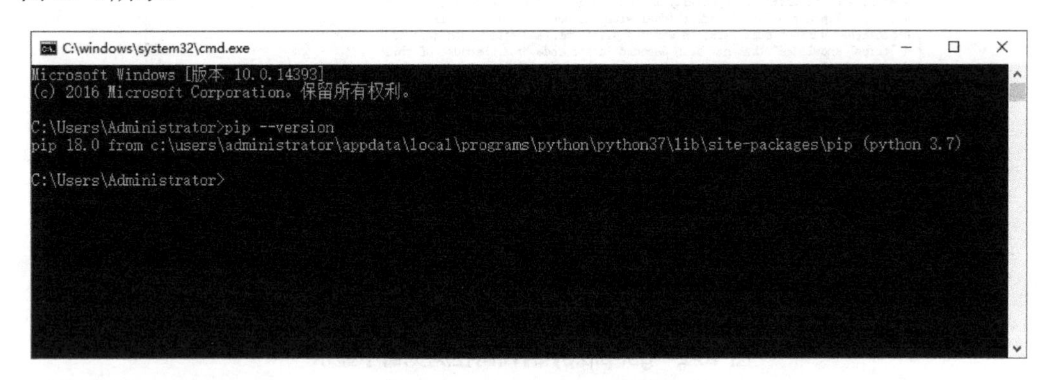

图 13-4　查看 pip 当前版本

步骤 5：在命令行执行“pip list”命令，将列出所有已安装的包和版本信息，如图 13-5 所示。

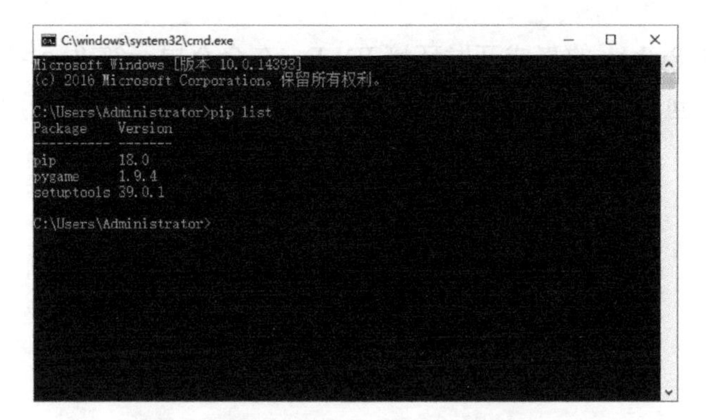

图 13-5　查看已安装的包和版本信息

13.1.3　安装 Pygame 模块

在 Windows 系统中安装 Pygame 模块的具体步骤如下。

步骤 1：访问 Bitbucket 官方网站，选择下载与自己 Python 版本匹配的 Windows 安装程序。如 pygame-1.9.2-cp35-cp35m-win_amd64.whl 文件表示该 Pygame 模块适合在 Python 3.5 版本 64 位 Windows 系统中使用。

步骤 2：选择并下载到合适的文件后，如果它是.exe 可执行文件，则以管理员身份直接运行便可完成安装。

步骤 3：如果该文件的扩展名为.whl，则将其复制到项目文件夹中，如 C 盘的 Python 文件夹中。打开命令窗口，通过 dos 命令切换到该文件所在的文件夹。

步骤 4：在命令提示符“>”后输入“pip install pygame”命令，开始安装 Pygame 模块，如图 13-6 所示。

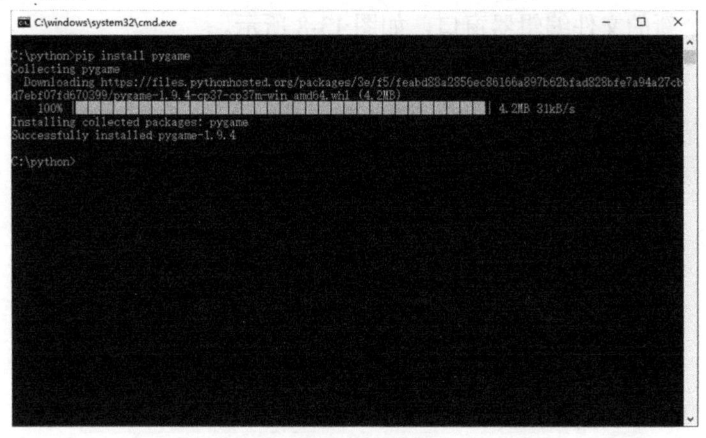

图 13-6　使用 pip 安装 Pygame 模块

步骤 5：打开 Python 的集成开发环境 IDLE，在命令提示符“>>>”后输入“import pygame”，如果返回如图 13-7 所示的信息，就说明 Pygame 模块安装成功了。

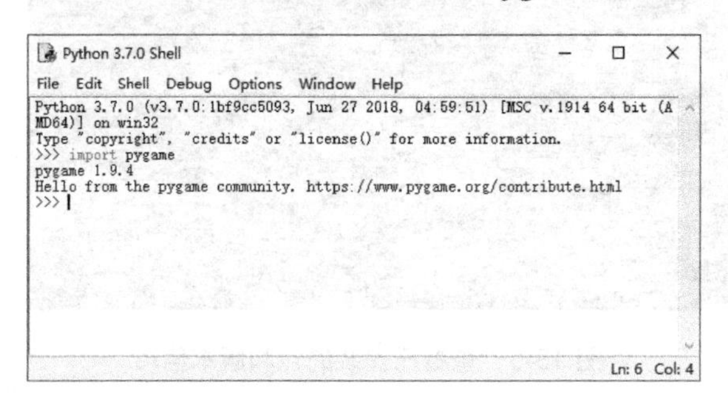

图 13-7　Pygame 模块安装成功

13.2　开发Pygame游戏

下面将正式进入游戏开发环节。本节将学习如何开发一个简单的 Pygame 游戏，以及 Pygame 游戏的结构体。

13.2.1　第一个 Pygame 游戏

下面将使用 Pygame 制作第一个游戏小程序。这个程序很简单，在屏幕上显示一个“Hello Pygame!”窗口。具体制作步骤如下。

步骤 1：打开 Python 的集成开发环境 IDLE，在菜单栏中执行“File”→“New File”命令，打开一个新的文件编辑器窗口，如图 13-8 所示。

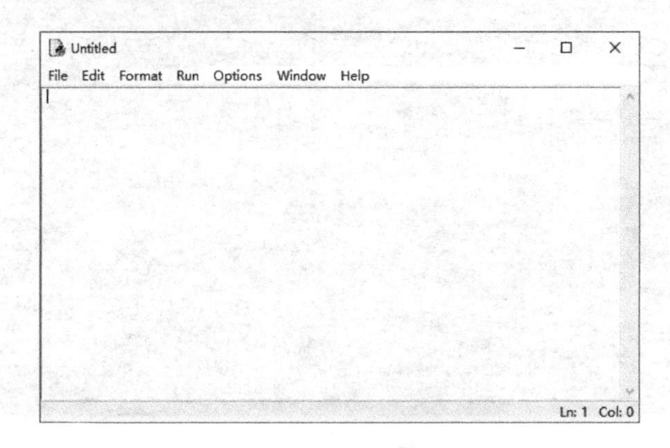

图 13-8　文件编辑器窗口

步骤 2：在 IDLE 的文件编辑器窗口中输入以下代码，并将其另存为 hellopygame.py。

```
01  import pygame, sys                                  #导入Pygame和sys模块
02  pygame.init()                                       #初始化init()
03  screen = pygame.display.set_mode((500, 400))        #设置窗口大小
04  pygame.display.set_caption('我的第一个游戏: Hello Pygame!') #设置标题栏
05  while True:         #主程序循环体
06      for event in pygame.event.get():
07          if event.type == pygame.QUIT:   #接收到退出事件后退出程序
08              pygame.quit()
09              sys.exit()
10      pygame.display.update()                #刷新画面
```

步骤 3：在 IDLE 的文件编辑器窗口中按下“F5”键，或者在文件编辑器窗口中执行“Run”→“Run Module”命令运行游戏，运行界面如图 13-9 所示。

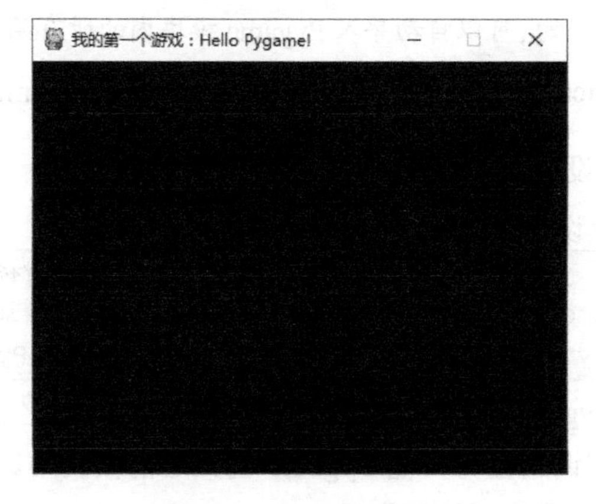

图 13-9　游戏运行界面

这是一个没有任何信息的最简单的游戏。它只是一个空白窗口，窗口顶部有“我的第一个游戏：Hello Pygame!”文字（在所谓的窗口标题栏中，它包含标题文本）。但创建一个窗口是制作图形游戏的第一步。当单击窗口一角的×按钮时，程序将结束，窗口将消失。

13.2.2　熟悉 Pygame 游戏最小框架

前面我们完成了一个最简单的游戏。这个游戏虽然非常简单，却包含了 Pygame 游戏所需要的所有元素。也就是说，再复杂的 Pygame 游戏也是由这几部分构成的。通常，一个 Pygame 游戏程序需要包含导入模块、程序初始化及设置、程序循环体和游戏状态、

刷新游戏画面 4 部分。下面结合上面的游戏来分析一下这 4 部分。

1．导入模块

上述程序导入模块代码如下：

```
01  import pygame, sys    #导入 Pygame 和 sys 模块
```

程序的第 1 行是一条简单的 import 语句，它导入 Pygame 和 sys 模块，以便程序可以使用这些模块中的函数。比如，处理 Pygame 提供的图形、声音和其他功能的所有 Pygame 函数都在 Pygame 模块中。

这里导入的 sys 模块是 Python 的标准库。sys 模块提供对 Python 运行时环境变量的操控，通常用 sys.exit()函数结束游戏，退出程序。

注意

在导入 Pygame 模块时，可以自动导入 Pygame 模块内的所有函数，如 pygame.images()和 pygame.mixer.music()，不需要再用 import 语句导入 Pygame 模块的内部模块。

2．程序初始化及设置

上述程序初始化及设置代码如下：

```
02  pygame.init()                                       #初始化 init()
03  screen = pygame.display.set_mode((500, 400))        #设置窗口大小
04  pygame.display.set_caption('我的第一个游戏：Hello Pygame!') #设置标题栏
```

程序的第 2 行是 pygame.init()函数调用，是一条程序初始化语句。该语句总是在导入 Pygame 模块之后和调用任何其他 Pygame 函数之前被调用。它的作用就像喊一声“预备”，通知 Pygame 函数要开始工作了。

程序的第 3 行 screen = pygame.display.set_mode((500,400))是对 pygame.display.set_mode()函数的调用，用于将两个整数的二元组值(500,400)传递给函数 set_mode()。这个二元组告诉 set_mode()函数以像素为单位，制作宽度为 500 像素、高度为 400 像素的窗口。

程序的第 4 行 pygame.display.set_caption('我的第一个游戏：Hello Pygame!')通过调用 pygame.display.set_caption()函数来设置将出现在窗口顶部的标题文本。其中，字符串值'我的第一个游戏：Hello Pygame!'在 set_caption()函数调用中被传递，作为标题文本显示。

3．程序循环体和游戏状态

上述程序循环体和游戏状态代码如下：

```
05  while True:                                  #主程序循环体
06      for event in pygame.event.get():
```

```
07          if event.type == pygame.QUIT:   #接收到退出事件后退出程序
08              pygame.quit()
09              sys.exit()
```

程序的第 5 行是一个 while 循环，其条件只是值为 True。这意味着它永远不会因为其条件评估为 False 而退出，从而保持无限循环。第 6 行的 pygame.event.get()函数用于通过程序无限循环来获取和排列程序事件，并对事件进行判断和操作。当获取到用户要退出程序的事件时，将执行第 9 行的 sys.exit()函数来中止程序运行。

4．刷新游戏画面

上述程序刷新游戏画面代码如下：

```
10      pygame.display.update()             #刷新画面
```

程序的第 10 行是一个 pygame.display.update()函数，其功能是对显示窗口进行更新，默认窗口全部重新绘制。程序通过不停的刷新操作，实时显示游戏画面刚刚发生某个事件后的效果。

通过学习游戏最小框架，我们了解到游戏中最主要的是 while 循环，也称游戏主程序循环体。其实，一个主循环也是一个游戏回路，其执行过程循环处理 3 件事：处理游戏事件、更新游戏状态、将游戏状态重新绘制到屏幕上，如图 13-10 所示。

图 13-10　游戏主程序执行过程

13.3　制作接弹球计分游戏初始部分

通过前面的学习，我们已经初步了解了使用 Python 开发游戏的基本方法和最简单游戏结构。接下来完成一个相对复杂的交互式 Python 游戏——接弹球计分游戏。

13.3.1　游戏概述

本游戏通过移动鼠标拖动挡板来接弹球。游戏规则是：前 5 次弹球的运动速度较慢，每接住一次，在计分器中加 1 分；为了增加游戏的难度，当玩家连续接住 5 次后，弹球的运动速度逐渐加快，且设置每次接住的分值也翻倍；弹球脱离挡板，则游戏结束。游戏最终效果如图 13-11 所示。

图 13-11　游戏最终效果

在本游戏中用到了定义游戏界面背景图、定义游戏元素参数、定义弹球运动方向、定义弹球被接住和未被接住区域及判定方法、设置主程序循环体等技术。

13.3.2　创建 Pygame 窗口及游戏初始化

在制作游戏前，需要先创建一个空的 Pygame 窗口。具体步骤如下。

步骤 1：启动 Python 的任意集成开发环境，在此以 PyCharm 为例。执行“File”→“New”命令，新建一个 Python 文件，并命名为 bali-game.py，保存在 ch20 文件夹中，如图 13-12 所示。

步骤 2：在新建文档窗口中输入如下代码。

```
01  #导入游戏所需模块
02  import pygame
03  import pygame as game
04  import sys
05  import random
06  import time
07
```

```
08  #程序初始化及基本参数设置
09  game.init()
10  game_window = game.display.set_mode((600, 500))    #设置游戏窗口大小
11  game.display.set_caption('接弹球计分游戏')            #设置游戏标题名称
```

在上述代码中，第 2～6 行导入了游戏需要的功能模块。其中，Pygame 模块包含开发游戏所需的功能；当玩家退出时，将使用 sys 模块来退出游戏；random 模块用来获取弹球运动位置的随机数；time 模块用来设置屏幕刷新率，让弹球的运动轨迹更加自然。

第 9 行的 game.init()函数是程序初始化操作，让 Pygame 模块能够正常地工作。

第 10 行通过调用 game.display.set_mode()函数来创建一个名为 game_window 的显示窗口，本游戏的所有元素都将在其中绘制。其中(600, 500)是一个元组，定义了游戏窗口的尺寸。通过将这些尺寸值传递给 game.display.set_mode()函数，便可创建一个宽 600 像素、高 500 像素的游戏窗口。

第 11 行通过调用 game.display.set_caption()函数，定义游戏标题名称，在此将游戏标题命名为“接弹球计分游戏”。

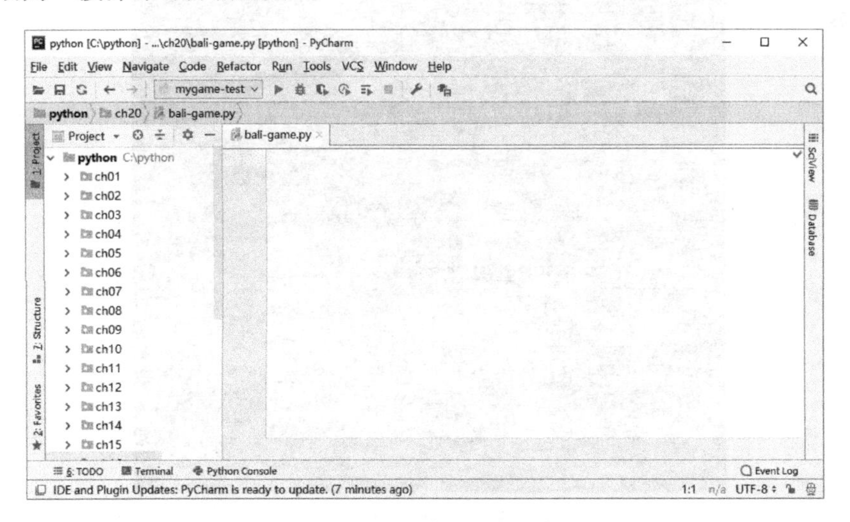

图 13-12　新建游戏文档

步骤 3：运行程序。执行“Run”→“Run ‘bali-game.py’”命令，或者按下“Shift+10”组合键，运行游戏程序，会发现游戏窗口一闪而过。原因是缺少主程序循环体，没有让窗口循环绘制。

步骤 4：在上述代码中添加主程序循环体。

```
01  while True:
02      for event in game.event.get():
```

```
03          if event.type == game.QUIT:
04              sys.exit()
05      game.display.update()  #程序刷新，重新绘制游戏状态
```

在上述代码中，第 1～4 行是游戏程序 while 循环控制，其中包含一个事件循环及管理屏幕更新的语句。这里用到的 True 表示让程序无限循环，直到遇到 for 事件。在这里，使用 game.event.get()函数来获取键盘和鼠标事件。

在这个循环中，通过 if 语句来检测并响应特定的事件。例如，当玩家单击游戏窗口中的关闭按钮时，将检测到 game.QUIT 事件，便调用 sys.exit()函数来退出游戏。

第 5 行调用 game.display.update()函数，其功能是重写屏幕。在每次执行 while 循环时，都会重新绘制一个空屏幕，使游戏屏幕始终显示最新的游戏状态。

步骤 5：至此，已完成游戏程序的最小框架。运行程序，便可看到如图 13-13 所示的游戏初始界面。

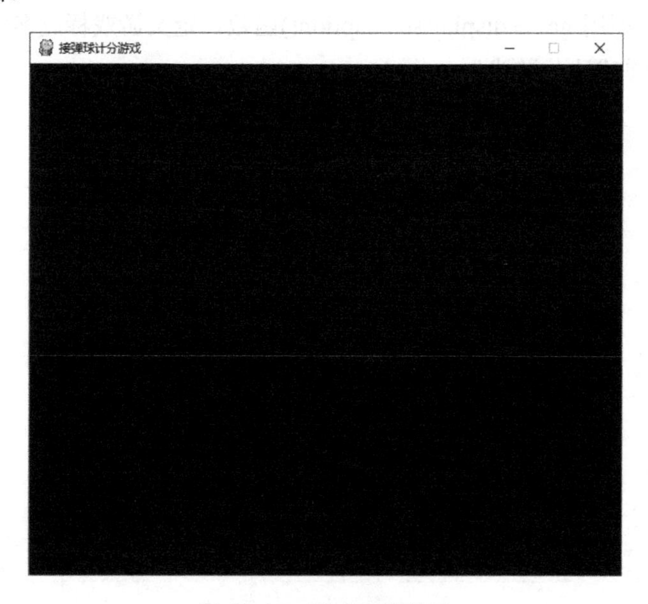

图 13-13 游戏初始界面

13.3.3 美化游戏界面

有些界面在默认条件下是一个黑色屏幕，是不是感觉太单调了？接下来为游戏界面添加一张背景图片，美化一下游戏界面。具体操作步骤如下。

步骤 1：准备一张和游戏界面大小（宽度为 600 像素，高度为 500 像素）相同的图

片。将图片命名为 bj.jpg，并保存到与游戏文件 bali-game.py 相同的根目录中。

步骤 2：调用和写入背景图片。在此用 3 条语句完成对背景图片的设置、调用和写入。具体代码如下。

```
01  background_image_filename = 'bj.jpg'        #设置背景图片
02    background = pygame.image.load(background_image_filename).convert()
03    game_window.blit(background, (0, 0))      #写入背景图片
```

注意

对背景图片的调用和写入需要放到主程序循环体中，这样背景图片才会一直显示在窗口中。

代码中的第 1 行将 bj.jpg 图片赋予并作为 background_image_filename 的参数；第 2 行通过 pygame.image.load()函数将图片赋予 background 参数；第 3 行通过 game_window.blit()函数将 background 值绘制并写入游戏窗口中。重新运行游戏程序，便可看到如图 13-14 所示的游戏界面。

图 13-14　添加了背景图片的游戏界面

13.3.4　添加游戏弹球

完成游戏界面的设置后，开始绘制游戏主角——弹球。在游戏窗口中绘制弹球，首先需要定义几个参数，如弹球的颜色、大小和位置等。通过弹球的位置参数就能使弹球

运动了。具体制作方法如下。

在游戏文档中加入如下代码：

```
01  ball_color = (255, 0, 0)    #设置背景图片
02  ball_x = 10                 #弹球在 x 轴上的位置
03  ball_y = 10                 #弹球在 y 轴上的位置
04     #调用弹球的颜色、位置、大小，并绘制到游戏窗口中
05     game.draw.circle(game_window, ball_color, (ball_x, ball_y), 10)
```

代码中的第 1 行定义一个表示弹球颜色的类 ball_color，并设置颜色值为红色(255,0,0)；第 2、3 行通过类 ball_x 和 ball_y 定义弹球的位置，这个位置是弹球圆心的坐标，将弹球半径设置为 10 像素；第 5 行通过 game.draw.circle()函数获取到弹球的颜色、位置和大小后，绘制到游戏窗口中。重新运行游戏程序，便可看到如图 13-15 所示的带有弹球的游戏界面。

图 13-15　带有弹球的游戏界面

13.3.5　添加接球球拍

在游戏主界面中添加了游戏弹球，还需要和弹球配合的接球球拍，才能玩这个接弹球游戏。下面开始绘制接球球拍。在游戏窗口中绘制接球球拍的方法和绘制弹球的方法相似，首先需要定义几个参数，如球拍的颜色、大小和位置等。在本例中通过移动鼠标带动球拍移动来接弹球，所以球拍的移动位置与鼠标的移动位置相关。具体制作方

法如下。

步骤 1：在游戏文档中加入如下代码。

```
01  paddle_color = (255, 140, 0)                     #设置球拍的颜色
02  mouse_x, mouse_y = game.mouse.get_pos()          #获取鼠标指针位置
03  #调用球拍的颜色、位置、大小，并绘制到游戏窗口中
04  game.draw.rect(game_window, paddle_color,(mouse_x, 470, 100, 10))
```

代码中的第 1 行定义一个表示球拍颜色的类 paddle_color，并设置颜色值为黄色(255,140,0)；第 2 行通过类 mouse_x 和 mouse_y 定义球拍的位置，这个位置是通过 game.mouse.get_pos()函数获取鼠标指针位置而获取的；第 4 行通过 game.draw.rect()函数获取到球拍的颜色、位置（鼠标指针位置）和大小(100, 10)后，绘制到游戏窗口中。

提示：将第 2～4 行代码放置在主程序循环体中。

在本例中将球拍距底部位置设置为 30 像素，也可以沿着底部运行。球拍大小及位置参数示意图如图 13-16 所示。

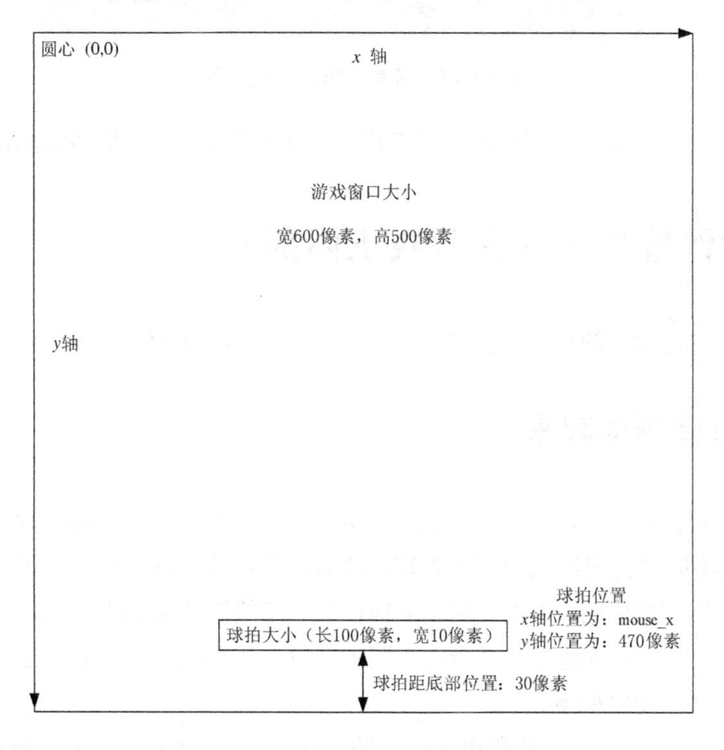

图 13-16　球拍大小及位置参数示意图

步骤 2：重新运行游戏程序，便可看到如图 13-17 所示的带有球拍的游戏界面，通过移动鼠标就可以移动球拍。

图 13-17　带有球拍的游戏界面

至此，完成了游戏初始部分的绘制工作，下面需要让弹球和球拍运动起来。

13.4　制作接弹球计分游戏主体部分

本节将要实现弹球的运动和弹球是否被球拍接住的判断环节。

13.4.1　让弹球动起来

从上面绘制弹球的方法中可以看到，就是在一个坐标点将弹球绘制到游戏窗口中。那么，人工在不同的位置绘制相同的弹球，弹球是不是就可以运动起来了呢？但是，这个不同位置是要有规律的，如将 x 轴和 y 轴在上一步绘制的基础上分别加 1 像素，弹球就可以连续地移动了；否则弹球就会在不同的位置一闪而现，就不是以连续的运动方式出现了。具体操作步骤如下。

步骤 1：在游戏的初始化阶段引入一个随机数，这样就可以获取到弹球的随机位置。

```
01  import pygame  #导入获取随机数的模块
```

步骤 2：将获取的随机数赋给弹球的 x 坐标轴。由于弹球是下降的，所以弹球的 y 轴位置还是弹球的半径 10 像素。这样就可以让弹球在游戏界面中的 x 轴位置随机出现了。

```
01  ball_x = random.randint(10, 590) # 弹球在 x 轴上的随机数值
02  ball_y = 10 #弹球在 y 轴上的位置为弹球的半径 10 像素。如果数值小于 10，则显示不全
```

代码中的第 1 行将随机数的区间设置为(10, 590)，这是因为，如果将区间设置为(0,600)，就有可能出现弹球显示不全的情况。为了让弹球显示完整，将弹球的 *x* 坐标轴的(0,10)和(590,600)区间值去除。

步骤 3：获取到 *x* 轴的随机数后，将该数值赋予绘制弹球的操作中，这样才能让弹球在游戏窗口中随机出现。

```
01  ball_x += 1 #x 轴坐标位置+1 像素循环移动
02  ball_y += 1 #y 轴坐标位置+1 像素循环移动
```

至此，接弹球游戏已经实现了弹球按照随机位置做下降运动了。全部代码如下：

```
01  #导入游戏所需模块
02  import pygame
03  import pygame as game
04  import sys
05  import random
06  background_image_filename = 'bj.jpg'    #设置背景图片
07  ball_color = (255, 0, 0)                #设置弹球的颜色
08  paddle_color = (255, 140, 0)            #设置球拍的颜色
09  ball_x = random.randint(10, 590)        #弹球在 x 轴上的随机数值
10  ball_y = 10
11  #程序初始化及基本参数设置
12  game.init()
13  game_window = game.display.set_mode((600, 500))    #设置游戏窗口大小
14  game.display.set_caption('接弹球计分游戏')          #设置游戏标题名称
15  while True:
16      background = pygame.image.load(background_image_filename).convert()
17      mouse_x, mouse_y = game.mouse.get_pos() #获取鼠标指针位置
18      #调用弹球的颜色、位置、大小，并绘制到游戏窗口中
19      game.draw.circle(game_window, ball_color, (ball_x, ball_y), 10)
20      # 调用球拍的颜色、位置、大小，并绘制到游戏窗口中
21      game.draw.rect(game_window, paddle_color,(mouse_x, 470, 100, 10))
22      ball_x += 1 #x 轴坐标位置+1 像素循环移动
23      ball_y += 1 #y 轴坐标位置+1 像素循环移动
24      for event in game.event.get():
25          if event.type == game.QUIT:
26              sys.exit()
27      game.display.update()                     #程序刷新，重新绘制游戏状态
28      game_window.blit(background, (0, 0))     #写入背景图片
```

步骤 4：重新运行游戏程序，便可看到如图 13-18 所示的弹球从一个随机的位置做下降运动的效果。

图 13-18　运动的弹球

13.4.2　建立弹球与球拍的关联性

在前面的操作中，已经实现了弹球和球拍各自的运动。想要增加趣味性，就需要让二者关联起来。

1．游戏构思

在本游戏中要实现的效果是：弹球在下落过程中被球拍接住为成功；弹球落到球拍区域外为失败，游戏结束。游戏构思如图 13-19 所示。

2．游戏效果实现

在弹球下落过程中，需要考虑两个问题。

（1）弹球碰到游戏窗口左右边框的超界问题。

（2）弹球落到球拍区域内，也就是被球拍接住。

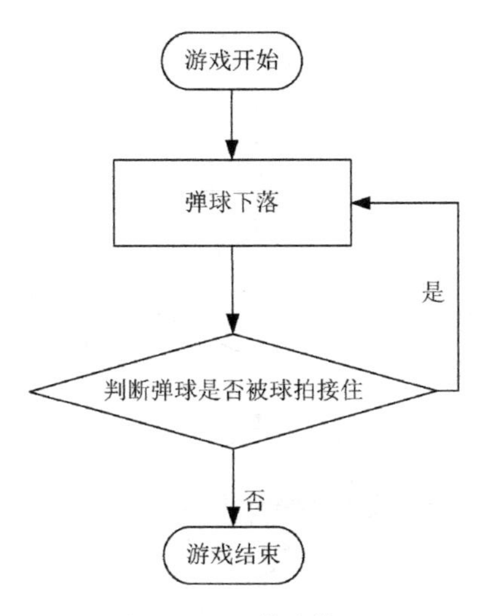

图 13-19　游戏构思

如果弹球在下落过程中超过 *x* 轴的边界，就让弹球做反方向运动。实现判断的代码如下：

```
01        #判断弹球是否超过 x 轴的边界，是则反方向运动
02        if ball_x <= 10 or ball_x >= 580:
03            ball_x = -ball_x
```

现在考虑弹球在下落过程中被球拍接住和没有被球拍接住的处理办法。如果弹球没有被球拍接住，就退出游戏。如果弹球被球拍接住，则让弹球做反方向运动。实现代码如下：

```
01            if ball_y <= 10:
02            ball_y = - ball_y
03        #判断球拍接住弹球的位置区域
04        elif mouse_x - 10 < ball_x < mouse_x + 110 and ball_y >= 460:
05            ball_y = - ball_y
```

代码中的第 4 行用于判断弹球是否被球拍接住。注意：在这个判断中，需要考虑球拍的长度和弹球的半径，这样才能准确地判断球拍是否接住了弹球。

13.4.3　增加游戏的难度

为了让游戏更有趣，在游戏窗口中添加一个计分器，每接住一次弹球就增加一个分值。为了增加游戏的难度，设置一个判断，如果玩家连续 5 次接住了弹球，就让弹球的运动速度逐步加快。游戏主程序循环结构如图 13-20 所示。

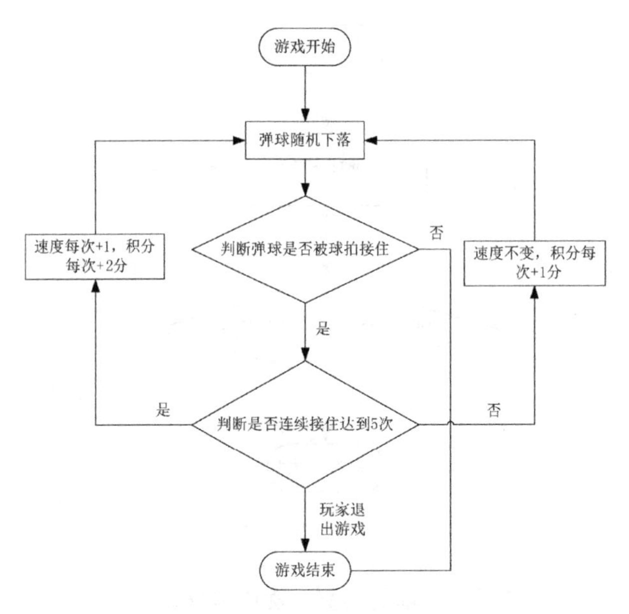

图 13-20　游戏主程序循环结构

具体实现方法如下。

步骤 1：为了实现速度增加，需要在程序的初始化部分设置两个参数。实现代码如下。

```
01    speed_x = 1  #初始化游戏初速度 x 轴初始值
02    speed_y = 1  #初始化游戏初速度 y 轴初始值
```

这两行代码是为了判断玩家接住弹球次数超过 5 次后速度增加而设置的初始值。

步骤 2：在游戏过程中将对玩家接住弹球的次数进行判断，持续接住次数+1，次数超过 5 次后速度加快。实现代码如下。

```
01        #判断球拍接住弹球的位置区域
02        elif mouse_x - 10 < ball_x < mouse_x + 110 and ball_y >= 460:
03            speed_y = -speed_y
04            score += point
05            count += 1        #成功接住一次弹球，次数+1
06            if count == 5:  #判断球拍接住弹球超过 5 次，速度加快
07                count = 0
08                point += point
09                if speed_x > 0:
11                    speed_x += 1
12                else:
13                    speed_x -= 1
14                speed_y -= 1
```

步骤 3：在游戏窗口中添加一个计分器，将玩家的分值显示在游戏窗口中。实现代码如下。

```
01  score = 0 #设置计分器初始值
02  #获取计分器的值，并设置计分器文本颜色
03  my_sum = font.render(str(score), True, (255, 0, 0) , (255, 255, 255))
04  game_window.blit(my_sum, (60, 40)) #设置计分器的位置
```

代码中的第 1 行用于在程序的初始化部分设置一个计分器，并赋值为 0 作为初始值；第 2 行通过 font.render()函数获取计分器的值，并设置计分器文本颜色，其中参数 True 可以使数字显示更平滑；第 4 行用于将计分器显示在游戏窗口中，(60,40)是计分器在游戏窗口中的位置。

步骤 4：完成弹球未被球拍接住的判断。若弹球未被球拍接住，则退出主程序循环体，游戏结束。实现代码如下。

```
01  #判断球拍未接住弹球的位置区域
02  elif ball_y >= 490 and (ball_x <= mouse_x - 10 or ball_x >= mouse_x + 110):
03      break
```

当程序执行到第 2 行代码时，如果判断弹球下落区域在球拍区域外，则判断为未接住弹球，此时执行第 3 行代码，退出主程序循环体，游戏结束。主程序循环体的代码如下：

```
01  while True:
02      background =
03  pygame.image.load(background_image_filename).convert()
04      for event in game.event.get():
05          if event.type == game.QUIT:
06              sys.exit()
07      mouse_x, mouse_y = game.mouse.get_pos() #获取鼠标指针位置
08      #调用弹球的颜色、位置、大小，并绘制到游戏窗口中
09      game.draw.circle(game_window, ball_color, (ball_x, ball_y), 10)
10      #调用球拍的颜色、位置、大小，并绘制到游戏窗口中
11      game.draw.rect(game_window, paddle_color, (mouse_x, 470, 100, 10))
12      #获取计分器的值，并设置计分器文本颜色
13      my_sum = font.render(str(score),True, (255, 0, 0),(255, 255,255))
14      game_window.blit(my_sum, (60, 40)) #设置计分器的位置
15      ball_x += speed_x
16      ball_y += speed_y
17      #判断弹球是否超过 x 轴的边界，是则反方向运动
18      if ball_x <= 10 or ball_x >= 580:
19          speed_x = -speed_x
20      if ball_y <= 10:
21          speed_y = -speed_y
22      #判断球拍接住弹球的位置区域
23      elif mouse_x - 10 < ball_x < mouse_x + 110 and ball_y >= 460:
24          speed_y = -speed_y
25          score += point
```

```
26          count += 1
27          if count == 5:
28              count = 0
29              point += point
30              if speed_x > 0:
31                  speed_x += 1
32              else:
33                  speed_x -= 1
34              speed_y -= 1
35      #判断球拍未接住弹球的位置区域
36      elif ball_y >= 490 and (ball_x <= mouse_x - 10 or ball_x >= mouse_x + 110):
37          break
```

在上述代码中，第 8～14 行用于实现弹球、球拍及计分器的显示及参数设置；第 17～21 行处理弹球是否碰到游戏窗口边界的事件，如果碰到则做反方向运动；第 22～34 行是游戏的关键循环，用于实现弹球被接住次数判断、积分累计及弹球速度的增加等事件。

步骤 5：重新运行游戏程序，便可看到如图 13-11 所示的弹球从一个随机位置做下降运动的效果。

13.5 优化游戏弹球运动速度

至此，已经完成了游戏的全部制作过程。对于这个游戏，有些玩家可能对游戏弹球运动的速度不是很满意。可以通过两种方式来调节弹球运动的速度：一种方式是设置弹球运动的初速度；另一种方式是设置程序休眠等待时间。

1. 设置弹球运动的初速度

在程序的初始化部分，通过修改 speed_x 和 speed_y 两个参数的初始值，可以调节弹球运动的初速度。在这里将初始值设置为 3，代码如下：

```
01  speed_x = 3  #初始化游戏初速度 x 轴初始值
02  speed_y = 3  #初始化游戏初速度 y 轴初始值
```

2. 设置程序休眠等待时间

首先在程序的初始化部分导入 time 模块，然后在程序的底部设置程序休眠等待时间。在这里将程序休眠等待时间设置为 3ms。具体代码如下：

```
01  import time          #导入 time 模块
02  time.sleep(0.003)    #设置程序休眠等待时间
```

14

第 14 章

智能机器人——利用 Python 智能写诗

从古至今，文人墨客对于古诗词的喜爱从未减少，有对美好景色的描写，有对凄美爱情的描写，也有对家国离别的表达等。而随着科学技术的发展，人们产生了智能写诗的想法，利用 Python 智能写诗，使科学与文学相结合。

本章重点知识：

- 根据提示输入古诗标题。
- 写下五言绝句。
- 写下七言绝句。

14.1 认识智能化

在当今社会上，智能化的理念随处可见，但用户对于智能化的了解还是比较片面的，本节就来认识智能化。

14.1.1 智能化的概念

智能化是指事物在网络、大数据、物联网和人工智能等技术的支持下，所具有的能动地满足人的各种需求的属性。智能化是现代人类文明发展的趋势。要实现智能化，智能材料是不可缺少的。智能材料是材料科学发展的一个重要方向，也是材料科学发展的必然。智能材料结构是一门新兴的、多学科交叉的综合学科。智能材料的研究内容十分丰富，涉及许多前沿学科和高新智能材料，在工农业生产、科学技术、人民生活、国民经济等各方面起着非常重要的作用，应用领域十分广阔。

14.1.2 Python 在智能化时代的编程优势

技术的限制难以催生更多新的应用，“互联网+”的产品近乎饱和，移动互联网正在从巅峰状态趋于平稳发展。而 Python 正在朝着人工智能的领头位置发展。Python 作为一种编程语言，其魅力远超于 Java、C++，被称为一种胶水语言，同时也是人工智能首选的编程语言。Python 在智能化时代的编程优势有：

（1）优质的文档。

（2）与平台无关，可以在每个版本上运用。

（3）和其他面向对象编程语言相比，学习起来更加简单、快捷。

（4）它是开源的，可以得到相应社区的支持。

14.2 系统设计

本节主要介绍在 Python 下，对于古诗词生成的总体概述，以及根据设计得到相应的结果。

14.2.1 系统功能结构

系统功能是利用 Python 智能写诗，即在程序运行后，能根据输入的标题写出相应的古诗词。根据标题内容，系统可以输出五言绝句和七言绝句。系统功能结构如图 14-1 所示。

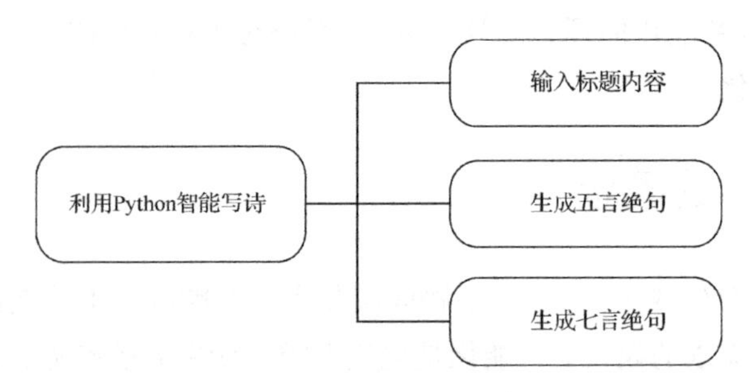

图 14-1 系统功能结构

14.2.2　系统效果预览

当输入古诗标题之后，单击“开始作诗”按钮，系统会写下五言绝句和七言绝句。如图 14-2 所示为系统效果预览图。

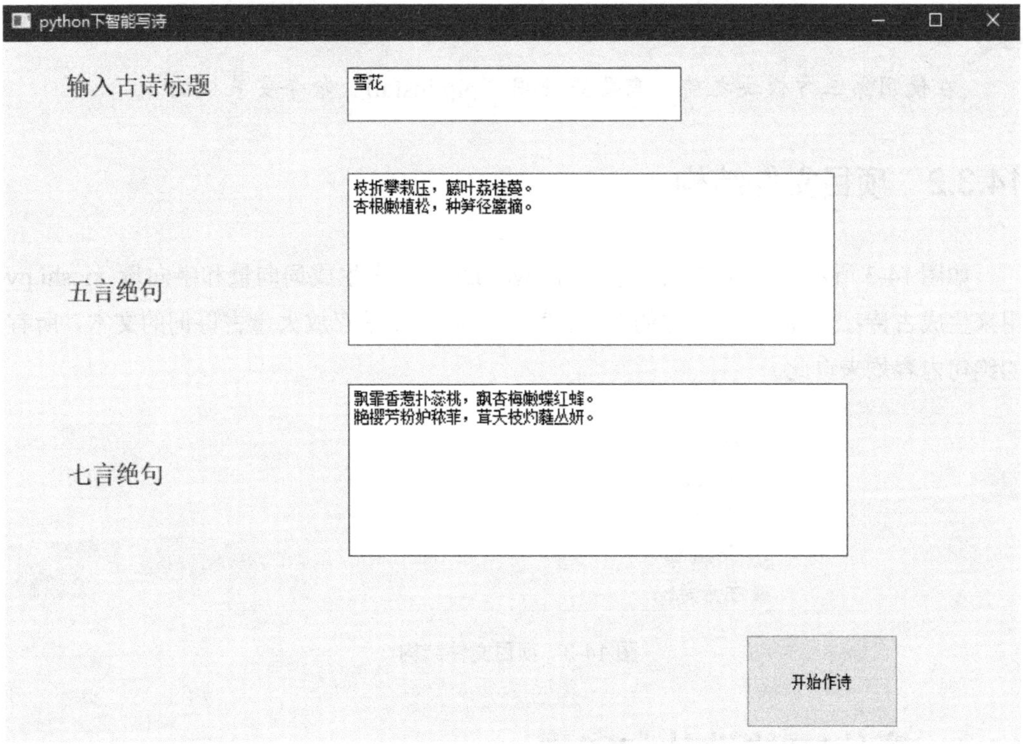

图 14-2　系统效果预览图

14.3　系统开发必备

14.3.1　系统的开发环境

本系统的开发环境及要求如下。

操作系统：Windows 7、Windows 10。

Python 版本：Python 3.6。

开发工具：PyCharm。

Python 内置模块：random、choice、exists 等。

第三方模块：PyQt 5、pyqt5-tools、bs4。

PyCharm 的下载地址：JetBrains 官网。

在使用第三方模块之前，需要先使用“pip install”命令安装模块。

14.3.2 项目文件结构

如图 14-3 所示为项目文件结构。其中，word2vec 用来生成词向量和字向量；xieshi.py 用来生成古诗；xieshi.ui 是窗体的 UI 文件；古诗词.txt 是存放大量古诗词的文本，所有的绝句内容均来自此。

图 14-3 项目文件结构

14.4 窗体UI的设计和实现

本节主要介绍窗体 UI 的设计和实现过程。

14.4.1 窗体 UI 概述

窗体 UI 是 Python 下的交互界面，要求设计合理，能够清楚地表达功能。窗体 UI 主要包括 3 部分：古诗标题的输入、五言绝句的显示、七言绝句的显示。窗体 UI 的设计效果如图 14-4 所示。

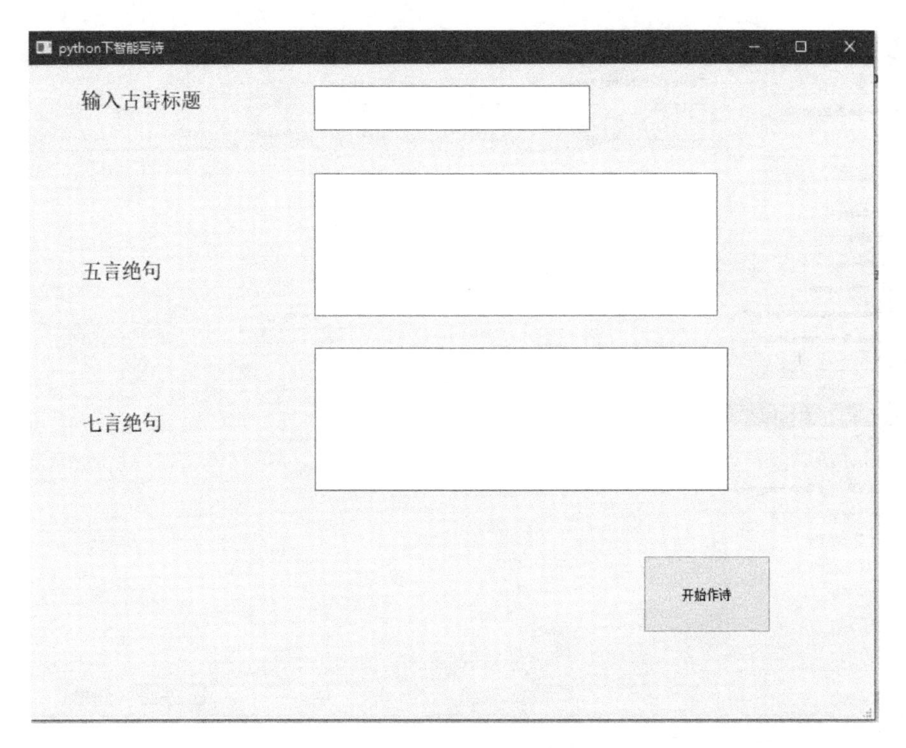

图 14-4　窗体 UI 的设计效果

14.4.2　配置 Qt Designer

由于 Qt Designer 在创建窗体项目时会自动生成扩展名为.ui 的文件，该文件需要转换成.py 文件才可以被 Python 识别，所以需要对 Qt Designer 与 PyCharm 开发工具进行配置。具体操作步骤如下：

（1）确保 Python、Qt Designer 与 PyCharm 开发工具安装完成之后，打开 PyCharm 开发工具，新建窗口。

（2）打开设置界面（快捷键“Ctrl+Alt+S”）后，依次选择“Tools”→“External Tools”选项，然后在右侧单击添加按钮，如图 14-5 所示。

（3）在弹出的对话框中添加启动 Qt Designer 的快捷工具。首先在“Name”文本框中填写工具名称“pyqt designer”；然后在“Program”编辑框中填写 Qt Designer 的安装路径；最后在“Working directory”编辑框中填写“$FileDir$”，该值代表项目的文件目录，单击“OK”按钮，如图 14-6 所示。

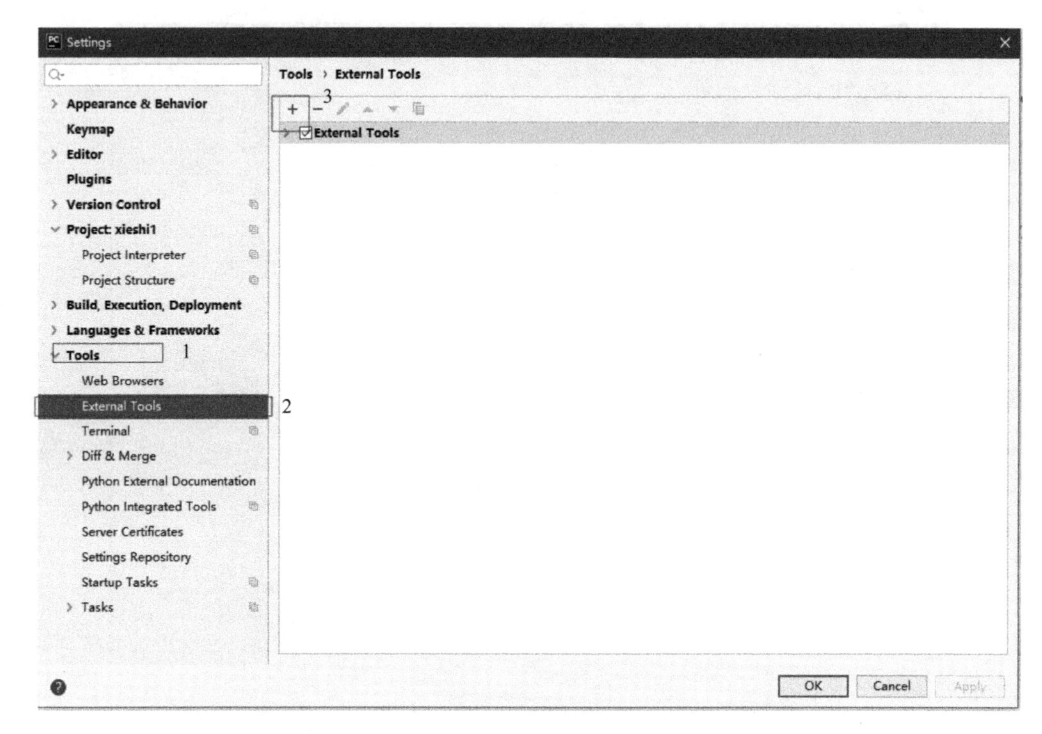

图 14-5　添加外部工具

图 14-6　添加启动 Qt Designer 的快捷工具

（4）根据步骤（1）和步骤（3）的操作方法，添加将.ui 文件转换为.py 文件的快捷工具。首先在“Name”文本框中填写工具名称“pyuic”；然后在“Program”编辑框中填写 Python 的安装路径；接着在“Arguments”编辑框中填写将.ui 文件转换为.py 文件的代码（-m PyQt5.uic.pyuic $FileName$ -o $FileNameWithoutExtension$.py）；最后在

“Working directory”编辑框中填写“$FileDir$”，该值代表项目的文件目录，单击“OK”按钮，如图 14-7 所示。

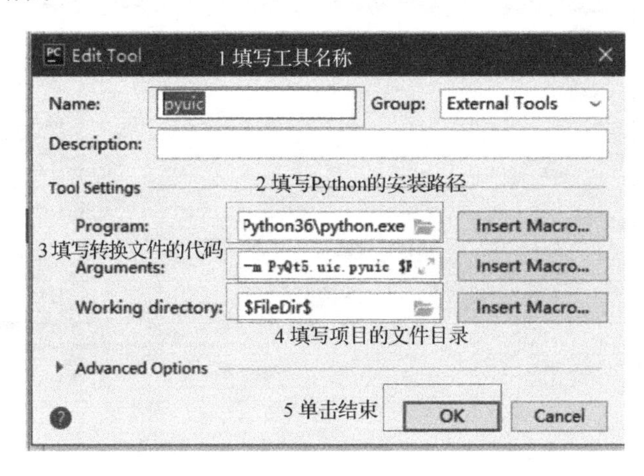

图 14-7　添加将.ui 文件转换为.py 文件的快捷工具

注意

在“Program”编辑框中填写自己的 Python 安装路径，记得在尾部需要添加“python.exe”。

14.4.3　在 Qt Designer 中设计窗体

利用 Python 智能写诗的 UI 界面需要在 Qt Designer 中进行设计。在 PyCharm 开发工具的菜单栏中选择“Tools”→“External Tools”→“pyuic”命令，如图 14-8 所示。

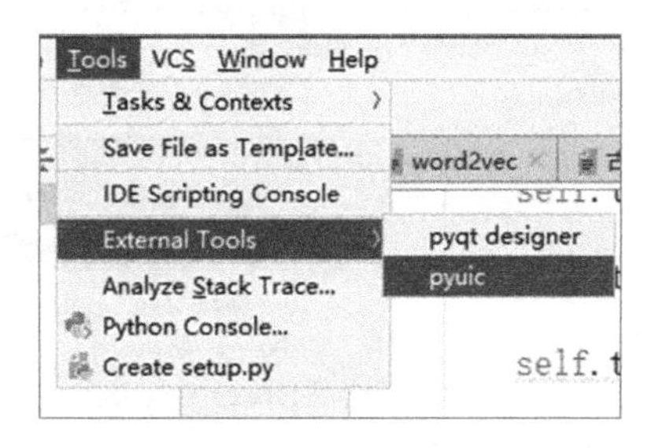

图 14-8　选择“Tools”→“External Tools”→“pyuic”命令

打开如图 14-9 所示的“Qt Designer”窗口，按照如图 14-4 所示的设计效果，从工具箱中拖放相应的控件到窗体设计区，并进行合理布局即可。

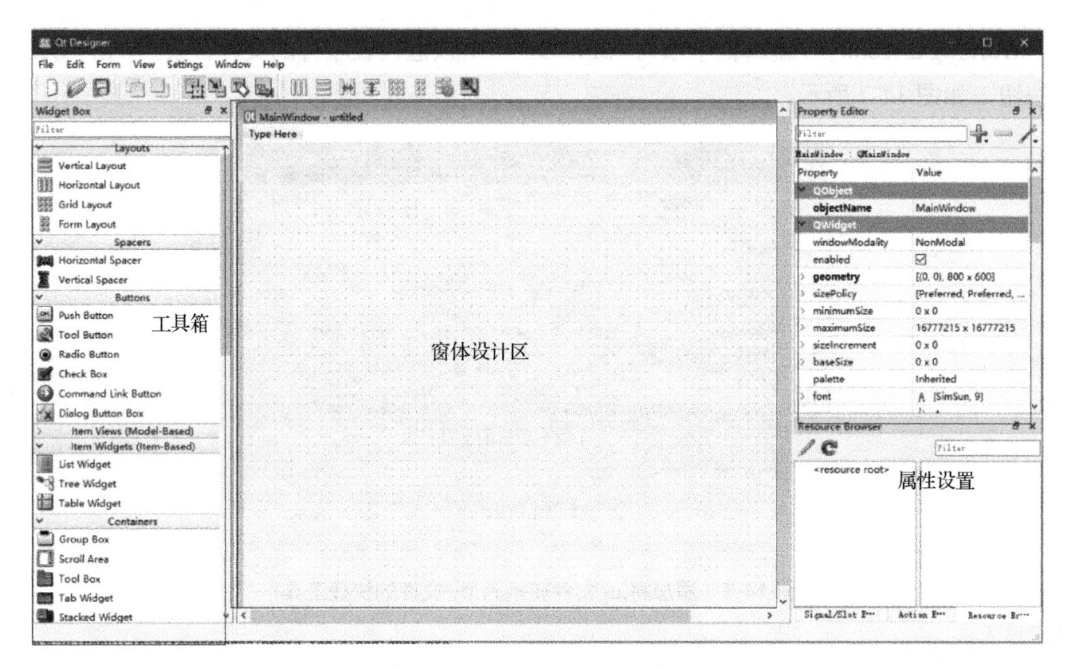

图 14-9 “Qt Designer”窗口

14.4.4 将.ui 文件转换为.py 文件

在将 Qt Designer 中的窗体文件（.ui 文件）转换为.py 文件时，首先选中需要转换的.ui 文件，然后在 PyCharm 开发工具的菜单栏中选择“Tools”→“External Tools”→“pyuic”命令即可完成转换，如图 14-10 所示。

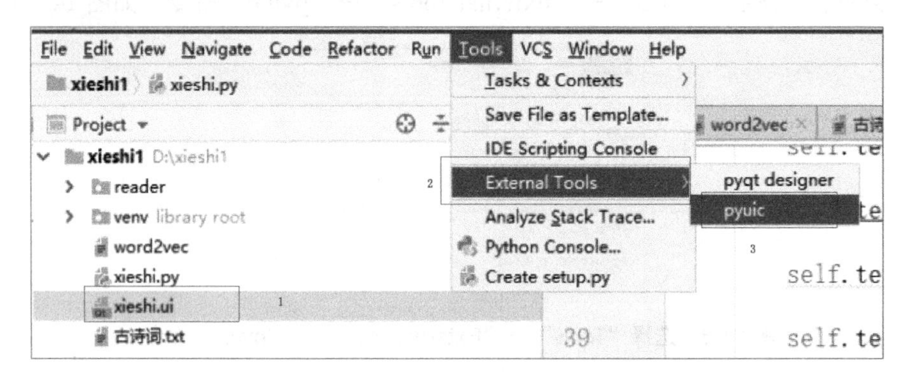

图 14-10 将.ui 文件转换为.py 文件

14.5　第三方库介绍

本节主要介绍常见的第三方库及其作用，以及第三方库在 PyCharm 中的安装。

14.5.1　random 库

random 库是使用随机数的 Python 标准库。从概率论角度来说，随机数是随机产生的数据（比如抛硬币）。但是，计算机不可能产生随机数，真正的随机数也是在特定条件下产生的确定值。既然计算机不能产生真正的随机数，那么伪随机数就被称为随机数。因此，在本程序中，random 库用于在文本库中随机产生古诗词，写下五言绝句和七言绝句。

14.5.2　choice 库

choice()函数用于从一个列表、元组或字符串中返回一个随机项。该函数是无法直接访问的，所以首先需要导入 random 模块，然后使用 random 对象来调用这个函数。在本程序中，需要先遍历古诗词文本中的诗句并进行存储，再使用 choice()函数返回随机项。

14.5.3　os.path 库

os.path 库是 os 库的子库，它定义了有关路径名的常用函数。其中，常用函数有对文件进行读/写的 open()函数，还有访问文件系统的 os 模块。Python 标准库 os 中的方法 exists()可以用来测试给定路径的文件是否存在。

14.5.4　第三方库在 PyCharm 中的安装

在 PyCharm 中输入代码后，要想运行程序，还需要安装第三方库。具体操作步骤如下：

（1）选择“File”→“Settings”命令（或者使用快捷键“Ctrl+Alt+S”），如图 14-11 所示，打开“Settings”对话框。

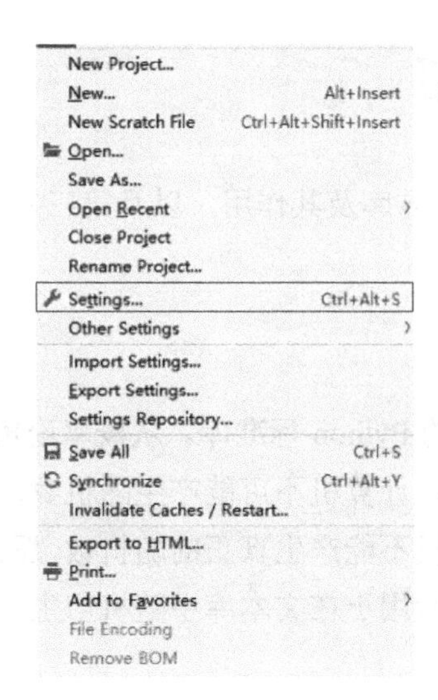

图 14-11　选择“File”→“Settings”命令

（2）依次选择“Project xieshi1”→“Project Interpreter”选项，打开 Project Interpreter 项目，如图 14-12 所示。

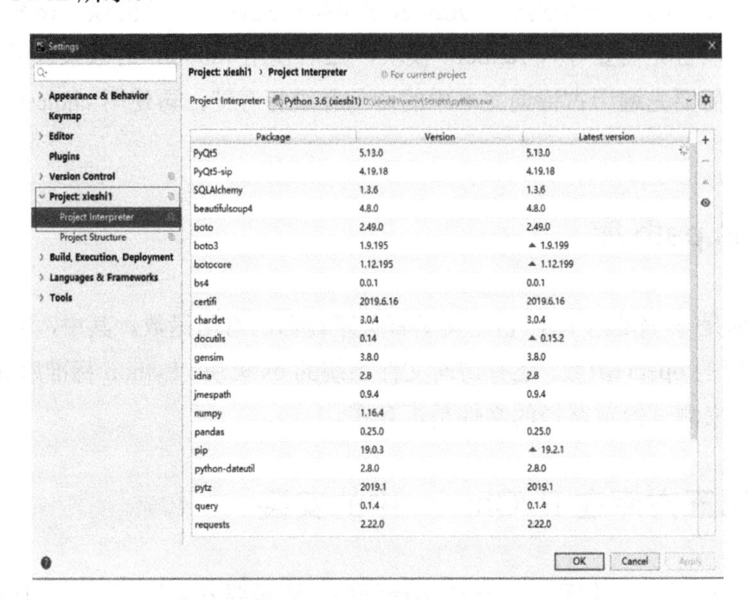

图 14-12　打开 Project Interpreter 项目

（3）单击右上角的加号图标，如图 14-13 所示。

（4）出现许多第三方库的信息，在搜索栏中查找要安装的库，在这里选择 choice 库，单击左下角的“Install Package”按钮进行安装，如图 14-14 所示。

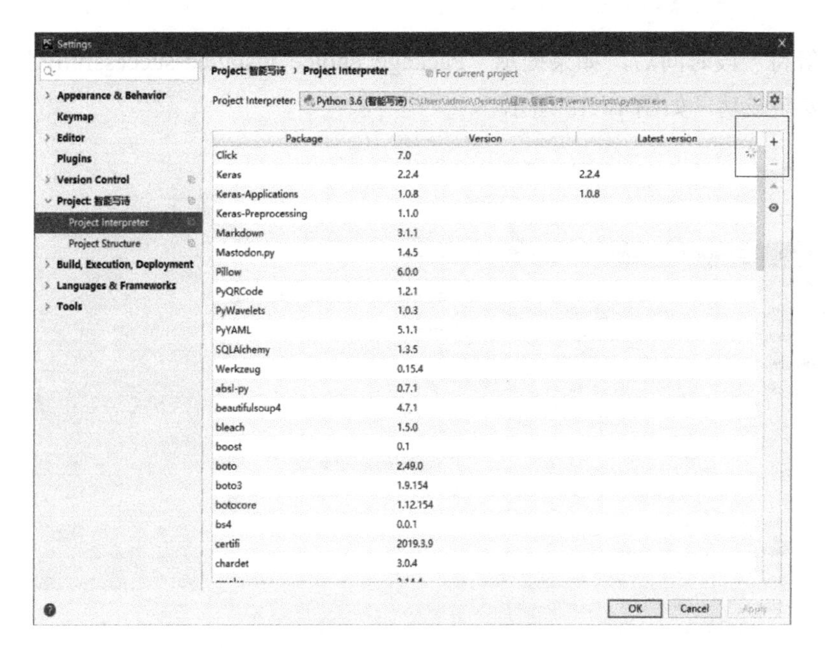

图 14-13　单击加号图标

图 14-14　安装 choice 库

（5）等待一段时间后，如果提示“Package 'choice' installed successfully”，则表示 choice 库安装成功，如图 14-15 所示。

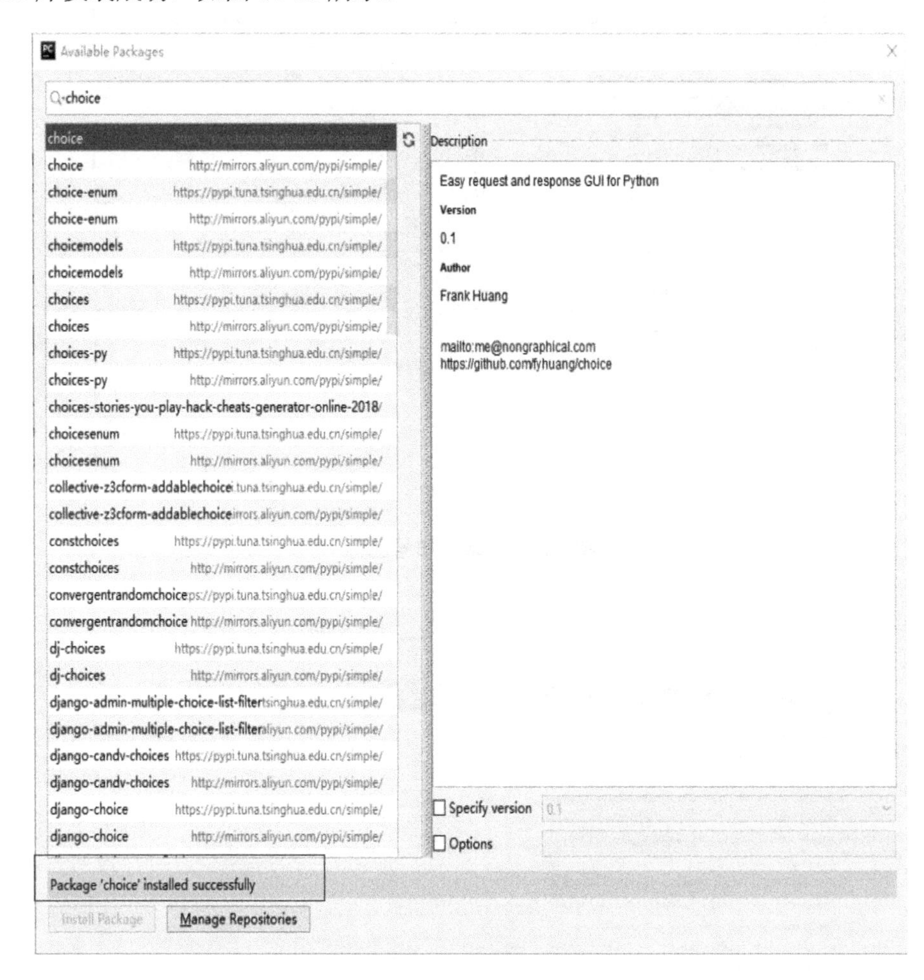

图 14-15　choice 库安装成功

完成上述操作，则第三方库 choice 的安装结束，关闭窗口，运行程序即可。其他第三方库的安装过程与之类似。

14.6　程序的实现过程

本节主要分 3 部分进行介绍，分别是窗体的构建过程、运行时显示窗体、写诗代码的实现过程。

14.6.1　窗体的构建过程

在设置窗体的显示区域时使用控件，具体代码如下：

```
01 self.centralwidget = QtWidgets.QWidget(MainWindow)
02     self.centralwidget.setObjectName("centralwidget")
03     self.pushButton = QtWidgets.QPushButton(self.centralwidget)
04     self.pushButton.setGeometry(QtCore.QRect(610, 440, 131, 71))
05 #对“开始作诗”按钮进行设置
06     self.pushButton.setObjectName("pushButton")
07     self.label = QtWidgets.QLabel(self.centralwidget)
08     self.label.setGeometry(QtCore.QRect(100, 20, 91, 61))
09 #对“输入古诗标题”标签进行设置
10     self.label.setObjectName("label")
11     self.label_2 = QtWidgets.QLabel(self.centralwidget)
12     self.label_2.setGeometry(QtCore.QRect(110, 150, 91, 61))
13 #对“五言绝句”标签进行设置
14     self.label_2.setObjectName("label_2")
15     self.label_3 = QtWidgets.QLabel(self.centralwidget)
16     self.label_3.setGeometry(QtCore.QRect(110, 310, 121, 41))
17 #对“七言绝句”标签进行设置
18     self.label_3.setObjectName("label_3")
19     self.textEdit = QtWidgets.QTextEdit(self.centralwidget)
20     self.textEdit.setGeometry(QtCore.QRect(230, 20, 271, 51))
21 #对古诗标题输入框进行设置
22     self.textEdit.setObjectName("textEdit")
23     self.textEdit_2 = QtWidgets.QTextEdit(self.centralwidget)
24     self.textEdit_2.setGeometry(QtCore.QRect(230, 120, 291, 111))
25 #对五言绝句输出框进行设置
26     self.textEdit_2.setObjectName("textEdit_2")
27     self.textEdit_3 = QtWidgets.QTextEdit(self.centralwidget)
28     self.textEdit_3.setGeometry(QtCore.QRect(230, 290, 301, 111))
29 #对七言绝句输出框进行设置
30     self.textEdit_3.setObjectName("textEdit_3")
31     MainWindow.setCentralWidget(self.centralwidget)
32     self.menubar = QtWidgets.QMenuBar(MainWindow)
33     self.menubar.setGeometry(QtCore.QRect(0, 0, 800, 23))
```

窗体中的控件有相应的默认值，这些默认值在自动生成的 retranslateUi()函数中进行设置。关键代码如下：

```
01  #自动生成的函数，用来设置窗体中控件的默认值
02  def retranslateUi(self, MainWindow):
03      _translate = QtCore.QCoreApplication.translate
04      #设置窗体标题
05      MainWindow.setWindowTitle(_translate("MainWindow", "python下的智
06  能写诗"))
07      self.pushButton.setText(_translate("MainWindow", "开始作诗"))
08      self.label.setText(_translate("MainWindow", "输入古诗标题"))
09      self.label_2.setText(_translate("MainWindow", "五言绝句"))
10      self.label_3.setText(_translate("MainWindow", "七言绝句"))
```

14.6.2 运行时显示窗体

对于已经设计好的写诗窗体，如何显示出来？需要在 Python 项目的__main__主方法中，通过 MainWindow 对象的 show()函数来实现。关键代码如下：

```
01  #主方法，程序从此处启动 PyQt 5 的窗体
02  if __name__ == "__main__":
03      app = QtWidgets.QApplication(sys.argv)
04      MainWindow = QtWidgets.QMainWindow() #创建窗体对象
05      ui = Ui_MainWindow()     #创建 PyQt 5 的窗体对象
06      ui.setupUi(MainWindow)  #用 PyQt 5 窗体的方法对窗体对象进行初始化设置
07      MainWindow.show()       #显示窗体
08      sys.exit(app.exec_())   #程序关闭时退出进程
```

14.6.3 写诗代码的实现过程

本小节详细介绍写诗代码的实现过程，并对主要程序代码进行解释。

1．导入模块

在智能写诗的主窗体设计完成之后，可在转换之后的.py 文件中编写相应的功能代码。导入必要的模块，代码如下：

```
01  from gensim.models import Word2Vec  #词向量
02  from random import choice
03  from os.path import exists
04  import warnings #文件的不打印警告
05  import sys
06  from PyQt5 import QtCore, QtGui, QtWidgets
```

第 1 行中的 Word2Vec 是 Mikolov 在 Neural Network Language Model（NNLM）的基础上构建的一种高效的词向量训练方法。

注意

词向量是词的一种表示，便于计算机识别并进行处理。因为目前的计算机只能处理数值，而无法理解英文、汉字等。让计算机处理自然语言的最简单的方式就是为每个词进行编号，每个编号代表其对应的词。

2. 古诗词的限制条件

通过“古诗生成器.py”和“古诗词.txt”相结合，调用“古诗词.txt”中的内容，根据设置的要求过滤低频字、写下古诗词的开放度等，写出五言绝句和七言绝句。

```
01  class CONF:
02      path = '古诗词.txt'         #生成古诗词的来源是“古诗词.txt”文本
03  window = 16                     #滑窗大小的限制
04  min_count = 60                  #过滤低频字
05  size = 125                      #词向量的维度
06  topn = 14                       #古诗词的开放度
07      model_path = 'word2vec'
08  class Model:
09      def __init__(self, window, topn, model):
10          self.window = window
11          self.topn = topn
12          self.model = model                          #词向量模型
13          self.chr_dict = model.wv.index2word         #字典
```

3. 古诗词内容生成

首先定义一个 poem_generator()函数，用来显示古诗词的生成过程。poem_generator()函数的代码如下：

```
01  def poem_generator(self, title, form):
02      filter = lambda lst: [t[0] for t in lst if t[0] not in ['，', '。']]
03      if len(title) < 3:
04          if not title:
05              title += choice(self.chr_dict)
06          for _ in range(3 - len(title)):
07              similar_chr = self.model.similar_by_word(title[-1],
08  self.topn // 2)
09              similar_chr = filter(similar_chr)
```

```
10            char = choice([c for c in similar_chr if c not in title])
11            title += char
12   poem = list(title)
13        for i in range(form[0]):
14            for _ in range(form[1]):
15                predict_chr = self.model.predict_output_word(
16                    poem[-self.window:], max(self.topn, len(poem) + 1))
17                predict_chr = filter(predict_chr)
18                char = choice([c for c in predict_chr if c not in
19  poem[len(title):]])
20                poem.append(char)
21            poem.append('，' if i % 2 == 0 else '。')
22        length = form[0] * (form[1] + 1)
23        return '《%s》' % ''.join(poem[:-length]) + '\n' + ''.join(poem
24  [-length:])
25        return '《%s》' % ''.join(poem[:-length]) + '\n' + ''.join(poem
26  [-length:])
```

然后为“开始作诗”按钮绑定单击事件，代码如下：

```
01   self.pushButton.clicked.connect(self.poem_generator)
```

4．古诗词输出格式

古诗词输出格式要求即设置生成的古诗词是五言绝句还是七言绝句。定义一个main()函数，执行古诗词的输出操作。main()函数的代码如下：

```
01   def main(config=CONF):
02    form = {'五言绝句': (4, 5), '七言绝句': (4, 7)}
03    m = Model.initialize(config)
04    while True:
05        title = input('请输入标题：').strip()
06        try:
07            poem = m.poem_generator(title, form['五言绝句'])
08            print('\033[031m%s\033[0m' % poem)
09            poem = m.poem_generator(title, form['七言绝句'])
10            print('\033[033m%s\033[0m' % poem)
11            print()
12        except:
13          return
```

14.7　程序的运行及运行结果

14.7.1　程序的运行

对程序进行调试之后，运行程序，写下相应的古诗词。

在 PyCharm 的菜单栏中选择“Run”命令(或者按“Shift+F10”组合键)运行程序，如图 14-16 所示。

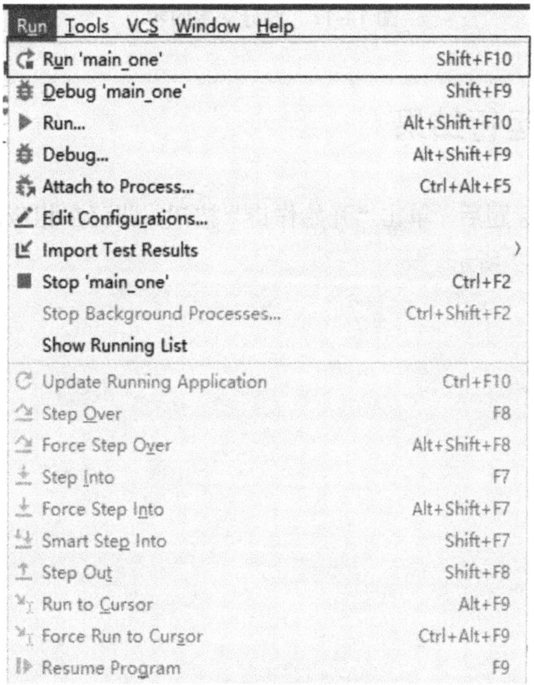

图 14-16　运行程序

14.7.2　古诗词的文本库

程序写出的古诗词并不是凭空产生的，而是根据“古诗词.txt”文本中包含的大量古诗词，进行组合、排序而生成的。程序设置生成古诗词的格式，根据古诗标题生成五言绝句和七言绝句。部分文本内容如图 14-17 所示。

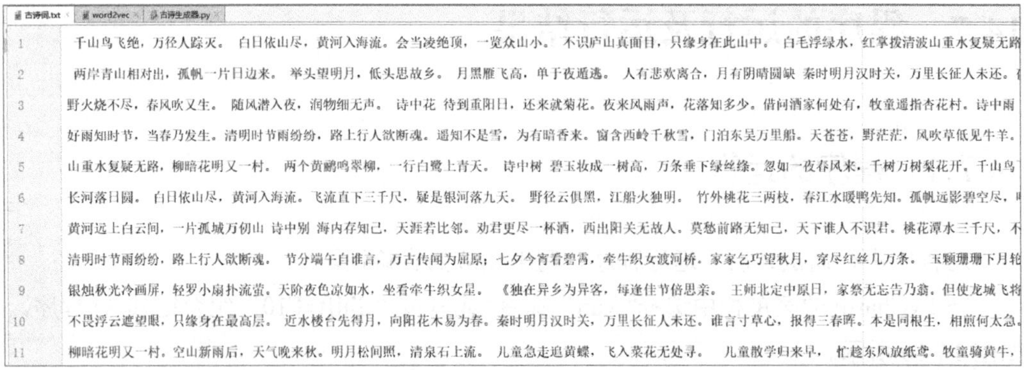

```
古诗词.txt  word2vec  古诗生成器.py
1   千山鸟飞绝，万径人踪灭。 白日依山尽，黄河入海流。会当凌绝顶，一览众山小。 不识庐山真面目，只缘身在此山中。 白毛浮绿水，红掌拨清波山重水复疑无路
2   两岸青山相对出，孤帆一片日边来。 举头望明月，低头思故乡。 月黑雁飞高，单于夜遁逃。 人有悲欢离合，月有阴晴圆缺 秦时明月汉时关，万里长征人未还。
3   野火烧不尽，春风吹又生。 随风潜入夜，润物细无声。 诗中花 待到重阳日，还来就菊花。夜来风雨声，花落知多少。借问酒家何处有，牧童遥指杏花村。诗中雨
4   好雨知时节，当春乃发生。清明时节雨纷纷，路上行人欲断魂。遥知不是雪，为有暗香来。窗含西岭千秋雪，门泊东吴万里船。天苍苍，野茫茫，风吹草低见牛羊。
5   山重水复疑无路，柳暗花明又一村。 两个黄鹂鸣翠柳，一行白鹭上青天。 诗中树 碧玉妆成一树高，万条垂下绿丝绦。忽如一夜春风来，千树万树梨花开。千山鸟
6   长河落日圆。 白日依山尽，黄河入海流。飞流直下三千尺，疑是银河落九天。 野径云俱黑，江船火独明。 竹外桃花三两枝，春江水暖鸭先知。孤帆远影碧空尽，
7   黄河远上白云间，一片孤城万仞山 诗中别 海内存知己，天涯若比邻。劝君更尽一杯酒，西出阳关无故人。莫愁前路无知己，天下谁人不识君。桃花潭水三千尺，
8   清明时节雨纷纷，路上行人欲断魂。 节分端午自谁言，万古传闻为屈原；七夕今宵看碧霄，牵牛织女渡河桥。家家乞巧望秋月，穿尽红丝几万条。 玉颗珊珊下月轮
9   银烛秋光冷画屏，轻罗小扇扑流萤。天阶夜色凉如水，坐看牵牛织女星。 《独在异乡为异客，每逢佳节倍思亲。 王师北定中原日，家祭无忘告乃翁。但使龙城飞将
10  不畏浮云遮望眼，只缘身在最高层。 近水楼台先得月，向阳花木易为春。秦时明月汉时关，万里长征人未还。谁言寸草心，报得三春晖。本是同根生，相煎何太急。
11  柳暗花明又一村。空山新雨后，天气晚来秋。明月松间照，清泉石上流。 儿童急走追黄蝶，飞入菜花无处寻。 儿童散学归来早， 忙趁东风放纸鸢。牧童骑黄牛，
```

图 14-17 部分文本内容

14.7.3 程序的运行结果

当用户输入古诗标题后，单击“开始作诗”按钮，即可在相应的位置输出五言绝句和七言绝句，如图 14-2 所示。

15 第 15 章

人工智能——人脸识别系统

人脸识别是基于人的脸部特征信息进行身份识别的一种生物识别技术，用摄像机或摄像头采集含有人脸的图像或视频流，并自动在图像中检测和跟踪人脸，进而对检测到的人脸进行脸部识别。随着智能手机的快速普及，可以通过手机上的摄像头在手机上做基于人脸识别的身份注册、认证、登录等，使身份认证进程更安全、方便。由于人脸比指纹的视觉辨识度更高，所以刷脸的应用前景将会更广阔。

本章重点知识：

- 图片的加载。
- 特征向量的转换。
- 程序对人脸位置的精确查找。
- 将人脸特征向量和图片库中的人脸特征向量进行比对。
- 输出人脸识别结果。

15.1 需求分析

可以识别人脸并进行学习，并且能够在新的图片中识别出人脸，分别标记出人物的名字。

15.2 系统设计

通过对需求进行分析，了解到本章的重点，对人脸识别有了初步的理解，对结构功能有了新的认识，可以学习到系统的流程，知道在代码书写的过程中用到了什么技术，能够做出自己想要的效果。

15.2.1 系统功能结构

将提取的人脸图像的特征数据与图片库中存储的特征模板进行匹配，通过设定一个阈值，当相似度超过这一阈值时，输出匹配得到的结果。人脸识别就是将待识别的人脸特征与已得到的人脸特征模板进行比对，根据相似程度对人脸的身份信息进行判断。系统功能结构如图 15-1 所示。

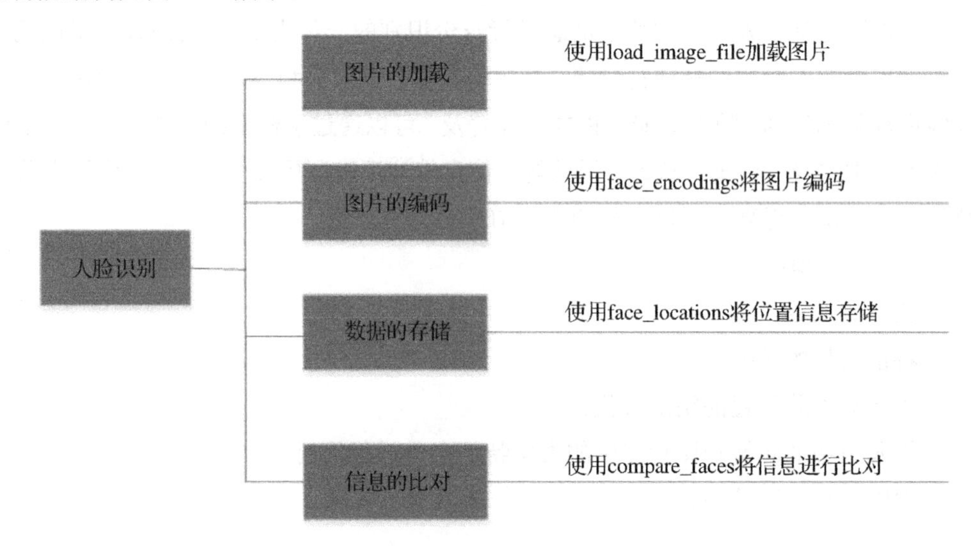

图 15-1　系统功能结构

15.2.2 系统效果预览

本项目的运行效果如图 15-2 所示。程序运行后，学习原始图片中的人脸特征，在未知图片中将识别的人脸特征和已经识别的人脸特征进行比对，显示识别出来的人是谁，并用绿色框框出。

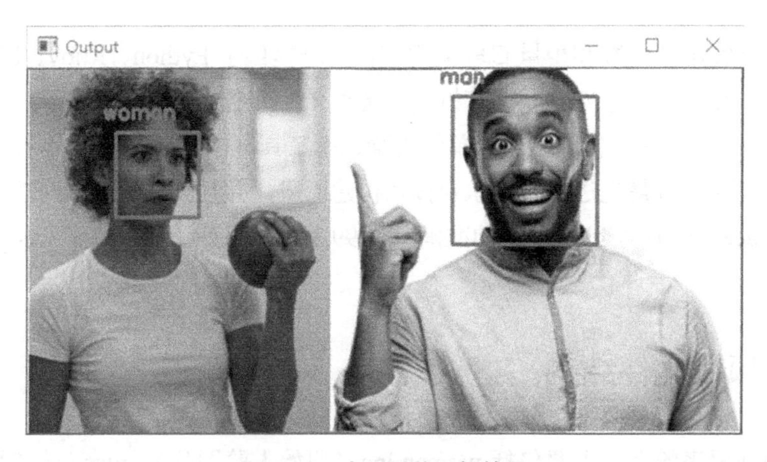

图 15-2　本项目的运行效果

15.3　系统开发必备

程序用到的编辑工具及所需的模块是进行开发的基础。本节主要了解开发工具的准备和项目的文件夹组织结构，这对之后的程序开发具有基础性的辅助作用。

15.3.1　开发工具介绍

1．项目开发及运行环境

操作系统：Windows 10。

开发工具：PyCharm。

Python 版本：Python 3.6。

所需模块：cv2、face_recognition。

2．编译工具及模块

PyCharm 是由 JetBrains 打造的一款功能强大的 Python IDE，带有一整套可以帮助用户在使用 Python 语言开发程序时提高效率的工具，如调试、语法高亮、项目管理、代码跳转、智能提示、自动完成、单元测试、版本控制等。

cv2 是 OpenCV 官方的一个扩展库，里面含有各种有用的函数及进程。OpenCV 的全称是 Open Source Computer Vision Library，它是一个基于（开源）发行的跨平台计算机视觉库，可以运行在 Linux、Windows 和 Mac OS 操作系统上。它是轻量级的，而且高效——由一系列 C 函数和少量 C++类构成，同时提供了 Python、Ruby、MATLAB 等语言的接口，实现了图像处理和计算机视觉方面的很多通用算法。

face_recognition 使用世界上最简单的人脸识别工具，在 Python 或命令行中识别和操作人脸。它使用 Dlib 最先进的人脸识别技术构建而成，并且具有深度学习功能。该模型在 Labeled Faces in the Wild 基准中的准确率为 99.38%。另外，还提供了 face_recognition 命令行工具。

15.3.2 项目文件结构

人脸识别程序的文件主要包括 woman.jpg（原始人脸图片）、man.jpg（原始人脸图片）、unknown.jpg（即将要比对的未知图片）、face_recognition.py（程序运行文件），这 4 个文件在项目下的同一级，详细结构如图 15-3 所示。

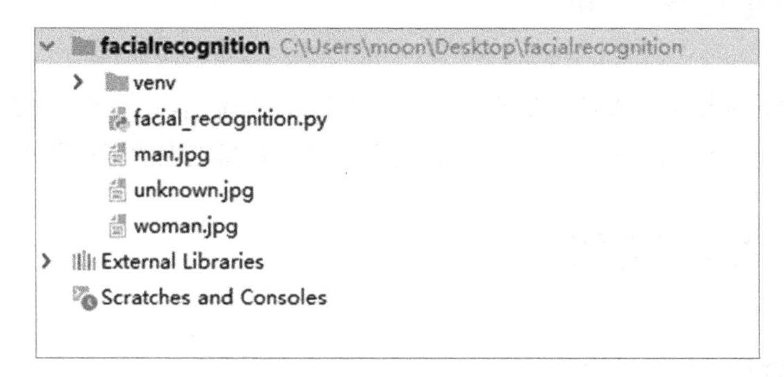

图 15-3 项目文件结构

15.4 系统功能的实现

本节主要介绍项目文件的创建、项目所需模块的安装、程序的设计和输出。只有充分理解了本节内容，才能对人脸识别有一个初步的认识和了解。

15.4.1 项目文件的创建

首先在桌面上新建一个名为 facialrecognition 的空文件夹，然后打开 PyCharm，选择菜单栏中的“File”→“New Project”命令，新建项目，如图 15-4 所示。

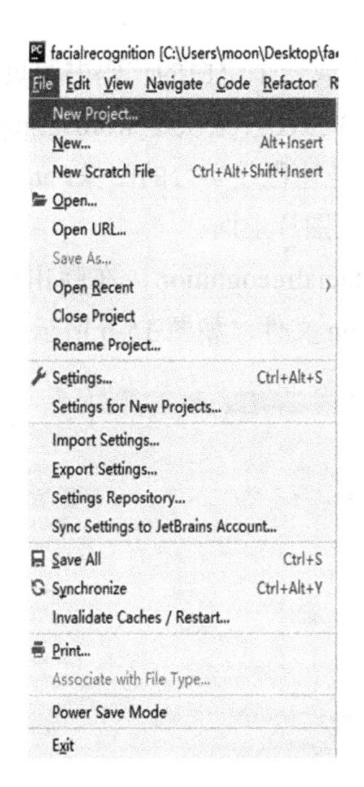

图 15-4　新建项目

弹出如图 15-5 所示的对话框，首先单击左侧的“Pure Python”选项，然后单击“Location”输入框右侧的文件夹图标，定位到 facialrecognition 文件夹所在位置，最后单击“Create”按钮，即可创建一个新的项目。

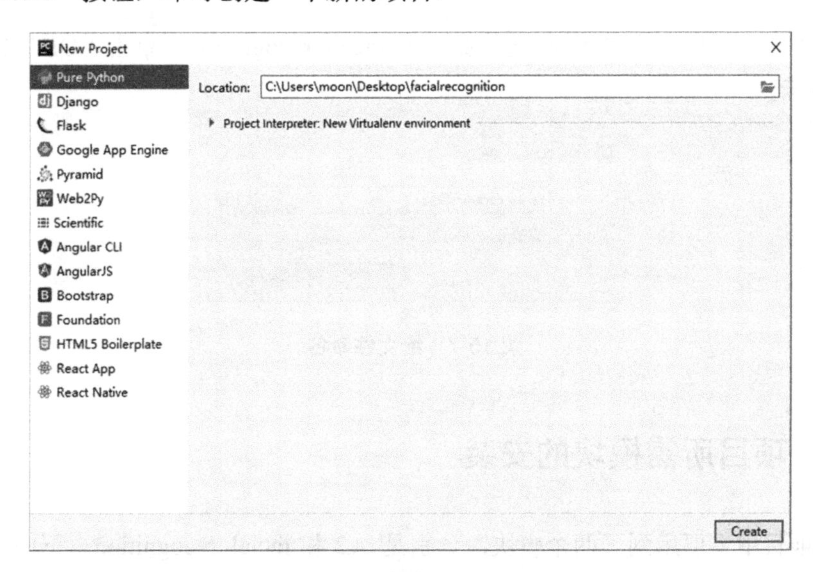

图 15-5　选择项目保存路径

当新项目创建完成后，会出现一个空白的代码书写页面，把准备好的 3 张图片添加到 facialrecognition 项目下。这 3 张图片依次是 woman.jpg、man.jpg 和 unknown.jpg，其中，woman.jpg 和 man.jpg 分别是让程序学习的图像，unknown.jpg 为两个人的合影，程序学习之后显示的结果就在这张图片上面。

用鼠标右键单击项目名 facialrecognition，在弹出的快捷菜单中选择“New”→“Python File”命令，新建 Python 文件，如图 15-6 所示。

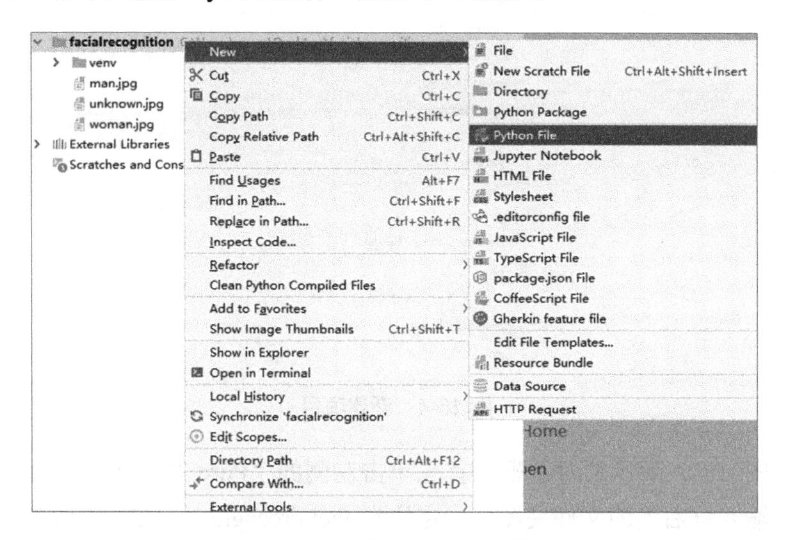

图 15-6　新建 Python 文件

在弹出的对话框中将 Python 文件命名为 facial_recognition，单击“OK”按钮，如图 15-7 所示。

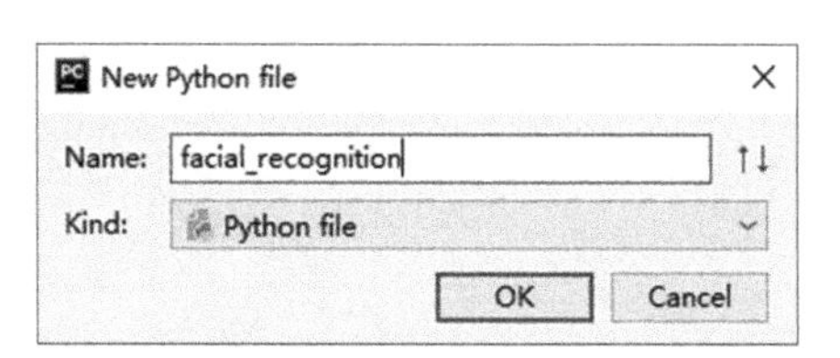

图 15-7　给文件命名

15.4.2　项目所需模块的安装

在本项目中主要用到了两个模块，分别是 cv2 和 facial_recognition。下面介绍这两个模块的安装方法。

1. cv2模块的安装

（1）按“Win+R”组合键，在弹出的“运行”对话框中输入“cmd”后单击“确定”按钮，打开命令提示符窗口，如图 15-8 所示。

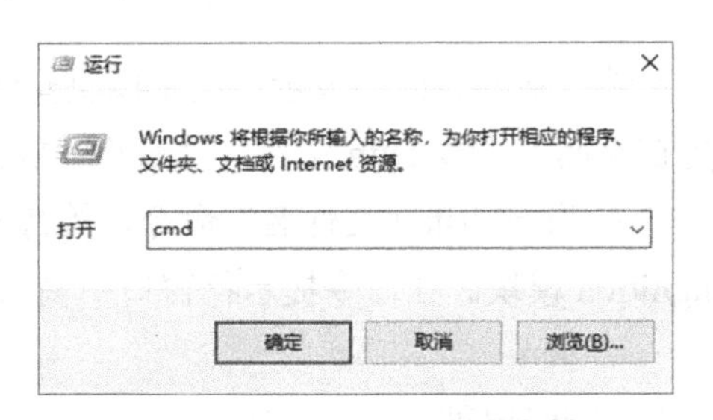

图 15-8　“运行”对话框

（2）在命令提示符窗口中输入命令“pip install opencv-python”，等待进度条完成，提示安装成功即可，如图 15-9 所示。

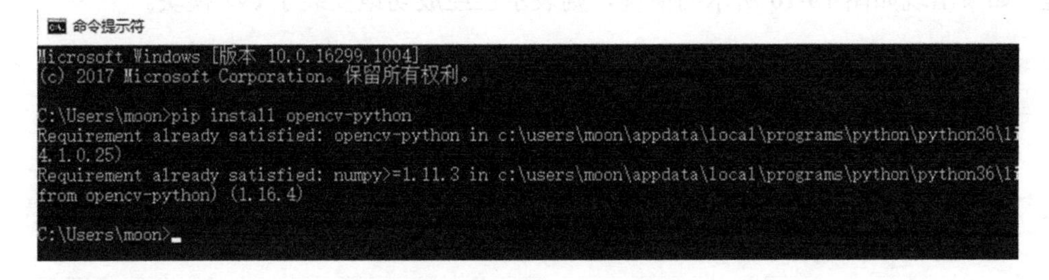

图 15-9　安装 cv2 模块

注意

如果直接在命令提示符窗口中输入“pip install cv2”命令，则可能会报错。

2. facial_recognition 模块的安装

安装 face_recongnition 模块的必要条件是：配置好 Dlib 和 OpenCV。

安装 Dlib 的必要条件是：配置好 boost 和 cmake。

注意

请务必从底层的依赖项目开始进行安装。在没有安装好 boost 和 cmake 之前，不要安装 Dlib；在没有安装好 Dlib 和 OpenCV 之前，不要安装 face_recongnition 模块。安装的所有文件都存放在 Python 安装路径下的 lib 文件夹下。

（1）按“Win+R”组合键，打开“运行”对话框，输入“cmd”，单击“确定”按钮，打开命令提示符窗口。

（2）安装 boost 和 cmake 模块。在命令提示符窗口中输入以下命令：

```
pip install cmake
pip install boost
```

安装完成后，会显示安装成功的界面，表示这两个模块安装成功。

（3）安装 Dlib。首先在官网上下载 Dlib 文件，然后将其放到 C 盘的根目录下，最后进入命令提示符窗口，输入“pip install 文件名”命令，等待安装完成。

（4）安装 face_recongnition 模块。在命令提示符窗口中输入以下命令：

```
pip install opencv-python
pip install face_recongnition
```

当显示安装成功的界面后，表示已经成功安装了 face_recongnition 模块。

还可以验证是否已经成功地安装了某个模块。例如，要查看是否成功地安装了 cv2 模块，只需打开命令提示符窗口，输入“pip install opencv-python”命令后按“Enter”键，如果出现如图 15-10 所示的情况，则表示已经成功地安装了 cv2 模块。

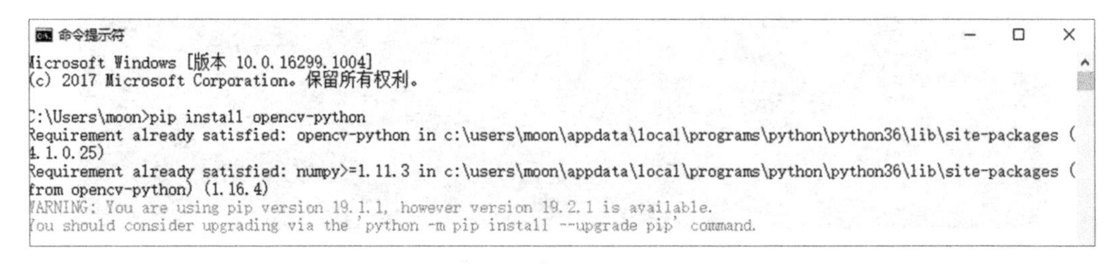

图 15-10　检查 cv2 模块是否安装成功

15.4.3　程序的设计

首先需要导入程序运行所必需的模块。在本程序中导入的是 cv2 和 face_recognition 模块。代码如下：

```
01  #导入必要的模块
02  import cv2
03  import face_recognitionself.label_3.setText(_translate("MainWindow",
04  "七言绝句"))
```

然后给图片命名，将两张已知的图片分别放入一个对象中。load_image_file()方法可以用来加载图片。代码如下：

```
01  #定义一个列表，用来给图片命名
```

```
02  pic = ["woman", "man"]
03  #定义一个空列表，用来存储两张已知的图片
04  images = []
05  #使用 for 循环遍历列表
06  for picture in pic:
07  #给图片名加上.jpg 后缀并存入 picture_name 对象中
08      picture_name = picture + ".jpg"
09  #加载已存储两张图片的对象并放入 image 对象中
10      image = face_recognition.load_image_file(picture_name)
11  #将 image 中的内容使用 append()方法依次放入 images 对象中
12      images.append(image)
13  #同时将即将识别的图片也加载放入一个对象中
14  unknown_picture = face_recognition.load_image_file("unknown.jpg")
```

接着将人脸的图像转换为 128 位向量，将已知人脸的向量存入 face_encodings 列表中，将未知人脸的向量存入 unknown_face_encodings 列表中。此处的特征向量指机器学习中的概念，不同于矩阵理论中的特征向量。每种机器学习算法都会将大量的数据作为输入端，训练并从中学习经验。算法会遍历数据，并且识别数据中的各种信息模式。假定我们希望识别指定图片中人物的脸，很多物体是可以被看作模式的，如脸部的长度、宽度等。由于图片比例会被调整，仅仅依靠长度和高度进行识别可能并不可靠。然而，在缩放图片后，比例是保持不变的——脸部长度和宽度的比例不会改变。显而易见，此时存在一种模式——不同的脸有不同的维度，相似的脸有相似的维度。有挑战性的是，需要将特定的脸转换为数字，因为机器学习算法只能理解数字。表示一张脸的数字（或训练集中的一个元素）可以称为特征向量。一个特征向量包括特定顺序的各种数字。举一个简单的例子，我们可以将一张脸映射到一个特征向量上。特征向量由不同的特征组成，如脸的长度（cm）、脸的宽度（cm）、脸的平均肤色（R,G,B）、唇部宽度（cm）、鼻子长度（cm）等。现在，一旦我们将每张图片解码为特征向量，问题就变得更简单了。很明显，当我们使用同一个人的两张脸部图片时，提取的特征向量会非常相似。换言之，两个特征向量的“距离”变得非常小。

此时，机器学习算法可以帮助我们完成两件事：

（1）提取特征向量。由于特征过多，手动列出所有特征是非常困难的。一种机器学习算法可以自动标注很多特征。例如，一个复杂的特征可能是鼻子长度和前额宽度的比例。手动列出所有的这些衍生特征是非常困难的。

（2）匹配算法。一旦得到特征向量，机器学习算法需要将新图片和语料库中的特征向量进行匹配。

以上就是把人脸图片加载为特征向量的原因。

```
01  #定义空列表
02  face_encodings = []
03  #遍历两张已知的图片
04  for image in images:
05  #对图片进行编码
06      encoding = face_recognition.face_encodings(image)[0]
07  #将已知图片的编码添加到 face_encodings 列表中
08      face_encodings.append(encoding)
09  #将未知图片的编码添加到 unknown_face_encodings 列表中
10  unknown_face_encodings = face_recognition.face_encodings(unknown_
11  picture)
```

最后，整合以上代码，当我们使用 print()函数进行输出的时候，会发现输出的是列表，列表中存储的就是脸部特征的向量值。

```
01  #输出原始图片的向量值
02  print(face_encodings)
03  #输出即将要比对的图片的向量值
04  print(unknown_face_encodings)
```

输出结果如下：

```
01  C:\Users\moon\AppData\Local\Programs\Python\Python36\python.exe
02  C:/Users/moon/Desktop/facialrecognition/facial_recognition.py
03  [array([-0.0737737 ,  0.12260097,  0.03359739, -0.05149896,  0.04009161,
04          0.00048017, -0.11566311, -0.08146441,  0.19381973, -0.14326133,
05          0.26641256,  0.07074241, -0.19665089, -0.10475728,  0.08481637,
06          0.1202756 , -0.21145998, -0.07475862, -0.10791074, -0.04988085,
07         -0.00286641,  0.00844133,  0.08113385,  0.06041093, -0.11413724,
08         -0.35053465, -0.07406017, -0.1311994 ,  0.00944328, -0.13027939,
09         -0.06909364, -0.01901838, -0.15361993, -0.08016254, -0.00497158,
10         -0.01112793,  0.00924049,  0.00183163,  0.19520506,  0.04261873,
11         -0.11199707,  0.07620215, -0.02989715,  0.2190868 ,  0.24527524,
12          0.12474593,  0.01235126, -0.05773083,  0.05871901, -0.24456778,
13          0.00761282,  0.16024181,  0.05587506,  0.03858661,  0.09229133,
14         -0.21129653, -0.00643218,  0.10969382, -0.11602037,  0.06368368,
15          0.0067177 , -0.09739821,  0.02108232,  0.05562614,  0.23194756,
16          0.06508826, -0.14063212, -0.0285248 ,  0.08744019, -0.01558416,
17         -0.01067027,  0.00602624, -0.15530941, -0.25210309, -0.23026855,
18          0.07344919,  0.32134175,  0.21565431, -0.21659835,  0.04761895,
19         -0.15852498,  0.03485624,  0.07666732,  0.03071868, -0.04749005,
20         -0.12961653, -0.0678626 ,  0.0209824 ,  0.08088037,  0.05874969,
21         -0.02015335,  0.1992273 , -0.06640977,  0.05712134, -0.01069651,
```

```
22         0.03433792, -0.13817048, -0.0067551 , -0.12789136, -0.04268586,
23         0.02527573, -0.01021968,  0.03423168,  0.10899161, -0.19940856,
24         0.09266719, -0.00297752, -0.04278988,  0.02747929,  0.12417937,
25        -0.04788756, -0.02360204,  0.08373922, -0.28123564,  0.25931877,
26         0.28094873,  0.00343991,  0.20260286,  0.08414518, 0.0717115 ,
27        -0.02320628,  0.02022668, -0.15095319, -0.1037432 ,  0.02145928,
28         0.07100739,  0.11353049,  0.00599992]), array([-0.12650324,
29 0.18317063,  0.03709818, -0.06839736, -0.00678724,
30         0.05510797,  0.02442708, -0.14518484,  0.14379321, -0.08173922,
31         0.17725983, -0.02784103, -0.30498025, -0.04993286, -0.00789142,
32         0.14463779, -0.14547808, -0.13682289, -0.19317091, -0.16293599,
33         0.02465072,  0.0805144 , -0.05828443, -0.02793409, -0.13976312,
34        -0.18529589, -0.09369958, -0.14366426,  0.05606191, -0.05625945,
35         0.03625736, -0.06121917, -0.19415691, -0.05376516, -0.00273475,
36         0.04262218, -0.10686066, -0.05098044,  0.14846036,  0.05856161,
37        -0.09585108,  0.02021669,  0.03131564,  0.23451455, 0.2134379 ,
38         0.04283576,  0.01505184, -0.1407872 ,  0.08454271, -0.23792692,
39         0.01902296,  0.17530291,  0.05573974,  0.19207998, 0.03944202,
40        -0.13357167,  0.04069941,  0.16820821, -0.19687781,  0.11782736,
41         0.11748348, -0.19469923, -0.07658628,  0.00186087,  0.11865701,
42         0.07262322, -0.09416319, -0.14309235,  0.24549359, -0.16432989,
43        -0.13977173,  0.00952188, -0.06330298, -0.16071481, -0.31464577,
44         0.08292062,  0.40876874,  0.22873625, -0.15817624, 0.00824388,
45        -0.09758876,  0.0043666 ,  0.11424888,  0.08282201, -0.03848544,
46        -0.12773471, -0.06792325,  0.00573885,  0.20429729, -0.04032923,
47        -0.0007331 ,  0.20940794,  0.00863024,  0.00475401, -0.00881734,
48         0.05515263, -0.13339558, -0.04661781, -0.09803941, -0.06712221,
49        -0.01504523, -0.06407815,  0.02008815,  0.11086868, -0.09496048,
50         0.23089859,  0.03765154, -0.03908075, -0.0810703 , -0.04454223,
51        -0.01030315,  0.04427846,  0.18623768, -0.16642159,  0.2415822 ,
52         0.23702939, -0.0080163 ,  0.12360057,  0.13571389,  0.10792153,
53        -0.00734535, -0.0367404 , -0.23806186, -0.15396941,  0.01173242,
54         0.05190443,  0.02323782,  0.05570301])]
55 [array([-0.10895506,  0.10301888, -0.00912552,  0.00385833, -0.10820346,
56        -0.02877329,  0.07296206, -0.19911048,  0.08564751, -0.08586125,
57         0.22027701, -0.05880406, -0.36650321, -0.09586233,  0.00349373,
58         0.1401768 , -0.10764872, -0.13926628, -0.16426322, -0.12242505,
59         0.07868732, -0.02371006, -0.04020562, -0.04049949, -0.15378372,
60        -0.24399117, -0.05723578, -0.04351574,  0.00495692, -0.03450282,
61         0.11031668,  0.050196  , -0.2543371 , -0.1087889 ,  0.03597579,
62         0.03108642, -0.09723071, -0.06654962,  0.14773294, -0.02022042,
```

```
63        -0.13550597, -0.03424669,  0.05733709,  0.17505221,  0.1745954 ,
64        -0.01068223,  0.05628213, -0.13266963,  0.0981176 , -0.25261262,
65        -0.04635167,  0.10789578,  0.13407373,  0.13167335,  0.05222902,
66        -0.14208147,  0.0570869 ,  0.15940382, -0.17446935,  0.04496679,
67         0.09256427, -0.17236164, -0.07993414, -0.0613827 ,  0.08618757,
68         0.00683079, -0.05009943, -0.11059795,  0.25778142, -0.14660978,
69        -0.1002281 ,  0.05388132, -0.05006189, -0.17752203, -0.33691913,
70         0.00856752,  0.38782802,  0.18107219, -0.16147873, -0.06564095,
71        -0.04425524,  0.05032317,  0.03197996, -0.00318138, -0.04575809,
72        -0.10411595, -0.09488003,  0.04188592,  0.21772031, -0.04470114,
73        -0.02158998,  0.23217478,  0.02859686, -0.02693909,  0.03721467,
74         0.04443531, -0.11163318, -0.03436792, -0.0737069 , -0.05404074,
75         0.05418808, -0.14782234,  0.06181221,  0.13439921, -0.14109322,
76         0.20723362, -0.06131125,  0.0199269 , -0.04725   , -0.06935606,
77        -0.00868797,  0.08196615,  0.11620981, -0.1812949 ,  0.2183616 ,
78         0.21539147, -0.05008765,  0.0994797 ,  0.02874176,  0.05209705,
79        -0.05334139, -0.047274  , -0.21126513, -0.18686096,  0.00318951,
80        -0.00927667,  0.01544206,  0.00766092]), array([-0.13703494,
81  0.14617747,  0.03722551, -0.06821329, -0.01331568,
82         0.00211394, -0.10278095, -0.06316106,  0.17578773, -0.02280614,
83         0.26609707,  0.06969278, -0.21124321, -0.14259149,  0.02163943,
84         0.10355805, -0.19531634, -0.07478508, -0.08446519, -0.08502849,
85         0.05060334, -0.02286348,  0.08538537,  0.01247797, -0.17413834,
86        -0.37601978, -0.06070232, -0.16805394, -0.01078065, -0.15853602,
87        -0.06883226,  0.01733435, -0.18173513, -0.10053752,  0.0260318 ,
88         0.00574395,  0.0540193 ,  0.02027923,  0.15184468,  0.06411567,
89        -0.09789901,  0.07438226,  0.00140298,  0.24522629,  0.31254995,
90         0.05532499,  0.0168134 , -0.05236071,  0.09168375, -0.19838758,
91         0.0430272 ,  0.17081982,  0.09532261,  0.04208948,  0.08744158,
92        -0.1512118 , -0.00388041,  0.09771372, -0.13882148,  0.03298142,
93         0.04929224, -0.08827781, -0.07563215,  0.02414336,  0.16364144,
94         0.08720466, -0.12257235, -0.08876457,  0.1331273 ,  0.01211753,
95         0.01362281,  0.007196  , -0.20973791, -0.19940738, -0.20834395,
96         0.09293686,  0.33615926,  0.15533565, -0.25314194, -0.00106132,
97        -0.20785466,  0.03964916,  0.01673048, -0.02735498, -0.05005679,
98        -0.11956894, -0.06192841,  0.04583753,  0.09030668,  0.04454892,
99        -0.01538956,  0.19113484, -0.04503635,  0.02688162,  0.02434423,
100        0.05519425, -0.14666958, -0.0006884 , -0.14098103, -0.06497394,
101        0.00089005, -0.09049962,  0.00466176,  0.11171375, -0.23352712,
102        0.08523314,  0.02374483, -0.01843376, -0.01093995,  0.03232469,
103       -0.0219602 , -0.00136141,  0.09653984, -0.25628909,  0.27819154,
```

```
104        0.27285203,  0.04616163,  0.15946746,  0 .05078521, 0.01969319,
105       -0.00779158,  0.00713916, -0.11408777, -0.07936227, -0.00793311,
106        0.0313954 ,  0.02495526, -0.01041097]))]
```

由以上输出结果可以看出，存在 4 个列表，前两个列表分别是已知的两张图片上人脸的数据，后两个列表分别是即将要比对的图片上两张人脸的数据，然后将数据的相近程度进行比较。

在以下代码中，face_location 存储了每张脸的位置信息，在循环中调用 cv2.rectangle()函数，用绿色框框出了检测到的每张脸。

face_recognition.compare_faces()函数将已知人脸的 128 位向量和每张未知人脸的 128 位向量进行比对，将结果存入 results 数组中。results 数组中的每个元素都是 True 或 False，长度和人脸个数相等。results 数组中的每个元素都和已知人脸一一对应，在某个位置的元素为 True，表示未知人脸被识别成这张已知人脸。

对识别出来的每张人脸，调用 cv2.putText()函数在图上标注标签。

```
01  #使用 face_locations()函数存储每张脸的位置信息
02  face_locations = face_recognition.face_locations(unknown_picture)
03  #遍历未知图片编码的长度
04  for i in range(len(unknown_face_encodings)):
05  #将数据存入 unknown_encoding 中
06      unknown_encoding = unknown_face_encodings[i]
07  #将位置信息存入 face_location 中
08      face_location = face_locations[i]
09  #将位置信息分别赋值给 4 个变量
10      top, right, bottom, left = face_location
11  #将检测到的每张脸框起来
12      cv2.rectangle(unknown_picture, (left, top), (right, bottom),
13  (0, 255, 0), 2)
14  #将已知人脸的 128 位向量和每张未知人脸的 128 位向量进行比对,将结果存入 results 数组中
15      results = face_recognition.compare_faces(face_encodings,
16  unknown_encoding)
17  #循环遍历
18  for j in range(len(results)):
19      if results[j]:
20          name = picture_name[j]
21  #对识别出来的人脸在图上标注标签
22  cv2.putText(unknown_picture, name, (left-10, top-10),
23  cv2.FONT_HERSHEY_SIMPLEX, 0.5, (0, 255, 0), 2)
```

以上是这个项目的全部代码。代码中的重点是特征向量的转换及信息的比对，一个

是将图片信息通过计算转换为数字信息，另一个是数字信息之间的比对，比对之后能很快地看出结果。

15.4.4 程序的输出

用鼠标右键单击 Python 文件的任意位置，在弹出的快捷菜单中选择“Run 'facial_recognition'”命令，运行程序，如图 15-11 所示。

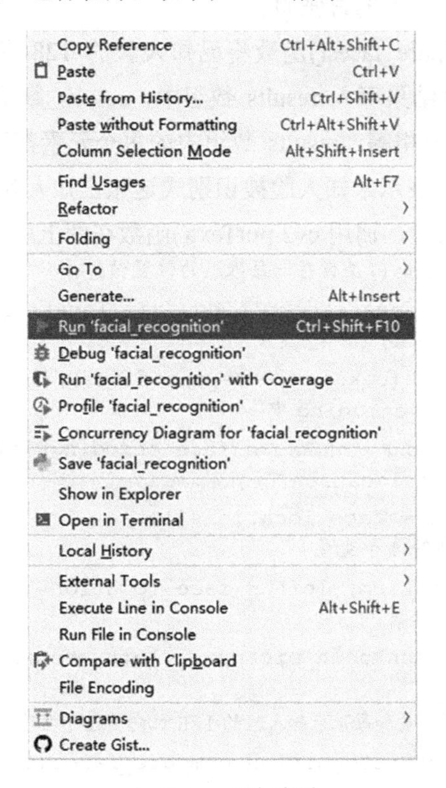

图 15-11 运行程序

程序运行后，会弹出一个对话框，展示识别出来的结果，如图 15-2 所示。

可以看到，通过对原来图片的学习，程序已经学会识别人脸的特征，在一张未知的图片上能够识别出人脸，并且可以正确地标出人脸的位置，以及每张人脸对应的名字。

16

第 16 章

数据可视化——天气预测系统

天气变化经常让人捉摸不透，时而晴空万里，时而狂风暴雨，有时还会影响人们的生活，给人们带来不便。我国地大物博、气候多样，不同的地方天气状况不尽相同。本项目以天气状况作为基础，运行程序自动爬取各地市的天气状况。通过对该项目的学习，可以更加清楚地理解爬虫的原理及工作过程，更加熟悉网页数据的提取，为以后深入学习打下坚实的基础。

本章重点知识：

- 对全国各地市天气、最高温度、最低温度、风力大小的获取；了解 Python 游戏的最简结构。
- 可视化界面的制作。
- 任意输入一个城市的名字，即可显示该城市最近的天气状况。
- 将各地市的天气状况存入 MySQL 数据库。

16.1 需求分析

通过可视化界面，可以对各地市的天气状况进行获取，并且可以进行存储。

16.2 系统设计

对系统的分析、理解和设计是掌握这套系统的基础。首先应该理解这套系统可以实现哪方面的功能。其次应该了解该系统的运行结果，明白该系统中运用了什么技术，以及向哪个方向努力去实现系统功能。

16.2.1 系统功能结构

首先，爬虫系统会爬取各地市的天气状况并输出；其次，爬虫系统可以爬取特定城市的天气状况，在可视化界面中显示未来数天该城市的天气状况；最后，爬虫系统可以将爬取的数据存入 MySQL 数据库，便于后期使用，实现数据的持久化存储。爬虫功能结构如图 16-1 所示。

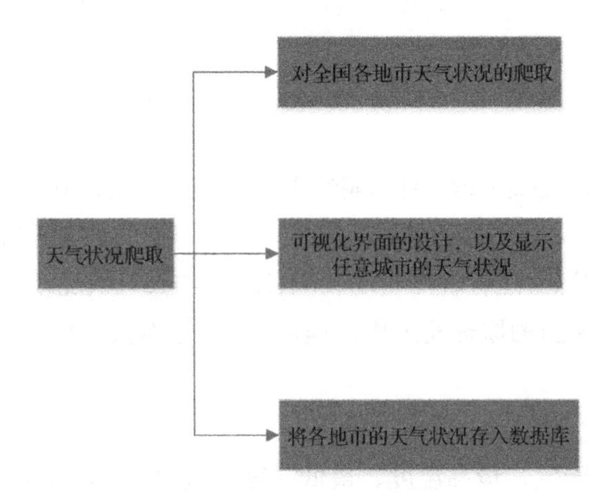

图 16-1 爬虫功能结构

16.2.2 系统效果预览

本套爬虫系统运行后，会在项目中自动新建一个文本文件，记录系统运行结果，也就是当前全国各地市的天气状况。下面节选部分城市的天气状况，内容如下：

```
01  通化 多云 西南风<3 级 31 21
02  白城 晴 南风<3 级 32 21
03  辽源 多云 西南风<3 级 31 23
04  松原 晴 西风<3 级 32 21
05  白山 晴 西南风<3 级 31 21
06  沈阳 多云 西南风<3 级 33 24
07  大连 晴 南风 4-5 级 32 26
08  鞍山 多云 南风 3-4 级 34 26
```

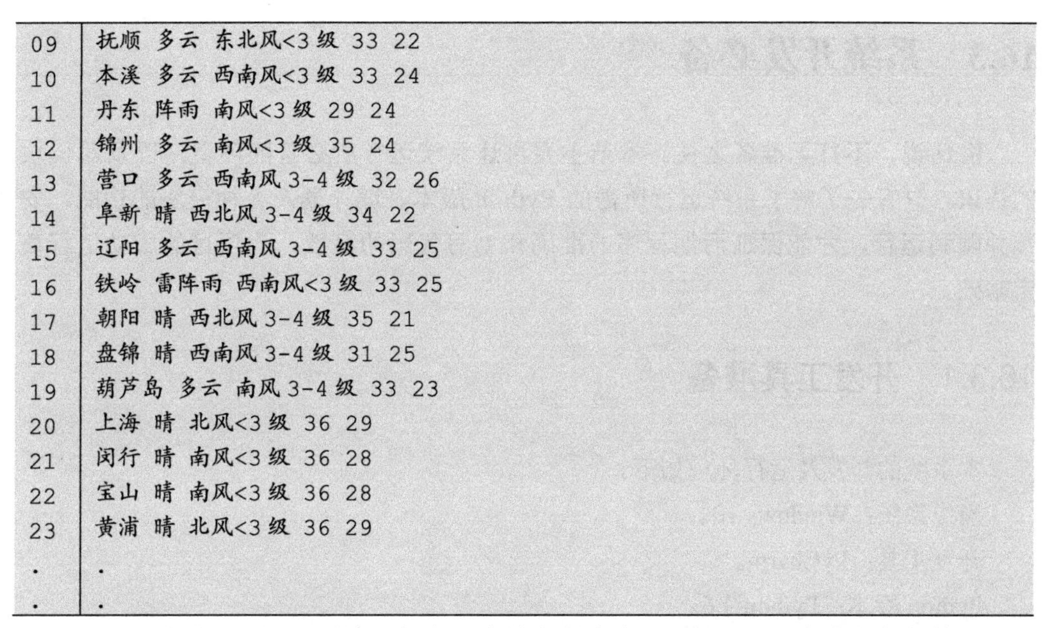

```
09  抚顺 多云 东北风<3级 33 22
10  本溪 多云 西南风<3级 33 24
11  丹东 阵雨 南风<3级 29 24
12  锦州 多云 南风<3级 35 24
13  营口 多云 西南风 3-4级 32 26
14  阜新 晴 西北风 3-4级 34 22
15  辽阳 多云 西南风 3-4级 33 25
16  铁岭 雷阵雨 西南风<3级 33 25
17  朝阳 晴 西北风 3-4级 35 21
18  盘锦 晴 西南风 3-4级 31 25
19  葫芦岛 多云 南风 3-4级 33 23
20  上海 晴 北风<3级 36 29
21  闵行 晴 南风<3级 36 28
22  宝山 晴 南风<3级 36 28
23  黄浦 晴 北风<3级 36 29
.   .
.   .
```

也可以通过可视化界面输入任意一个城市的名字，对应显示出该城市未来数天的天气状况。如图 16-2 所示为天气状况查询界面。

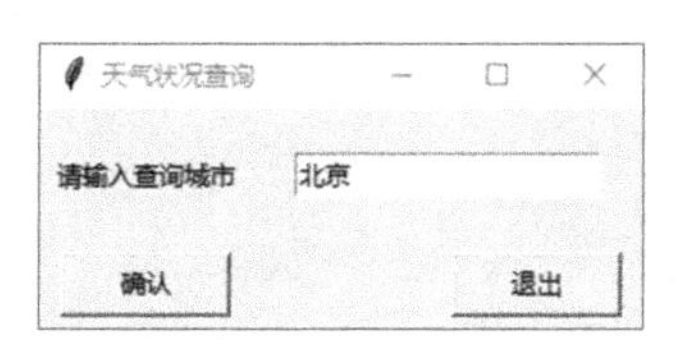

图 16-2 天气状况查询界面

例如，输入“北京”，单击“确认”按钮，会弹出对话框显示北京未来五日天气状况，如图 16-3 所示。

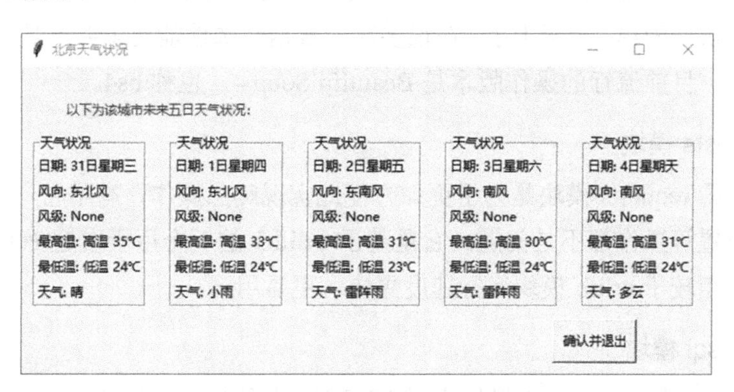

图 16-3 北京未来五日天气状况

16.3 系统开发必备

俗话说，不打无准备之仗。本节主要讲述系统运行所必备的环境，以及对模块的认识。只有先了解了系统运行所需的 Python 版本、编译器及各种模块的功能，安装并顺利运行，才能保证后期程序的准确和书写代码的高效，为项目的成功运行奠定基础。

16.3.1 开发工具准备

本系统的开发及运行环境如下。

操作系统：Windows 10。

开发工具：PyCharm。

Python 版本：Python 3.6。

所需模块：bs4、requests、pymysql、Tkinter、urllib、gzip、json。

16.3.2 模块介绍

1. bs4模块

bs4 是一个可以从 HTML 或 XML 文件中提取数据，并且对 HTML/XML 数据进行筛选的 Python 模块。它可以很好地分析和筛选 HTML/XML 这样的标记文档中的指定规则数据。在数据的筛选过程中，其基础技术是通过封装 HTML DOM 树实现的一种 DOM 操作，通过加载网页文档对象的形式，从文档对象树模型中获取目标数据。BeautifulSoup 操作简单、易于上手，在很多对于数据筛选性能要求并不是特别苛刻的项目中经常使用。目前流行的操作版本是 BeautifulSoup 4，也称 bs4。

2. requests 模块

更为强大的 requests 模块是为了更加方便地实现爬虫操作，有了它，Cookie、登录验证、代理设置等操作都不是问题。它是基于 urllib3 的一个用于发起 HTTP 请求的模块，这个模块相较于 urllib 模块运行速度更快、更易用。

3. pymysql 模块

在 Python 中使用 pymysql 模块来对 MySQL 数据库进行操作。该模块在本质上是一个套接字客户端软件，在使用前需要事先安装。

4．Tkinter 模块

Tkinter（也叫 Tk 接口）是 Tk 图形用户界面工具包标准的 Python 接口。Tk 是一个轻量级的跨平台图形用户界面（GUI）开发工具。Tk 和 Tkinter 可以运行在大多数的 UNIX、Windows 和 Macintosh 系统上。

Tkinter 由一定数量的模块组成。Tkinter 位于一个名为_tki nter（较早的版本名为 tki nter）的二进制模块中。Tkinter 包含了对 Tk 的低级接口模块，低级接口并不会被应用级程序员直接使用。Tkinter 通常是一个共享库（或 DLL）。但是，在一些情况下，它也被 Python 解释器静态链接。

5．urllib 模块

urllib 是学习爬虫需要掌握的最基本的模块，它主要包含 4 个子模块。

（1）request：基本的 HTTP 请求模块。可以模拟浏览器向目标服务器发送请求。

（2）error：异常处理模块。如果出现错误，则可以捕捉异常，然后转移操作，保证程序不异常中止。

（3）parse：工具模块。提供 URL 处理方法。

（4）robotpaser：用来判断哪些网站可以爬取、哪些网站不可以爬取。

6．gzip 模块

gzip 模块为 GNU zip 文件提供了一个类文件的接口。它使用 zlib 来压缩和解压缩数据文件，读/写 gzip 文件。

7．json 模块

从 Python 2.6 开始加入了 json 模块，无须额外下载。编码和解码 JSON 数据的两个主要函数是 json.dumps()和 json.loads()。

16.3.3　项目文件结构

本项目的文件结构如图 16-4 所示。项目名为 spider，其下有两个文件 outputlog.txt 和 pachong.py。其中，outputlog.txt 文件是爬虫运行后输出的各地天气状况的文本文件，pachong.py 文件是项目的主程序。

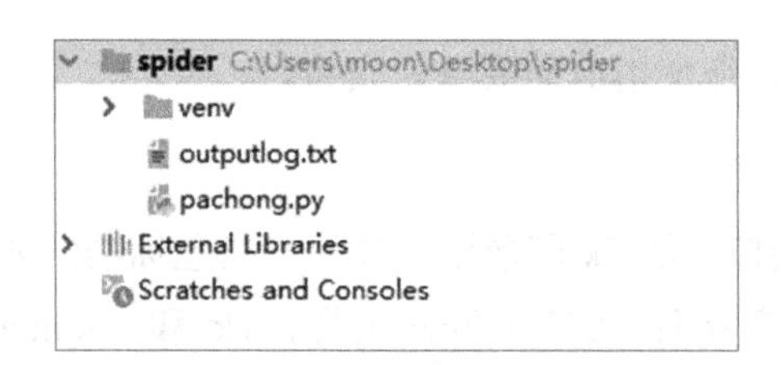

图 16-4　项目文件结构

16.4　系统功能的实现

本节是项目的重点和难点，从项目是如何创建的讲起，接着讲解项目所需模块的安装，然后讲解程序是如何设计的，最后把爬取到的数据存入数据库中。一步一步由浅入深地进行分析，按照步骤操作，充分理解每行代码的意思，离成功就不远了。

16.4.1　项目文件的创建

首先在桌面上新建一个名为 spider 的空文件夹作为项目，然后打开 PyCharm，在菜单栏中选择“File”→New Project”命令，新建项目，如图 16-5 所示。

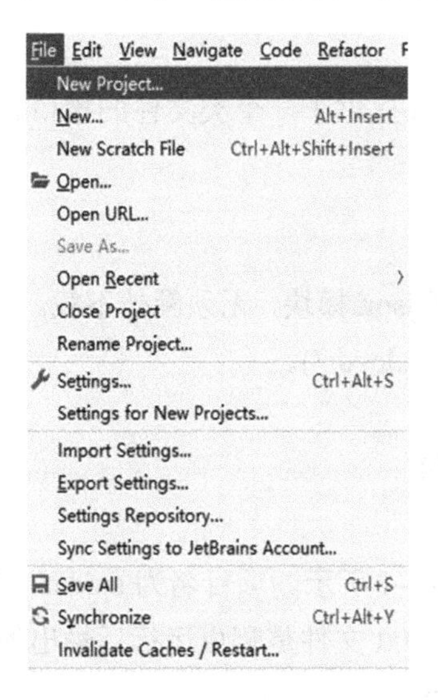

图 16-5　新建项目

弹出如图 16-6 所示的对话框，先单击左侧的“Pure Python”选项，再单击“Location”

输入框右侧的文件夹图标，选择 spider 桌面文件夹路径并保存，完成后单击“Create”按钮即可创建一个新的项目。

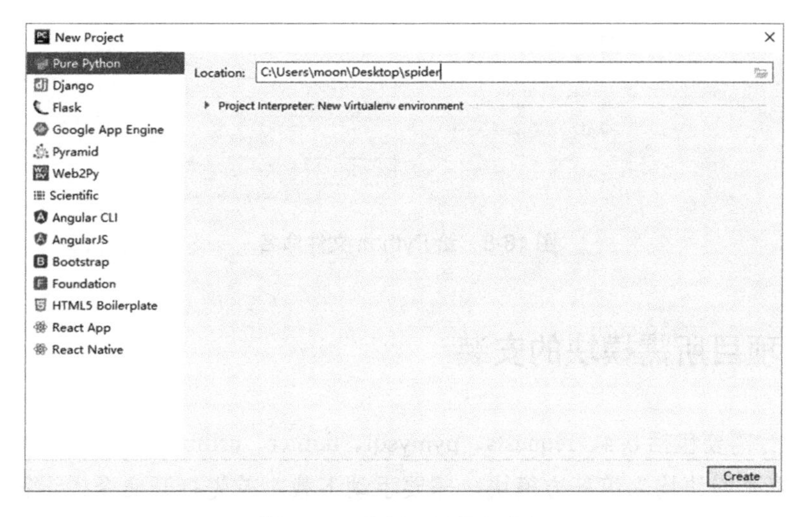

图 16-6　选择项目保存路径

当新项目创建完成后，会出现空白的页面，此时用鼠标右键单击项目名 spider，在弹出的快捷菜单中选择“New”→“Python File”命令，新建一个 Python 文件，如图 16-7 所示。

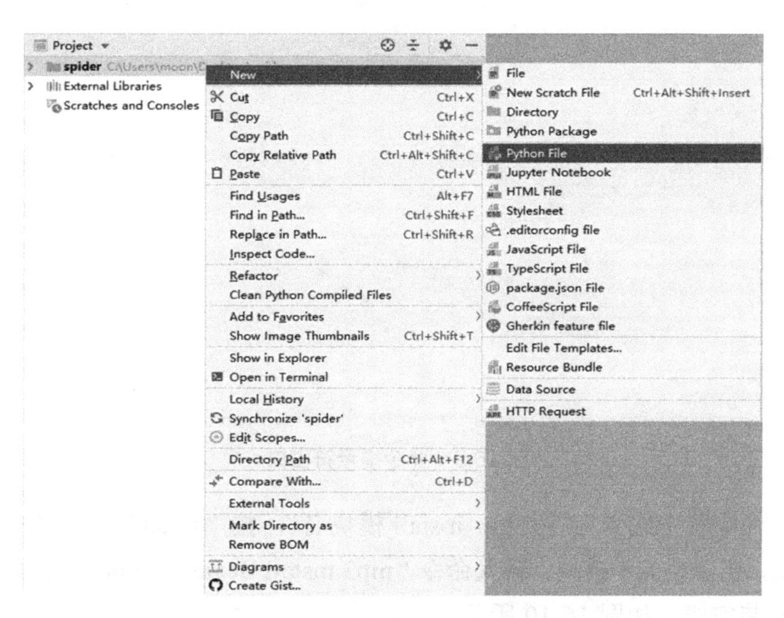

图 16-7　新建 Python 文件

在弹出的对话框中将新建的 Python 文件命名为 pachong，单击“OK”按钮即可创建新的 Python 文件，如图 16-8 所示。

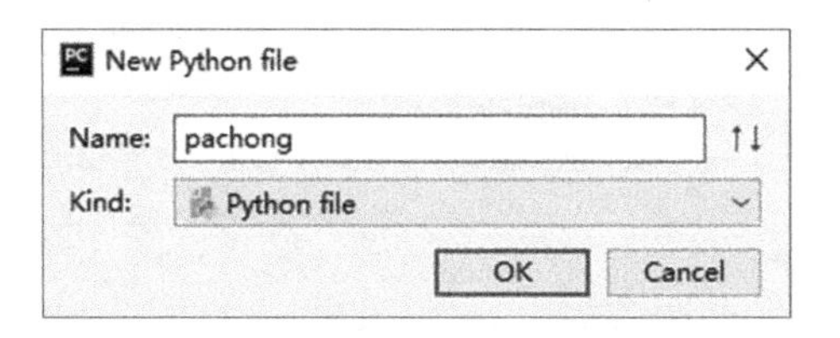

图 16-8　给 Python 文件命名

16.4.2　项目所需模块的安装

项目运行需要包括 bs4、requests、pymysql、tkinter、urllib、gzip、json 在内的 7 个模块，这 7 个模块均为第三方模块，需要手动下载。首先打开命令提示符窗口，如图 16-9 所示。

图 16-9　命令提示符窗口

然后在命令行中输入命令“pip install 模块名”，按“Enter”键，等待安装完成即可。例如，要安装 bs4 模块，输入命令“pip3 install Beautifulsoup4”，按“Enter”键，等待安装完成，如图 16-10 所示。

```
命令提示符
Microsoft Windows [版本 10.0.16299.1004]
(c) 2017 Microsoft Corporation。保留所有权利。

C:\Users\moon>pip3 install Beautifulsoup4
Collecting Beautifulsoup4
  Using cached https://files.pythonhosted.org/packages/1a/b7/34eec2fe5a49718944e215fde81288eec1fa04638aa3fb57c1c6cd0f98c
3/beautifulsoup4-4.8.0-py3-none-any.whl
Requirement already satisfied: soupsieve>=1.2 in c:\users\moon\appdata\local\programs\python\python36\lib\site-packages
(from Beautifulsoup4) (1.9.2)
Installing collected packages: Beautifulsoup4
Successfully installed Beautifulsoup4-4.8.0
WARNING: You are using pip version 19.1.1, however version 19.2.1 is available.
You should consider upgrading via the 'python -m pip install --upgrade pip' command.

C:\Users\moon>
```

图 16-10　bs4 模块安装界面

其他模块使用 pip 命令依次安装即可。

16.4.3　程序的设计

导入程序所需的模块。代码如下：

```
01  #导入必要的模块
02  from bs4 import BeautifulSoup
03  import requests
```

程序的入口也是至关重要的，它决定了程序从哪里开始。在本项目的程序入口中，首先使用列表存储了数个 URL，然后使用 for 循环依次输出每个 URL，并把 URL 传到函数中使用。代码如下：

```
01  #程序入口
02  if __name__ == '__main__':
03      urls = ['http://www.weather…',
04              'http://www.weather…',
05              'http://www.weather…',
06              'http://www.weather…',
07              'http://www.weather…',
08              'http://www.weather…',
09              'http://www.weather…']
10      for url in urls:
11  #调用接下来定义的函数
12          get_temperature(url)
```

定义一个函数，用于爬虫获取天气信息。首先伪装成浏览器进入页面进行访问，找到相应的 HTML 标签。在一般情况下，使用 find()函数找到 BeautifulSoup 对象内任何第一个标签入口，并把它解析出来。代码如下：

```
01  def get_temperature(url):
02  #请求头，各版本的浏览器
03     headers = {
04         'User-Agent': 'Mozilla/5.0 (Windows NT 10.0; Win64; x64) AppleWebKit/
05  537.36 (KHTML, like Gecko) Chrome/63.0.3239.132 Safari/537.36'}
06  #提交请求
07     response = requests.get(url, headers=headers).content
08  #使用 BeautifulSoup 对响应进行解析
09     soup = BeautifulSoup(response, "lxml")
10     #查找网页的<div>标签
11     conmid = soup.find('div', class_='conMidtab')
12     conmid2 = conmid.findAll('div', class_='conMidtab2')
```

然后打开谷歌浏览器，输入网址（程序入口中的网址），打开开发者工具（或者按“F12”键），找到如图 16-11 所示的网页代码，分析出网页的 HTML 结构，找到有用的网页标签位置。

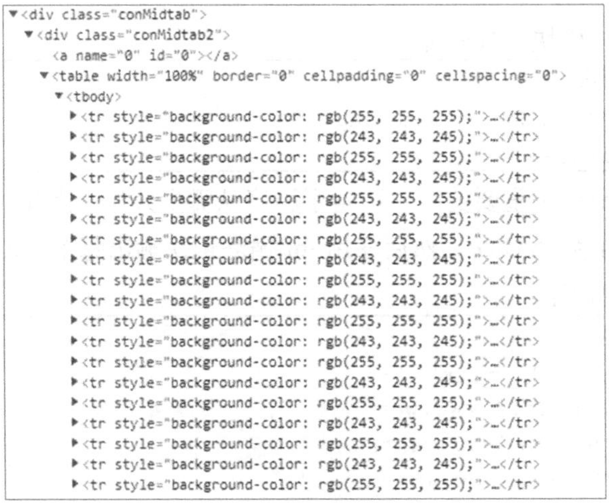

```
▼<div class="conMidtab">
  ▼<div class="conMidtab2">
     <a name="0" id="0"></a>
    ▼<table width="100%" border="0" cellpadding="0" cellspacing="0">
      ▼<tbody>
        ▶<tr style="background-color: rgb(255, 255, 255);">…</tr>
        ▶<tr style="background-color: rgb(243, 243, 245);">…</tr>
        ▶<tr style="background-color: rgb(255, 255, 255);">…</tr>
        ▶<tr style="background-color: rgb(243, 243, 245);">…</tr>
        ▶<tr style="background-color: rgb(255, 255, 255);">…</tr>
        ▶<tr style="background-color: rgb(243, 243, 245);">…</tr>
        ▶<tr style="background-color: rgb(255, 255, 255);">…</tr>
        ▶<tr style="background-color: rgb(243, 243, 245);">…</tr>
        ▶<tr style="background-color: rgb(255, 255, 255);">…</tr>
        ▶<tr style="background-color: rgb(243, 243, 245);">…</tr>
        ▶<tr style="background-color: rgb(255, 255, 255);">…</tr>
        ▶<tr style="background-color: rgb(243, 243, 245);">…</tr>
        ▶<tr style="background-color: rgb(255, 255, 255);">…</tr>
        ▶<tr style="background-color: rgb(243, 243, 245);">…</tr>
        ▶<tr style="background-color: rgb(255, 255, 255);">…</tr>
        ▶<tr style="background-color: rgb(243, 243, 245);">…</tr>
        ▶<tr style="background-color: rgb(255, 255, 255);">…</tr>
        ▶<tr style="background-color: rgb(243, 243, 245);">…</tr>
        ▶<tr style="background-color: rgb(255, 255, 255);">…</tr>
```

图 16-11　网页代码

遍历 conmid2 中的内容，按照顺序找到各个标签中的信息。首先判断是哪个省（直辖市），并且输出省（直辖市）的名字；其次输出某个省内的地级市或某个直辖市的各个区县。代码如下：

```
01  #遍历 conmid2 中的 conMidtab2
```

```
02	for info in conmid2:
03	#使用切片获取第三个<tr>标签
04	    tr_list = info.find_all('tr')[2:]
05	#使用 enumerate()函数返回元素的位置及内容
06	    for index, tr in enumerate(tr_list):
07	        td_list = tr.find_all('td')
08	        if index == 0:
09	#获取每个标签的 text 信息，并使用 replace()函数将换行符删除
10	            province_name = td_list[0].text.replace('\n', '')
11	city_name = td_list[1].text.replace('\n', '')
12	            weather = td_list[5].text.replace('\n', '')
13	            wind = td_list[6].text.replace('\n', '')
14	            max = td_list[4].text.replace('\n', '')
15	            min = td_list[7].text.replace('\n', '')
16	            print(province_name)
17	        else:
18	            city_name = td_list[0].text.replace('\n', '')
19	            weather = td_list[4].text.replace('\n', '')
20	            wind = td_list[5].text.replace('\n', '')
21	            max = td_list[3].text.replace('\n', '')
22	            min = td_list[6].text.replace('\n', '')
```

最后，使用 print()函数进行输出。也可以在项目中新建一个文本文档，把结果保存到该文本文档中。

```
01	#在控制台中输出天气状况
02	print(city_name, weather, wind, max, min)
03	#新建一个文本文档，将结果保存到该文本文档中
04	mylog = open("outputlog.txt", "a", encoding='GBK')
05	print(city_name, weather, wind, max, min, file=mylog)
06	mylog.close()
```

输出结果如图 16-12 所示。

进一步思考：如果把结果转换为可视化界面输出，那是不是更加直观、高效？接下来制作可视化界面，可以任意输入一个城市的名字，最终显示该城市未来几天的天气状况。

首先导入必要的模块。代码如下：

```
01	#GUI 设计，Tkinter 模块包含不同的控件，如 Button、Label、Text 等
02	from tkinter import *
03	import urllib.request                   #发送网络请求，获取数据
04	import gzip                             #压缩和解压缩模块
05	import json                             #解析获得的数据
06	from tkinter import messagebox          #导入提示框库
```

```
07  #用 Tkinter 模块建立根窗口
08  root = Tk()
```

```
1   北京 雷阵雨 北风<3级 32 24
2   海淀 雷阵雨 东风<3级 32 23
3   朝阳 雷阵雨 北风<3级 32 24
4   顺义 雷阵雨 北风<3级 31 24
5   怀柔 雷阵雨 北风<3级 32 23
6   通州 雷阵雨 东北风<3级 32 23
7   昌平 雷阵雨 西北风<3级 31 24
8   延庆 雷阵雨 东风<3级 30 21
9   丰台 雷阵雨 北风<3级 32 24
10  石景山 雷阵雨 北风<3级 32 23
11  大兴 雷阵雨 北风<3级 32 23
12  房山 雷阵雨 北风<3级 32 23
13  密云 雷阵雨 东北风<3级 32 23
14  门头沟 雷阵雨 北风<3级 31 23
15  平谷 雷阵雨 东风<3级 32 23
16  东城 雷阵雨 北风<3级 32 24
17  西城 雷阵雨 东风<3级 32 23
18  天津 中雨 东北风<3级 31 25
19  武清 中雨 东北风<3级 31 23
20  宝坻 中雨 东风<3级 31 23
21  东丽 中雨 东北风<3级 31 25
22  西青 中雨 东北风<3级 31 24
23  北辰 中雨 东北风<3级 31 23
24  宁河 中雨 东风<3级 30 24
25  和平 中雨 东北风<3级 31 25
26  静海 中雨 东北风<3级 31 24
```

图 16-12　天气结果（部分地市）

然后定义一个 main()函数，用来显示输入查询城市的窗口，包括窗口标题、标签位置、输入框的属性等。代码如下：

```
01  def main():
02      #输入窗口
03      root.title('天气状况查询')  #窗口标题
04  #设置标签并调整位置
05      Label(root, text='请输入查询城市').grid(row=0, column=0)
06  #输入框
07  enter = Entry(root)
08  #调整位置
09      enter.grid(row=0, column=1, padx=20, pady=20)
10  #清空输入框
11      enter.delete(0, END)
12  #设置默认文本
13      enter.insert(0, '北京')
14  running = 1
```

程序运行后，弹出如图 16-2 所示的界面。

接着定义一个函数获取网页数据，读取并解压网页数据，转换为字典格式后，判断此城市的输入是否正确，如果不正确则会有相关的提示。代码如下：

```
01  def get_weather_data():
02  #获取输入框的内容
03      city_name = enter.get()
04      url1 = 'http://wthrcdn.etouch…(city_name)
05      url2 = 'http://wthrcdn.etouch…'
06      #网址 1 只需要输入城市名，网址 2 需要输入城市代码
07      #print(url1)
08      weather_data = urllib.request.urlopen(url1).read()
09      #读取网页数据
10      weather_data = gzip.decompress(weather_data).decode('utf-8')
11      #解压网页数据
12      weather_dict = json.loads(weather_data)
13      #将 json 数据转换为 dict 数据
14      if weather_dict.get('desc') == 'invilad-citykey':
15          print(messagebox.askokcancel("提示", "你输入的城市名有误，或者天
16  气中心未收录你所在城市"))
17      else:
18          #print(messagebox.askokcancel('xing','bingguo'))
19          show_data(weather_dict, city_name)
```

同时不要忘记在可视化界面中展示获取的数据，以及对该城市天气状况窗口的布局。首先建立窗口，然后在窗口中建立框架并放到固定的位置，接着把获取到的数据放入框架中，最后让数据在框架中显示。代码如下：

```
01  #数据的显示
02  def show_data(weather_dict, city_name):
03  #获取数据块
04      forecast = weather_dict.get('data').get('forecast')
05  #副窗口
06      root1 = Tk()
07  #修改窗口大小
08      root1.geometry('650x280')
09  #副窗口标题
10      root1.title(city_name + '天气状况')
11  
12      #设置日期列表
13      for i in range(5):  #将每天的数据放入列表中
14          LANGS = [(forecast[i].get('date'), '日期'),
```

```
15                  (forecast[i].get('fengxiang'), '风向'),
16                  (str(forecast[i].get('fengji')), '风级'),
17                  (forecast[i].get('high'), '最高温'),
18                  (forecast[i].get('low'), '最低温'),
19                  (forecast[i].get('type'), '天气')]
20  #框架
21          group = LabelFrame(root1, text='天气状况', padx=0, pady=0)
22  #放置框架
23          group.pack(padx=11, pady=0, side=LEFT)
24  #将数据放入框架中
25          for lang, value in LANGS:
26              c = Label(group, text=value + ': ' + lang)
27              c.pack(anchor=W)
28      Label(root1, text='以下为该城市未来五日天气状况: ', fg='green').
29  place(x=40, y=20, height=40)
30  #退出按钮的设置
31      Button(root1, text='确认并退出', width=10,
32  command=root1.quit).place(x=500, y=230, width=80, height=40)
33      root1.mainloop()
34
35  #布置按钮
36  Button(root, text="确认", width=10, command=get_weather_data) \
37      .grid(row=3, column=0, sticky=W, padx=10, pady=5)
38  Button(root, text='退出', width=10, command=root.quit) \
39      .grid(row=3, column=1, sticky=E, padx=10, pady=5)
40  #一旦检测到事件，就刷新绑定的按钮组件
41  if running == 1:
42      root.mainloop()
```

当以上代码运行成功后，会弹出对话框，显示输入的城市未来五日的天气状况，如图 16-3 所示。

16.4.4 将数据存入数据库

上述数据只在编译器中暂存，如何让数据能够永久保存呢？这就用到了数据库。在本项目中使用 MySQL 数据库，将爬取的天气信息存入数据库中，实现数据的持久化存储。首先在命令提示符窗口中输入命令“mysql -uroot -p”，并且输入密码启动 MySQL 数据库，如图 16-13 所示。

```
C:\Users\moon>mysql -uroot -p
Enter password: ******
Welcome to the MySQL monitor.  Commands end with ; or \g.
Your MySQL connection id is 16
Server version: 8.0.17 MySQL Community Server - GPL

Copyright (c) 2000, 2019, Oracle and/or its affiliates. All rights reserved.

Oracle is a registered trademark of Oracle Corporation and/or its
affiliates. Other names may be trademarks of their respective
owners.

Type 'help;' or '\h' for help. Type '\c' to clear the current input statement.

mysql>
```

图 16-13　启动 MySQL 数据库

然后在 MySQL 数据库中创建名为 weather 的新数据库，命令为“create database weather”。再使用“show databases”命令罗列出当前存在的所有数据库，即可看到刚刚创建的名为 weather 的数据库，如图 16-14 所示。

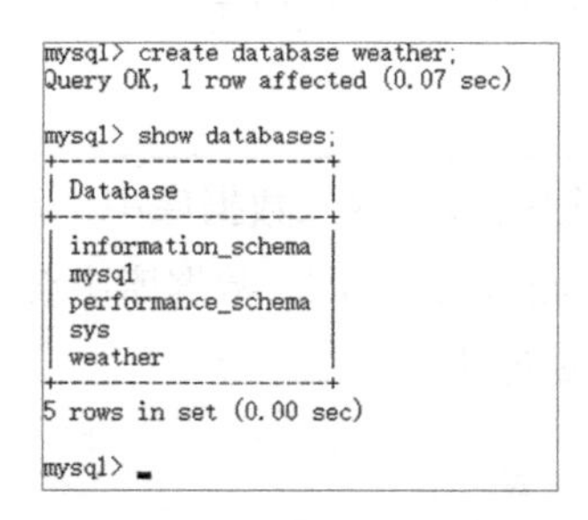

```
mysql> create database weather;
Query OK, 1 row affected (0.07 sec)

mysql> show databases;
+--------------------+
| Database           |
+--------------------+
| information_schema |
| mysql              |
| performance_schema |
| sys                |
| weather            |
+--------------------+
5 rows in set (0.00 sec)

mysql>
```

图 16-14　创建并查看数据库

在 weather 数据库中创建名为 weather1 的表，表中拥有 city、weather、wind、max、min 等字段，其中 city、weather 和 wind 属于字符数据类型，max 和 min 属于整型数据类型，max 和 min 分别代表的是最高温和最低温，如图 16-15 所示。

```
mysql> use weather;
Database changed
mysql> create table weather1(
    -> city varchar(255),
    -> weather varchar(255),
    -> wind varchar(255),
    -> max int,
    -> min int
    -> );
Query OK, 0 rows affected (0.32 sec)

mysql> show tables;
+--------------------+
| Tables_in_weather  |
+--------------------+
| weather1           |
+--------------------+
1 row in set (0.00 sec)
```

图 16-15　创建表

表创建完成后，开始代码的书写。首先连接数据库，使用 pymysql 模块将 PyCharm

和数据库进行连接，在 connect()函数中输入主机、用户名、密码、要连接的数据库名、端口及编码等。代码如下：

```
01  #使用 pymysql 模块连接数据库
02  conn = pymysql.connect(host='localhost', user='root', passwd='123456',
03  db='weather', port=3306, charset='utf8')
04  #游标
05  cursor = conn.cursor()
```

在爬取完数据后，还要将数据写入数据库中。使用 execute()函数将每个字段插入表中，代码如下，每一项代表一列，将同一类型的数据展示在一列。

```
01  cursor.execute('insert into weather1(city,weather,wind,max,min)
02  values(%s,%s,%s,%s,%s)',(city_name, weather, wind, max, min))
```

最后在主函数中执行提交语句，提交当前事务。

```
01  #提交
02  conn.commit()
```

通过上面的代码即可把爬取的数据存入数据库中。运行所有代码之后，在命令提示符窗口中输入命令“select * from weather1”，数据库中会显示如图 16-16 所示的结果，表明已经成功地将数据存入数据库中。

```
mysql> select * from weather1
    -> ;
```

city	weather	wind	max	min
北京	雷阵雨	东北风<3级	30	24
海淀	雷阵雨	北风<3级	30	23
朝阳	雷阵雨	东北风<3级	31	24
顺义	雷阵雨	北风<3级	30	24
怀柔	雷阵雨	北风<3级	30	23
通州	雷阵雨	东北风<3级	29	23
昌平	雷阵雨	西北风<3级	30	24
延庆	雷阵雨	北风<3级	28	22
丰台	雷阵雨	东北风<3级	31	24
石景山	雷阵雨	北风<3级	30	24
大兴	雷阵雨	东北风<3级	30	24
房山	雷阵雨	东北风<3级	30	24
密云	雷阵雨	北风<3级	30	23
门头沟	雷阵雨	东北风<3级	30	24
平谷	雷阵雨	东风<3级	30	23
东城	雷阵雨	东北风<3级	31	24
西城	雷阵雨	北风<3级	30	23
天津	小雨	东北风3-4级	31	24
武清	小雨	东北风3-4级	29	23
宝坻	小雨	东北风3-4级	29	22
东丽	小雨	东北风3-4级	30	23
西青	小雨	东北风3-4级	30	24
北辰	小雨	东北风3-4级	29	23
宁河	小雨	东风3-4级	30	24
和平	小雨	东北风3-4级	31	24
静海	小雨	东北风3-4级	29	24
津南	小雨	东北风3-4级	29	24
滨海新区	小雨	东风4-5级	30	24
河东	小雨	东北风3-4级	31	24
河西	小雨	东北风3-4级	31	24

图 16-16　数据库结果节选